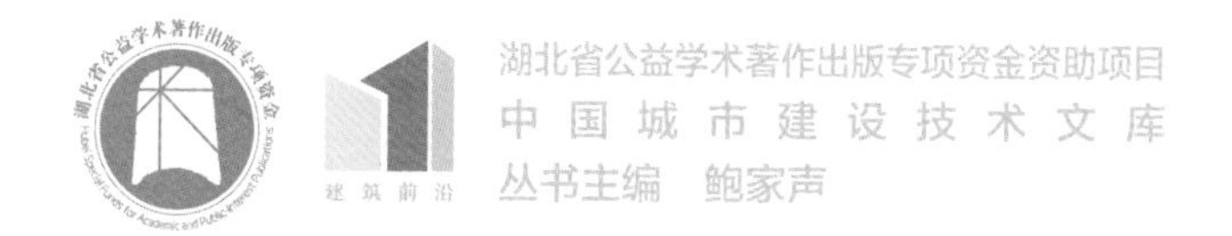

Construction and Practice of Green Space Ecological Network in Metropolitan Area

都市圈绿地生态网络构建与实践

栾春凤 著

中国·武汉

图书在版编目(CIP)数据

都市圈绿地生态网络构建与实践/栾春凤著.—武汉:华中科技大学出版社,2023.3
(中国城市建设技术文库)
ISBN 978-7-5680-9155-8

Ⅰ.①都… Ⅱ.①栾… Ⅲ.①城市绿地-生态系统-研究 Ⅳ.①S731.2

中国国家版本馆 CIP 数据核字(2023)第 039404 号

都市圈绿地生态网络构建与实践 栾春凤 著
Dushiquan Lüdi Shengtai Wangluo Goujian yu Shijian

策划编辑:简晓思
责任编辑:简晓思
封面设计:王 娜
责任校对:谢 源
责任监印:朱 玢
出版发行:华中科技大学出版社(中国·武汉) 电话:(027)81321913
武汉市东湖新技术开发区华工科技园 邮编:430223
录 排:武汉正风天下文化发展有限公司
印 刷:湖北金港彩印有限公司
开 本:710mm×1000mm 1/16
印 张:15.5
字 数:300 千字
版 次:2023 年 3 月第 1 版第 1 次印刷
定 价:198.00 元

作者简介

栾春凤，郑州大学建筑学院副教授，风景园林学科带头人，美国路易斯安那州立大学访问学者，河南省村镇规划建设专家库专家。

研究方向为城乡生态规划与设计，主要关注区域生态安全格局、国土空间生态修复规划、城市绿地系统规划、郊野公园设计等。多年来，主持和参与了教育部人文社科项目、河南省科技攻关项目、河南省哲学社科规划项目等省部级科研项目，并承担了河南省内多个城市的生态修复规划、绿地系统规划、乡村规划，以及遗址公园、生态公园、滨河绿地、居住区景观、校园环境设计等实践项目。

前　言

2019年，国家发展和改革委员会发布《国家发展改革委关于培育发展现代化都市圈的指导意见》（发改规划〔2019〕328号），“都市圈”首次出现在国家正式文件之中，都市圈的建设上升为国家战略并进入了实质性推进阶段。南京都市圈、福州都市圈、成都都市圈、长株潭都市圈、西安都市圈相继获得了国家层面的批复，《中华人民共和国国民经济和社会发展第十四个五年规划和2035年远景目标纲要》也将都市圈定位为城镇化空间格局战略的重要组成。

自然资源禀赋和生态环境本底是区域开发的基础支撑。都市圈是一种特殊的跨行政区域的空间组织形式，面积较大，地形地貌复杂，往往涵盖了一些较大的山体、湖泊、森林、河流、海湾等生态空间。但是，过去几十年的城市化进程，已经使得都市圈范围内大量农田、林地、草地、湖泊被侵蚀，生态植被遭到破坏，带来了热岛效应、雾霾效应、雨洪效应、生态系统退化、环境污染等一系列生态环境问题。可以说，对生态空间的保护迫在眉睫。

生态网络是一种网络化的生态空间组织形态，它通过线性生态廊道将区域内点状、面状等各种类型的生态空间纳入其中，构建一个自然、高效、多样且自身具有调节功能的网络结构体系。《国家发展改革委关于培育发展现代化都市圈的指导意见》（发改规划〔2019〕328号）指出，现代化都市圈要构建绿色生态网络，严格保护跨行政区重要生态空间，加强区域生态廊道、绿道衔接，促进林地绿地湿地建设、河湖水系疏浚和都市圈生态环境修复。因此，生态网络的构建对于都市圈的生态建设具有重要意义。

历史经验告诉我们，都市圈的发展决不能再走“先污染再治理”的老路。习主席也指出，“城市发展，规划引领”。都市圈生态网络规划既是一种针对都市圈生态专项问题的研究，又是一种关系都市圈整体形态和生态环境大格局的规划，更可上升为一种都市圈空间发展的战略工具。不过，我国的都市圈生态网络构建与规划尚属起步阶段，其规划导向、技术思路、规划实施与作用等都尚未达成共识。在我国当前快速城镇化背景下，如何科学、合理地从更为广阔的区域视角构建网络化的绿色生态空间格局，协调城镇化发展与自然资源保护之间的矛盾，迫切需要相关理论与方法进行指导。

本书在梳理生态网络理论研究进展、总结国内外生态网络规划案例分析的基础上，重点阐述了都市圈绿地生态网络的组成与结构、都市圈绿地生态网络的构建方法、都市圈绿地生态网络的优化策略，最后以郑州都市圈为例，进行了生态网络构建与规划的探索，为国内其他都市圈的生态网络建设、生态安全格局构建、生态控制红线划定、生态修复关键区域的确定提供决策参考。

本书是河南省科技攻关项目“生态融城理念下的郑州都市圈生态安全网络构建与保障技术研究”（项目编号：202102310256）的主要成果，集合了多年从事生态规划与设计的专业人士的通力合作，经过多次讨论、修改才得以完成。在此感谢研究团队的河南省城乡规划设计研究总院股份有限公司规划三分院总工程师李伟、园林分院总工程师刘斐，以及硕士研究生吴帛阳、喻小钗等。2020 级研究生郭欣然参与编写了第 6 章的主要内容，2021 级研究生时兆慧整理了本书的图片，感谢你们不厌其烦地查阅资料、修改文字、绘制图纸，是你们的热忱与严谨铸就了本书的理论和实践价值。最后，感谢华中科技大学出版社的大力支持以及负责本书的简晓思编辑，谢谢你为本书的出版付出的艰辛劳动。

今后很长一段时期，中国社会经济将进入高速度向高质量发展的转换期，都市圈发展和生态安全均面临新形势、新挑战。希望以本书为契机，未来在生态规划的科研土壤里深耕细作、砥砺前行，为都市圈的生态建设寻找一些创新与拓展。对于本书的疏漏与错误之处，诚恳地欢迎读者朋友提出意见，以帮助我们进一步修正与完善！

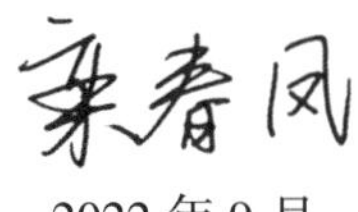

2022 年 9 月

目　录

1　绪论　001

1.1　概述　002

1.2　研究都市圈的目的与意义　012

1.3　都市圈相关概念界定　015

1.4　理论基础　022

2　生态网络理论研究与实践　031

2.1　生态网络理论研究进展　032

2.2　国外生态网络规划案例分析　036

2.3　国内生态网络规划案例分析　058

3　都市圈生态网络的组成与结构　077

3.1　都市圈生态格局特点　078

3.2　都市圈生态网络的作用　081

3.3　都市圈生态网络的组成与结构　091

4　都市圈生态网络的构建方法　099

4.1　生态网络的构建原则　100

4.2　生态网络数据的分析与评价　103

4.3　生态源地的识别方法　107

4.4　潜在生态廊道的提取方法　110

4.5 生态节点的判定方法 113
4.6 规划步骤 115

5 都市圈生态网络的优化策略 123
5.1 优化原则 124
5.2 生态网络评价 126
5.3 优化策略 128

6 郑州都市圈生态网络规划 137
6.1 研究区域概况 139
6.2 研究方法、研究内容与技术路线 148
6.3 数据来源与数据处理 151
6.4 都市圈生态用地演变 153
6.5 生态源地识别与分析 158
6.6 潜在生态廊道构建 167
6.7 生态网络构建结果分析 183
6.8 生态网络优化与建议 192
6.9 都市圈生态网络构建的意义 211

参考文献 214

1 绪 论

1.1 概　　述

1.1.1 中国进入都市圈时代

目前，我国正处于城镇化快速发展时期。2019年2月，国家发展和改革委员会发布了《国家发展改革委关于培育发展现代化都市圈的指导意见》（发改规划〔2019〕328号），标志着中国新型城镇化发展正式进入都市圈时代。2020年4月，国家发展和改革委员会印发《2020年新型城镇化建设和城乡融合发展重点任务》（发改规划〔2020〕532号），提出了“大力推进都市圈同城化建设”，指出要建立中心城市牵头的协调推进机制，支持南京、西安、福州等都市圈编制实施发展规划。2021年，《中华人民共和国国民经济和社会发展第十四个五年规划和2035年远景目标纲要》在第二十八章“完善城镇化空间布局”中，要求发展壮大城市群和都市圈。

可以说，都市圈是以更大范围、更宏观的视野来审视城市及城市发展的。从纽约、东京、伦敦、巴黎等国际级都市圈发展经验看，在城市不断向外扩张的发展过程中，集聚了大量的人口并引发了高强度的社会经济活动。在全球经济地理格局中，都市圈是城镇化发展的高级空间形态，它的作用主要是促进区域经济一体化的发展，根据各个城镇的资源条件、产地基础与发展优势形成相应的产业分工，从而实现城市圈资源配置的最优化。

当今世界正经历百年未有之大变局，我国的城市发展正处于重要战略机遇期，积极培育发展现代化都市圈将推动新型城镇化的新高潮。我国都市圈发展较晚，伴随着地区工业化、经济现代化和区域性基础设施的完善，城市和区域孤立发展的状态被打破，若干个规模不等、发育程度不同的都市圈逐步出现，这些都市圈主要分布在长江三角洲地区、珠江三角洲地区、环渤海京津冀地区。

近年来，我国的都市圈建设表现为水平、层次不一致，差距明显。根据《中国都市圈发展报告2021》，目前除港澳台之外，全国共有30多个形形色色的都市圈。从2021年都市圈综合发展质量评价得分来看，我国都市圈发展水平的三个层级依然分明，分别为成熟型、发展型、培育型三类（表1-1），其中近40%的都市圈发展水平较低，尚处于培育阶段（表1-2）。目前，我国已经先后批复了6个国家级都市圈的规划，包括南京都市圈、福州都市圈、成都都市圈、长株潭都市圈、西安都市圈、重庆都市圈。

表 1-1　我国都市圈类型

类型	名称
成熟型（6 个）	广州都市圈、上海都市圈、杭州都市圈、深圳都市圈、北京都市圈、宁波都市圈
发展型（17 个）	天津都市圈、厦漳泉都市圈、南京都市圈、福州都市圈、济南都市圈、青岛都市圈、合肥都市圈、成都都市圈、太原都市圈、长株潭都市圈、武汉都市圈、西安都市圈、郑州都市圈、重庆都市圈、昆明都市圈、长春都市圈、沈阳都市圈
培育型（11 个）	呼和浩特都市圈、银川都市圈、石家庄都市圈、大连都市圈、南昌都市圈、贵阳都市圈、乌鲁木齐都市圈、西宁—海东都市圈、哈尔滨都市圈、兰州都市圈、南宁都市圈

表 1-2　我国主要都市圈概况

名称	人口/万人	面积/km^2	范围	来源
上海都市圈	7 742	56 000	上海、无锡、常州、苏州、南通、宁波、湖州、嘉兴、舟山	《上海大都市圈空间协同规划》
广州都市圈	3 256	19 117	广州市、佛山市全域，以及肇庆市的端州区、鼎湖区、高要区、四会市，清远市的清城区、清新区、佛冈县	《广东省都市圈国土空间规划协调指引》
深圳都市圈	3 396	13 977	深圳市（含深汕合作区）、东莞市全域，以及惠州市的惠城区、惠阳区、惠东县、博罗县	《广东省都市圈国土空间规划协调指引》
杭州都市圈	3 007	53 205	杭州、湖州、嘉兴、绍兴、衢州、黄山	《杭州都市圈发展规划（2020—2035 年）》
南京都市圈	2 000	27 000	江苏省南京市，镇江市京口区、润州区、丹徒区和句容市，扬州市广陵区、邗江区、江都区和仪征市，淮安市盱眙县，安徽省芜湖市镜湖区、弋江区、鸠江区，马鞍山市花山区、雨山区、博望区、和县和当涂县，滁州市琅琊区、南谯区、来安县和天长市，宣城市宣州区	《南京都市圈发展规划》
武汉都市圈	3 162	57 800	武汉、黄石、鄂州、黄冈、孝感、咸宁、仙桃、天门、潜江	《武汉城市圈同城化发展合作框架协议》

续表

名称	人口/万人	面积/km²	范围	来源
成都都市圈	2 761	26 400	成都市，德阳市旌阳区、什邡市、广汉市、中江县，眉山市东坡区、彭山区、仁寿县、青神县，资阳市雁江区、乐至县	《成都都市圈发展规划》
重庆都市圈	2 440	35 000	重庆、广安	《重庆都市圈发展规划》
长株潭都市圈	1 484	18 900	长沙市全域、株洲市中心城区及醴陵市、湘潭市中心城区及韶山市和湘潭县	《长株潭都市圈发展规划》
郑州都市圈	4 670	58 800	郑州、开封、新乡、焦作、许昌、洛阳、平顶山、漯河、济源	《河南省新型城镇化规划（2021—2035 年）》
西安都市圈	1 802	20 600	西安市全域（含西咸新区），咸阳市秦都区、渭城区、兴平市、三原县、泾阳县、礼泉县、乾县、武功县，铜川市耀州区，渭南市临渭区、华州区、富平县，杨凌示范区	《西安都市圈发展规划》
南昌都市圈	1 790	45 000	南昌市、九江市和抚州市临川区、东乡区，宜春市的丰城市、樟树市、高安市和靖安县、奉新县，上饶市的鄱阳县、余干县、万年县，含国家级新区赣江新区	《大南昌都市圈发展规划（2019—2025 年）》

在我国，都市圈是城市跨市域功能及空间协同发展的主要地域层次，是区域空间一体化及同城化发展战略实施的主要地域，其不仅将成为我国未来几十年城镇化发展极其重要的组成部分，更将成为“十四五”时期经济增长的极大潜能。《国家发展改革委关于培育发展现代化都市圈的指导意见》（发改规划〔2019〕328 号）指出，构建都市圈一体化发展机制，要推进基础设施一体化，强化城市间产业分工协作，加快建设统一开放市场，推进公共服务共建共享，强化生态环境共保共治，率先实现城乡融合发展。因此，在现阶段新型城镇化和生态文明的背景下，打造高质量的都市圈，推动城市间资源共享、互惠互利、合作共赢，保持城市较高密度发展，以实现土地与能源节约、防止城市无序蔓延、提高城市运行效率，是一项重要的实践课

题，对于促进城市高质量发展和提高区域整体竞争力有着重要的现实意义。

1.1.2 关注区域生态安全

在实现现代化进程中，随着人口增长和经济社会发展，世界各国在生态环境方面面临的压力不断增大，人与自然的矛盾日趋尖锐，由此引发了一系列全球性的气候变暖、臭氧层破坏、大气污染等生态环境问题。中国正处于快速城镇化发展时期，人类高强度的活动和不恰当的土地利用方式，深刻地改变了城市地域的生态环境基底，使脆弱的城市生态环境面临巨大压力。

都市区、都市圈、城市群、城市带等空间组织构成了不同的城市区域，世界进入了城市区域时代，城市是区域的依托，区域是城市发展的基础，城市是中心，区域是腹地（图 1-1）。我国当前正处于区域开发强度快速增长阶段，区域人口增长、经济快速扩张、城镇化快速推进及建设用地大幅拓展是目前我国区域开发建设的主要表现，由此造成了耕地减少、水资源不足、资源利用效率低下、城乡环境污染加剧和区域生态承载能力下降等一系列问题，导致区域开发受环境约束。因此，保护区域生态环境、实现区域生态安全是新型城镇化进程中不可避免的举措。

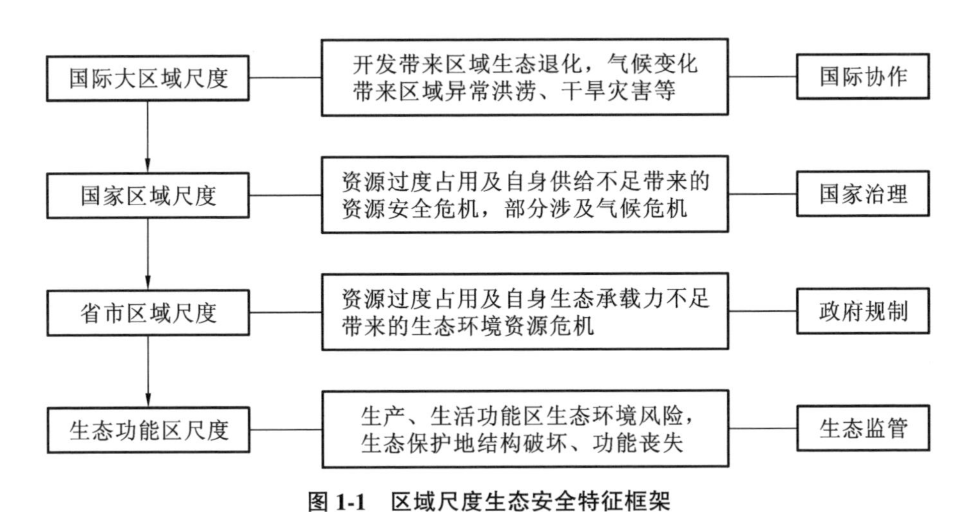

图 1-1　区域尺度生态安全特征框架

（图片来源：鞠昌华，裴文明，张慧.生态安全：基于多尺度的考察[J].生态与农村环境学报，2020，36（5）：626-634.）

21 世纪以来，人类进入“生态时代”。生态安全是人类文明形成和发展的基础条件，而区域生态安全更是人类生态安全的核心。区域生态安全主要探讨人与环境的相互影响机制和相互协调方式，反映了区域生态处于结构、功能稳定，资源物质、能源能量等流动，以有效保障区域自然生态和社会经济系统良性运行的状态，是生态安全研究的重点领域。

世界城市建设不仅仅关注经济，更要注重人居质量、能源与环境、社会文化等多方面的提升。西方发达国家已经把生态安全提升到国家战略层面，对生态安全及其相关的各种冲突给予了深刻的分析和前所未有的关注。例如，作为国际化大都市之一的伦敦，1983 年，《大伦敦发展规划》修改草案增加了生态保护的章节，提出了城市生态建设的重要政策，指出城市生态建设首先要划定自然保护区和生物通道，形成城市生态网络空间，确定了有保护意义的地点有 1 300 多处，包括森林、灌丛、河流、湿地、农场、公共草地、公园、校园、高尔夫球场、赛马场、运河、教堂绿地等。在大伦敦都市圈的建设过程中，英国政府根据各阶段不同的特点、问题和需求，先后三次制定实施了《大伦敦地区空间战略规划》（2004 版、2008 版、2011 版）。2021 年公布的《大伦敦空间发展战略》对伦敦未来的空间发展计划、空间发展模式、设计要求、住房、基础建设、文化建设、交通等多方面进行了探讨和分析，整合了大伦敦政府对伦敦未来发展的多个专项策略，为伦敦提供一个更高层次的空间发展框架。在生态方面，采用多个策略保障大伦敦生态安全，提升环境品质。通过绿色基础设施（green infrastructure，GI）建设，完善绿色开放空间网络，减少热岛效应，改善水质与空气质量，促进居民身心健康发展；通过“伦敦绿带”“大都会开放空间（MOL）”设计，拓展绿地的多功能用途；通过对城市绿地、森林等的保护，维持生物多样性、地质多样性，保护、拓展农耕地，促进城市可持续发展（图 1-2）。

面对“大城市病”，国际上很多城市都将生态安全作为城市未来建设的目标之一。这些生态策略常常因城市而异。例如，纽约的策略具体到土地、水、交通、能源和空气等自然“存在”上；东京把改善城市交通、建设城市绿化景观体系、保障城市安全、发展文化体育事业等作为城市未来发展的核心议题；墨尔本采取的措施是治理环境污染、清理河流、扩大绿化、重建历史遗迹、修建花园、增加公共休闲设施等。

生态文明建设是我国目前实施的重要战略之一。区域生态安全是从宏观上把握区域动态，统筹协调生态空间、城镇空间、农业空间，促进区域开发强度与资源环境水平相互作用并且不断向高级化、协调化演进。而都市圈是一个城镇化水平比较高的区域，它的突出特点是高密度的人口活动和高强度的经济发展，水、土地、矿产及能源等资源消耗快速增长，由此引发生态系统退化、自然灾害频发、水和空气污染加剧、生物多样性丧失等问题。《国家发展改革委关于培育发展现代化都市圈的指导意见》（发改规划〔2019〕328 号）中特别指出，都市圈的建设应以推动都市圈生态环境协同共治、源头防治为重点，强化生态网络共建和环境联防联治，在一体化发展中实现生态环境质量同步提升。

自然资源禀赋和生态环境本底是区域开发的基础支撑，因此都市圈建设可以借

图 1-2　伦敦绿带和市级开放空间规划图

（图片来源：2021 年《大伦敦空间发展战略》）

助“区域生态安全”这个抓手，坚持“生态共建、环境共治”的原则，统筹城乡生态发展布局，科学配置、合理规划绿色基础设施，建立良性循环的生态系统，最终实现区域的生态安全和健康发展。

1.1.3　都市圈生态问题凸显

随着我国城镇化进程的加快，都市圈已经成为推动我国经济和城镇化发展的重要地域空间组织形式，出现了人口、资源持续向城市区域集聚的“极化”过程，人口规模急剧膨胀，空间以“摊大饼”模式向外扩展，对生态环境造成日益严重的胁迫效应和深远影响，也给生态环境系统带来了巨大压力。回看日本的都市圈建设，在都市圈空间开发过程中，直观体现便是城市占地面积的增加，以及在此基础上人口、产业的集中；再就是都市圈层的空间扩张，破坏了自然景观与生态，近郊绿地的逐渐减少和城市道路的建设引起包括风向、温度、湿度等气候环境的变化；而且在都市圈扩张中，重工业的布局造成了严重的公害，导致大气污染、水污染、土壤污染等事件经常发生。

我国的都市圈建设起步较晚，发展水平参差不齐，许多都市圈的扩张主要建立在外延型膨胀模式之上，大多依靠资源投入。外延型膨胀模式带来了粗放型扩张，显著改变了区域的土地利用结构和景观格局。例如，在2000—2010年间，伴随产业升级与产业转移的快速发展，京津冀都市圈建设用地规模快速增长，高密度区县数量及其空间集聚性均呈显著上升趋势，呈现“中心—外围—边缘”的圈层式结构；景观格局的空间分散态势有所增强，各区县建设用地紧凑度指数较低，变化程度较小，建设用地的斑块变化具有一定的粗放性和无序性（图1-3）。

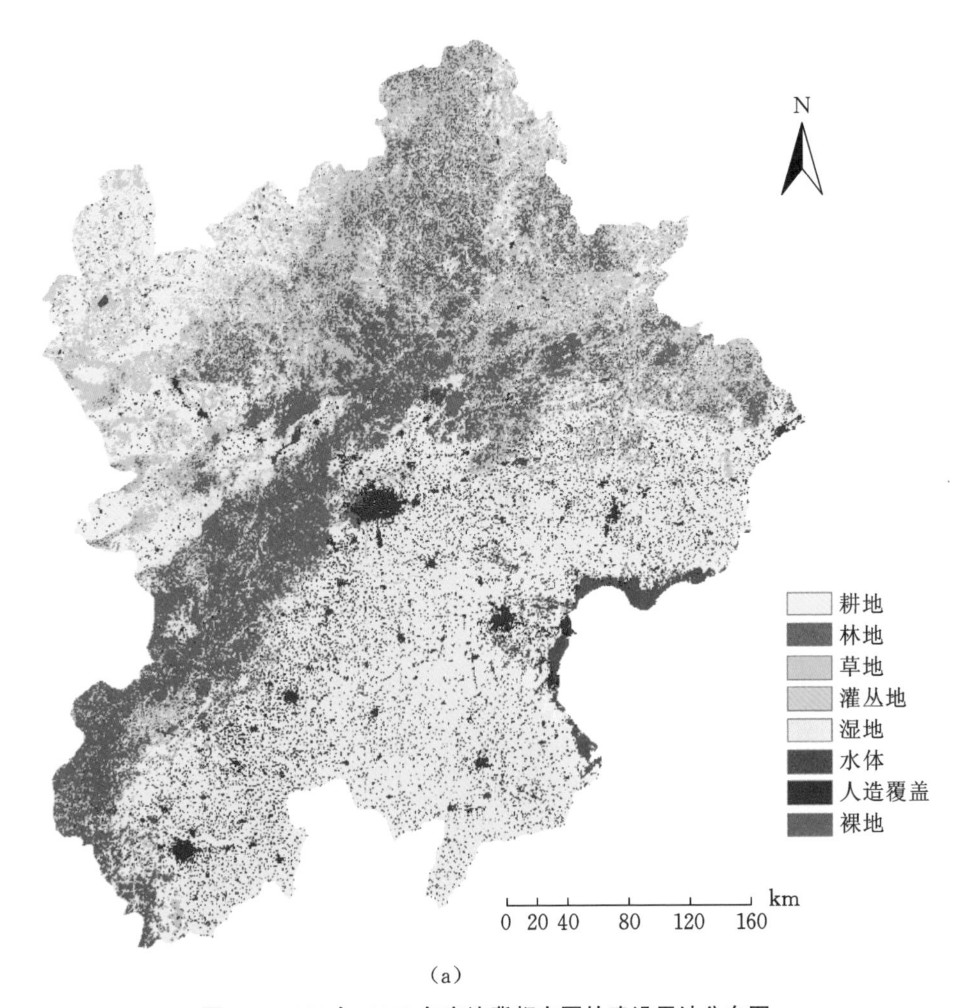

（a）

图1-3　2000年、2010年京津冀都市圈的建设用地分布图

（a）2000年；（b）2010年

（图片来源：张宇硕，赵林，吴殿廷，等.京津冀都市圈建设用地格局与变化特征研究[J].世界地理研究，2018，27（1）：60-71.）

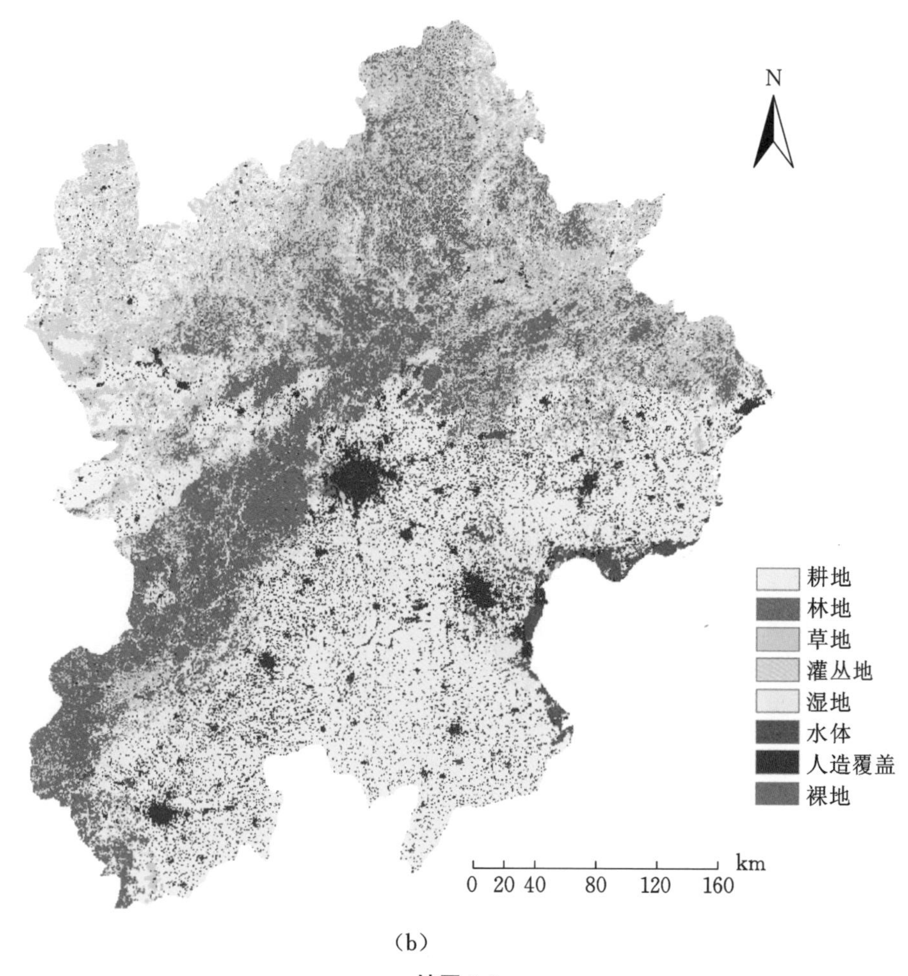

（b）

续图 1-3

很多城市都市圈的新增建设用地是靠不断蚕食周边的自然生态用地来实现的，从而导致区域景观格局逐步破碎化和多样化。例如，武汉都市圈内新增建设用地主要来自耕地、农村居民点、水域、林地和未利用地的转化，其中水域面积共减少了 62.6 km^2，占新增建设用地总量的 21%。

生态空间不断地被侵蚀，带来了区域生态系统服务水平的下降，最终会给城市带来热岛效应、雾霾效应、雨洪效应、生态系统退化、环境污染等一系列生态环境问题，直接影响着城市人居环境质量。秦晓川、付碧宏（2020）基于青岛都市圈 1990—2017 年遥感数据与统计年鉴数据，研究青岛都市圈生态系统服务与经济发展时空协调性的关系。结果表明，青岛都市圈生态系统服务和经济集聚整体呈现不平衡现象，原因是青岛都市圈内部资源与要素分布不均衡。其中，交通条件发达与人口资源发展较快的发达区域，其生态价值占比相对落后。驱动因子分析表明，生态系统服务价值的减少主要受城市中心距离的影响。梁秀娟等人（2020）以大西安都市圈为研究对象，利用 2003—2018 年 MODIS LST 数据提取了大西安近 16 年的地表温度信息，分析了大西安城市热岛效应时空分布特征。结果表明，大西安都市圈在 2003—2018 年间，年均和季均地表温度都呈现出上升趋势，影响全年城市热岛强度的主要因素有遥感夜间灯光数据（NL）、增强植被指数（EVI）、人口密度和不透水表面等，其中，不透水表面是导致城市热岛效应的最直接因素。王振波等人（2019）选取 2000—2015 年 NASA 大气遥感影像反演 $PM_{2.5}$ 数据，揭示了 2000—2015 年中国城市群 $PM_{2.5}$ 浓度呈现波动增长趋势，尤其是我国的东部、东北地区 $PM_{2.5}$ 浓度提升更快，并指出工业化和能源消耗对 $PM_{2.5}$ 污染有正向影响，其中，人口密度对本地区 $PM_{2.5}$ 污染具有显著正向影响。

我国的都市圈空间范围较大，往往地形地貌复杂，且涵盖一些较大的山体、湖泊、森林、河流、海湾等生态空间。都市圈的建设意味着区域范围内大量的农田、林地、草地、湖泊被侵蚀，生态植被遭到破坏，水体受到污染等。因此，生态空间保护的紧迫性日益凸显。历史经验告诉我们，都市圈的发展决不能再走先污染再治理的老路。都市圈的建设应构建都市圈命运共同体，注重环境保护与灾害应对，制定预控都市圈生命线通道项目与行动，共同构建人与自然和谐共生的环境空间。

1.1.4 区域绿地缺乏有机整合

随着我国生态文明建设战略的提出，城市外围非建设用地下的区域绿地对于城乡整体生态环境的保护功能日益受到重视。我国在《城市绿地分类标准》（CJJ/T 85—2017）中明确提出了“区域绿地”的概念，区域绿地是指位于城市建设用地之外，具有城乡生态环境及自然资源和文化资源保护、游憩健身、安全防护隔离、物种保护、园林苗木生产等功能的绿地，包括风景游憩绿地、生态保育绿地、区域设施防护绿地、生产绿地（图 1-4）。特别指出，区域绿地不参与建设用地汇总，不包括耕地。可以看出，区域绿地具有分布广、规模大、生态功能凸显的特征，在改善区域生态环境、调节城市气候和保持区域水土等方面具有重要战略意义，是解决当今气候环境问题、构筑绿色人类聚居环境的重要途径。

区域绿地一般位于城市建设用地之外，不属于独立的用地类型，分属城建、林业、环保、水务、交通、电业和铁路等不同部门。区域绿地内涵模糊、管理分散、空间及功能重叠交错、实践操作难度大，这些极大地降低了区域绿地建设的系统性

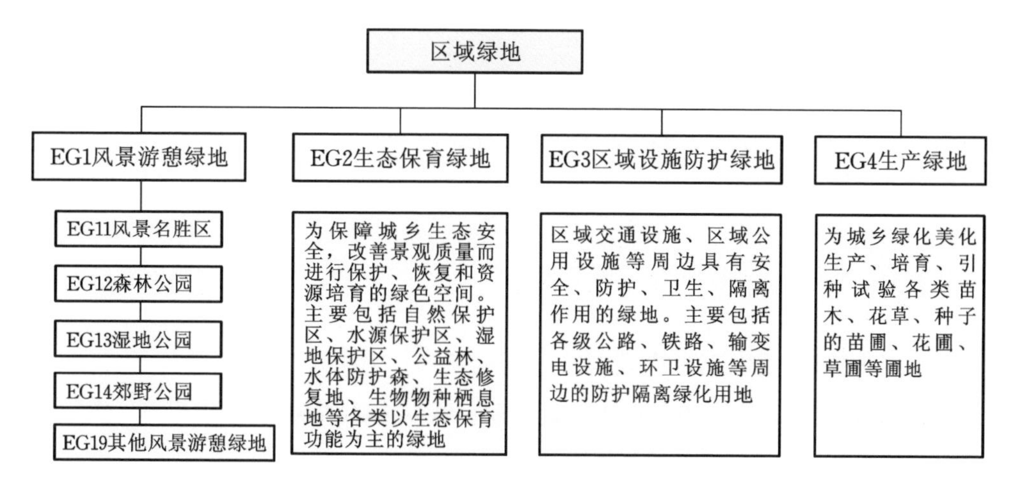

图 1-4　区域绿地种类

和可操作性。

另外，受行政体制和城市规划体制的限制，城市规划区范围以外的区域已经脱离了城市规划部门的直接管辖范围。虽然区域绿地的规划一直是城市绿地系统规划的内容，但是现行城市绿地系统规划侧重于建成区，主要内容包括市区绿地结构、公园体系、树种选择、绿地指标（绿地率、绿化覆盖率和人均公园绿地面积）等。对于城市建设用地以外的区域绿地的规划，不仅缺乏规划依据，而且没有完备的法规，也无可操作的技术标准。因此，在规划中，一般是在现状基础上选择上位规划所确定的重要斑块以及现有网络结构，以保护为基准，构建空间体系，从而实现绿色空间的连接。这种结果致使区域绿地的规划泛化于绿地的结构形态，难以落实到实际的管控实施中，更难以与区域更大空间有机结合，无法为当今城镇化高速发展下的区域生态资源保护与建设提供有效的指导。

区域绿地的可持续发展与城镇化紧密相关。城市的扩张导致区域绿地资源结构失衡、总量锐减等问题，造成了城市及周边自然生态环境恶化、大型自然斑块破碎消失、区域生态系统自我恢复能力降低等，最后也势必将影响到区域内各个城镇的发展质量和居民生态安全。当前，国土空间规划成为国家空间治理的政策工具，是建设生态文明的重要抓手。自从我国的自然资源部成立以来，国土空间生态安全、“山水林田湖草”等自然资源的全局管控及以国土空间规划为代表的自然资源规划逐渐受到重视。在此背景下，区域绿地的保护和发展应打破行政边界的隔阂，在尊重自然地理特征和生态本底的基础上，进行有机整合，秉承“山水林田湖草生命共同体”理念，保护生态屏障，构建区域生态网络。

1.2 研究都市圈的目的与意义

1.2.1 研究目的

1. 构建都市圈生态网络规划的技术框架

在我国，都市圈规划并不属于法定规划范畴，其规划导向、技术思路、规划实施与作用等都尚未达成共识，更多的是某些地区各自进行实践探索，以都市圈规划作为实施区域协同的重要抓手。2021 年 9 月自然资源部公示的行业标准《都市圈国土空间规划编制规程（报批稿）》，为都市圈规划提供了标准与规程。目前，在都市圈发展上升为国家战略并进入实质性推进的背景下，都市圈规划以及相关专题规划开始走向上下结合、全面推进的关键阶段。但是，国内学术界主要聚焦都市圈的交通网络、产业布局等内容，缺少从区域视角进行都市圈生态空间发展的系统性研究，更是缺少生态网络构建与实现路径的规划实践。

都市圈生态网络是以优化都市圈生态安全格局、维护都市圈生物多样性、支撑都市圈生态环境系统化修复、促进都市圈休闲游憩为目的，通过生态廊道有机连接都市圈内具有保护价值的生态源地，构建一个自然、高效、多样且具有自身调节功能的网络状生态空间体系。但是，都市圈生态网络规划在我国尚处于起步阶段，特别是对连接城乡区域的大尺度生态网络的构建缺乏实例，可以说需要一个科学的都市圈生态网络规划构建方法。

在此背景下，本书利用景观生态学和形态学空间格局分析（morphological spatial pattern analysis，MSPA）来识别生态源地，以 ArcGIS 为技术支撑，采用最小累积阻力（minimum cumulative resistance，MCR）模型提取区域生态源地间的潜在生态廊道，结合重力模型（gravity model，GM）对生态网络内斑块重要性进行分级并构建区域的生态网络空间，最后结合现状和上位规划，提出格局优化策略，引导都市圈生态空间的有序发展，建立一套构建都市圈生态网络规划的技术框架。都市圈生态网络规划既是一种针对都市圈生态专项问题的研究，又是一种关系都市圈整体形态和生态环境大格局的规划，更可上升为一种都市圈空间发展的战略工具。

2. 建立高效有序的都市圈生态空间格局

城镇化是一种强烈的地表人类活动过程，而都市圈往往是城镇化程度高、城镇分布密集、经济发展水平较高的区域。长期以来，受高强度的国土开发建设、矿产资源开发利用等因素影响，我国都市圈内部的一些生态系统破损、退化严重，部分生态空间的核心地区在不同程度上遭到生产、生活活动的影响和破坏，出现城乡生态空间总量不足、植被破坏、土地退化、水资源短缺、气候变化、生物多样性丧失等问题。

今后一段时期，我国社会经济将进入由高速度发展向高质量发展的转换期。都市圈空间规划将从以提升中心城市竞争力为导向转向以区域协同发展、高质量发展为导向，从利益共同体迈向命运共同体，不仅关注自身的发展，更要通过协同发展来提升自身的竞争力和发展质量。可以说，都市圈发展和生态环境保护均面临新形势、新挑战。虽然，我国采取了最严格的基本农田保护政策，还设立了禁止城市开发的自然保护区、风景名胜区和公园绿地系统等，但是对于城市所依赖的土地生命系统的保护研究还相对薄弱。因此，如何在有限的资源条件下合理布局生态空间以增进人类福祉，仍是当前都市圈生态文明建设的主要难题。

一直以来，城市生态网络与城市生态环境、社会人文、经济发展、景观形象、空间形态等紧密关联，体现为在时间、空间上的高度融合与在功能、效益上的有机联动。《国家发展改革委关于培育发展现代化都市圈的指导意见》（发改规划〔2019〕328号）指出，构建绿色生态网络，严格保护跨行政区重要生态空间。生态网络能够将城市内部和外部地区零散的自然、半自然及人工建设的生态空间进行连通。具有高度连接与交叉结构特征的网络状城市生态空间体系，可以保障城市生态安全、维护生物多样性、优化城市生态格局、提升生态环境品质等。

生态网络构建的核心是识别那些具有关键性景观生态功能的网络要素。本书以"生态"为视角、以"网络"为手段、以"优化"为目标，科学分析都市圈生态空间结构演变特征，定量识别生态源地、生态廊道、生态节点，提出合理的生态空间区划方案及格局优化策略，通过对影响都市圈整体发展的重点地区进行有效管控和干预，以实现都市圈生态空间协调、均衡利用与生态安全等目标。因此，建立高效有序的都市圈生态空间格局，科学推进生态空间集聚开发、分类保护和综合整治，有利于都市圈实施跨区域生态保护合作，推进生态保护一体化建设。

1.2.2 研究意义

1. 理论意义

近年来，我国关于城乡生态空间规划的应用与研究越来越多，生态空间的网络化成为一种趋势。绿地生态网络通过研究自然生态系统的复杂性与稳定性之间的关系，协调自然资源保护与城市空间优化和扩展，实现城乡间生态、环境、经济、社会的协调发展，极大地丰富了生态理论体系和实践方面的探索。

目前，我国关于生态网络理论的研究还处于探索阶段，生态学、城乡规划学、地理学、风景园林学等各专业学者在生态网络的相关概念、分类、功能作用、理论框架、构建方法等方面略有成绩，已经形成了可识别有生态功能和价值的生态源地，通过 MCR 模型提取潜在生态廊道的较为成熟的生态网络构建方法。可以说，生态网络的基础性研究已经趋于成熟。在规划实践中，生态网络理论主要应用于城市群、省域或大城市等人口密集地区。总结有关生态网络的理论研究，发现目前国内外对都市圈生态网络构建方法的关注不足，主要反映在指标体系和构建方法两个方面没有针对都市圈的特点。因此，有必要在前人研究的基础上，结合都市圈发展的大背景，引入新理念进行深化研究，丰富生态网络的理论体系。

在当前快速城镇化背景下，优化我国都市圈的空间结构，关键在于重新规划公共资源的空间分布。都市圈生态规划的实践工作已经展开，如何科学、合理地从更为广阔的区域视角构建网络化的绿色生态空间格局，协调城镇化发展与自然资源保护之间的矛盾，迫切需要相应的理论与方法研究进行指导。

为了解决这个问题，本书梳理了生态网络理论研究进展、都市圈生态网络的组成与结构，重点研究了都市圈生态网络的构建方法与优化策略。其中，借鉴景观生态学、城乡规划学、风景园林学、城市地理学等学科的理论与方法，运用 ArcGIS、ENVI、AHP 等软件，借助 MSPA、MCR 模型等定量计算，为都市圈生态网络的构建搭建科学的体系框架，提出一套较为理性、合理、易操作、可广泛使用的都市圈生态网络规划方法，丰富和完善相关领域的理论研究，不仅具有一定的前瞻性，也具有一定的理论意义。

2. 实践意义

随着时代的发展，生态网络在生态系统服务、国土空间规划等领域也发挥了重要作用。都市圈生态网络主要是指都市圈范围内主要绿地、林地、湿地等自然生态保护地，通过生态廊道、绿道、生物踏脚石等具有一定连接度的带状廊道联结而成的网络系统，其不仅能够促进城乡一体化，有效地控制城市的蔓延，还可以改善城市生态环境，构建生态宜居城市。

西方国家在生态网络实践层面，研究对象不断细化，研究领域不断扩宽。生态网络规划已经在国际上被证明是一种集生态、游憩及文化保护等多种功能于一体的城市绿地规划手段。例如，伦敦、纽约等国际化大都市都十分关注生态网络空间的建设，并通过生态网络的建设复合了多种其他功能，形成了适用于全球城市发展的综合型生态网络空间。我国则通过绿道、生态廊道、生态网络等形式开展实践。虽然目前已有不少实践案例，但是在构建指标体系和空间格局优化方面尚未有统一的方法和标准，并且各地生态网络差异较大，很难一概而论，需要地方自身进行实践探索。

自然资源禀赋和生态环境本底是区域开发的基础支撑。我国都市圈目前协同发展不足，核心城市独大，空间布局分散无序，资源环境压力突出。因此，生态环境保护是都市圈发展规划必不可少的内容，而强化生态网络共建是环境联防联治的重要途径之一。生态网络规划能否科学地加以构建与实施，是关键问题。

本书首先探索出适合都市圈生态网络构建的理论框架，重点在于如何识别关键生态空间，以及如何维护当地的生态本底，从而有效地引导都市圈生态空间的连通关系，健全城乡生态安全格局。其次，本书以郑州都市圈为例，从生态网络体系的识别、功能区划、生态空间保护与空间管控等角度进行了深入研究，提出了一套规划及管控策略、生态资源保护与利用的方法，可以为国内其他都市圈的生态网络建设、生态安全格局构建、生态控制红线划定、生态修复关键区域的确定提供决策参考，因而具有较强的实践意义。

1.3 都市圈相关概念界定

1.3.1 都市圈

过去40年，我国一直处于快速城镇化阶段，至2019年我国常住人口城镇化率首次超过60%，城市经济建设发展迅速，人口不断向城镇集聚，城市的建设范围不断扩张，与周边地区的社会经济联系更加紧密。在经济全球化背景下，为了更好地参与全球竞争，从区域联合的角度规划城市的发展成为一种务实的选择。因此，城市区域化发展趋势日益增强，城市迈入区域化发展时代，大都市连绵区、城市群、都市带等概念应运而生。

都市圈概念来源于日本。20世纪50年代日本提出“都市圈”概念，日本行政管理厅将其定义为：以一日为周期，可以接受城市某一方面功能服务的地域范围，中心城市的人口规模须在10万人以上。1960年日本又提出“大都市圈”概念，规定：中心城市为中央指定市，或人口规模在100万人以上，并且邻近有50万人以上的城市，外围地区到中心城市的通勤人口不少于本身人口的15%，大都市圈之间的物资运输量不得超过总运输量的 25%。

国外都市圈建设由来已久（表 1-3），但是由于不同人文历史背景下的经济空间组织之间，在资源禀赋、产业偏好、劳动关系与要素制度、生活居住与社会治理等方面存在差异，因此美国和欧洲多采用都市区和都市连绵带概念。根据美国纽约大都市区规划、法国巴黎大都市区规划、英国大伦敦地区战略规划、德国柏林和勃兰登堡州地区规划等，总结国外都市圈建设的经验，都市圈的特征可以概括为空间结构层次性强、人口集聚程度高、产业结构布局合理、城市功能完善、注重协调发展等。

表 1-3　世界著名都市圈概况

名称	面积和人口	辐射范围
纽约大都市区	面积 138 000 km^2，人口超过 6 500 万人	以纽约为核心，北起缅因州，南至弗吉尼亚州，跨美国东北部的 10 个州，包括纽约、波士顿、费城、巴尔的摩、华盛顿等大城市，以及 40 个 10 万人以上的中小城市
东京都市圈	面积约 36 500 km^2，人口约 3 700 万人	简称“一都七县”，以东京为核心，辐射神奈川县、埼玉县、千叶县、茨城县、群马县、枥木县和山梨县
大伦敦地区	面积约 15 400 km^2，人口约 3 000 万人	以伦敦为核心，辐射英格兰东南、东英格兰、中英格兰东、中英格兰西和英格兰西南的全部或部分地区
巴黎大都市区	面积约 12 000 km^2，人口约 1 180 万人	以巴黎为核心，辐射中央大区、诺曼底大区、皮卡第大区、香槟—阿登大区、勃艮第大区和北部—加莱海峡大区的全部或部分地区

在中国，20 世纪 90 年代中后期伴随城镇化进程加速，部分大城市依托其集聚效应、规模效应和扩散效应等，成为区域经济社会发展的“引擎”，国内学者开始关注都市圈相关议题，包括都市圈的内涵与范围界定、发展战略与空间规划等。2019 年 2 月，国家发展和改革委员会发布《国家发展改革委关于培育发展现代化都市圈的指导意见》（发改规划〔2019〕328 号）。文件指出，都市圈是城市群内部以超大、特大城市或辐射带动功能强的大城市为中心，以 1 小时通勤圈为基本范围的城镇化空间形态。2021 年 9 月，为指导都市圈规划的编制工作，自然资源部公示了《都市圈国土空间规划编制规程》（报批稿），进一步指出，都市圈（metropolitan region）是以辐射带动功能强的城市或具有重大战略意义的城市为核心，以 1 小时交通圈为基本

范围，包括与核心城市有着紧密的产业、商务、公共服务、游憩等功能联系的各级各类城镇的跨行政区地域空间单元。其中，以超大、特大城市（城区常住人口500万人以上的城市）为中心的都市圈，称为“大都市圈”（large metropolitan region）。

都市圈是我国城镇化高质量发展的重要抓手，它不仅有助于提高我国城市群的国际影响力，而且有助于转变城市空间规划，加快实现乡村振兴。我国都市圈主要包含四个方面的基本内涵：一是都市圈的核心城市是辐射带动功能强或具有重大战略意义的城市；二是都市圈的辐射核（即核心城市）可以为一个或多个；三是都市圈内城市间的联系主要是经济联系，是产业链条的延伸或市场的拓展；四是都市圈是城市群形成的前提条件。

我国都市圈研究发展较快，短短几十年已经从理论研究阶段进入规划实践阶段，不仅京津冀、长三角、珠三角三大都市圈取得了显著的效果，而且全国其他都市圈发展也处于转型升级和融合发展的初级阶段，从“点状扩散发展”到“网状发展”，新增人口主要集中在城市外环，公共服务均等化开始进入落地阶段，产业联系从外溢—承接关系开始向合作共建关系演变。近年来，都市圈区域内的行政区划调整行为也日益频繁，一些大都市圈进行了多次行政区划调整。例如，2021年2月8日国家发展和改革委员会发布通知，原则同意《南京都市圈发展规划》，这是全国首个由国家发展和改革委员会正式批复的都市圈规划。

跟“都市圈”概念经常联系在一起的还有“都市区”和“城市群”。1910年，美国管理和预算总署在人口普查时，提出了“都市区”（metropolitan district，MD）的概念，都市区被定义为以一个人口规模10万人以上的中心城市为核心，包括周围半径16 km范围内的区域，或者包括周围半径超过16 km且人口密度超过58人/km^2范围内的区域。从诸多文献里可以看出，都市区概念主要描述的是一个拥有特定人口规模的核心城市及与其有着紧密经济社会联系的周边邻接地域组合成的区域或地理现象。

我国快速且规模宏大的城镇化进程催生了各类城市与区域发展形态。20世纪90年代初，姚士谋最早对城市群（urban agglomeration）概念进行了界定，即在特定的地域范围内具有相当数量的不同性质、类型和等级规模的城市，依托一定的自然环境条件，以一个或两个超大或特大城市作为地区经济的核心，借助于现代化的交通工具和综合运输网的通达性，以及高度发达的信息网络，发生与发展着城市个体之间的内在联系，共同构成一个相对完整的城市“集合体”。

“城市群”概念提出后，很快在国内得到广泛的引用，并被写入国家发展战略，各地也纷纷以城市群规划为抓手，提出区域发展战略。2004—2008年是我国城市群规划的快速发展期，珠三角、山东半岛、中原、长株潭等地区规划相继出台。目前，我国共有 19 个国家级城市群，它们是我国实现新型城镇化和经济发展的重要载体，其中，有 6 个已经进入了国家战略，分别是京津冀协同发展、长江经济带发展、粤港澳大湾区建设、长三角一体化发展、黄河流域生态保护和高质量发展以及成渝地区双城经济圈建设。

对比“都市区”“城市群”的概念，“都市圈”与它们的区别主要表现在空间范围方面，都市圈由都市区及其周边地区和城市组成。城市群的空间范围要比都市圈的空间范围大得多。城市群至少包括一个都市圈（表 1-4），还包括与都市圈实现空间耦合的城市圈。可以说，都市圈与都市区、城市群是不同尺度的地域空间组织形式，城市群是由若干个都市圈构成的广域城镇化形态，而都市圈是城市群形成的重要前提条件。它们共同构成了我国“城市群—都市圈—中心城市—中小城市”的新型城镇化发展格局。

表 1-4　城市群与都市圈关系

城市群名称	都市圈名称
长三角城市群	上海都市圈、南京都市圈、杭州都市圈、合肥都市圈、宁波都市圈、苏锡常都市圈
珠三角城市群	广州都市圈、深圳都市圈、珠中江都市圈
成渝城市群	成都都市圈、重庆都市圈

1.3.2　生态网络

生态网络（ecological network，EN）出现于 20 世纪 80 年代。在欧洲，工业革命后，自然区域环境日趋恶化，生境质量降低，物种丧失加剧，出现了大量小型、孤立的生境岛屿，主要表现为生境和物种多样性的减少，生境异质性的降低，种群和物种分布范围的减小，生境破碎化降低了孤立景观斑块应对自然及人为干扰的能力，以及由于重视生态系统的经济服务功能而导致自然功能减少。因此，生态网络概念在欧洲得到了广泛的认可和应用，如何重构城市生态关联性、保护生物多样性受到极大关注。1992—1996 年，《欧盟生境保护指导方针》、“保护欧洲的自然遗产：走向欧洲生态网络”计划和“泛欧洲生物和景观多样性战略”相继提出，主要目的在于通过保护野生生物栖息地，维持生物多样性，以保障高强度开发地区人为活动对自然的最小干扰。近些年来，欧洲所建成的和正在构建的国家尺度、区域尺度的生态网络，大大提高了自然保护的有效性，而且在合适的土地利用和管理模式下，实现了经济发展和自然保护的双赢。

在北美，生态网络较多地被称为绿道网络（greenway network），北美学者们主要关注以游憩和景观观赏为主要目的的乡野土地、开放空间、自然保护区和历史文化遗产等构成的绿色生态网络。目前，美国的绿色生态网络建设已经进入注重综合功能开发和建设综合绿色生态网络阶段。

对比欧洲和北美的生态网络概念，其实二者含义基本相同，都是在景观生态学原理基础上构建的生态保护模式，是一个由自然和半自然的生物要素组成的联系密切的完整系统，强调生态网络的构成和连接属性，侧重功能、价值和目标，通过对系统的配置和管理来恢复或维持区域生态功能，目的是保护物种多样性、恢复和改善区域生态环境等。

对于生态网络概念的界定，学术界并未达成统一意见，不同的学科对于生态网络的理解各不相同。从生物保护角度，生态网络可认为是由一系列自然或半自然景观元素组成的连续保护区域集合体，其保护、强化或恢复都是为了保证一定的生态系统、生境、物种及景观要素的健康状态。从空间规划角度，生态网络将各生态保护区域整合为一个系统进行统一保护和管理，并利用景观生态学原理将各个保护区域连接起来，科学统筹规划土地开发利用模式。

网络是由节点和线状要素相互联系组成的系统，表示诸多对象的复杂相互关系及空间结构。欧洲学者罗伯特·乔曼（Robert Joman）认为，绿色生态网络由核心区（core）、缓冲区（buffer）和廊道（corridor）组成（表 1-5），包括生态因素和人文因素。生态网络主要是通过缓冲区、廊道等空间，把单个栖息地和保护区连接成连续、完整的空间结构。

表 1-5　绿色生态网络组成

核心区（core）	区域内的生态网络，它提供了关键的自然或半自然生态系统的实质性代表，并包含重要或受威胁物种的可存活种群。该地区的主要功能是保护生物多样性。它通常受国家或欧洲法律的保护（例如：Natura 2000）
缓冲区（buffer）	位于保护区边缘的区域，有土地使用控制，只允许进行与核心区保护相容的活动，如研究、环境教育、娱乐和旅游。缓冲区使核心区和周围土地之间的过渡更加平稳
廊道（corridor）	在生态网络的核心区之间提供功能联系的适宜生境区域
生态网络（ecological network）	一种自然或半自然景观要素的连贯系统，其配置和管理的目标是维持或恢复生态功能，作为保护生物多样性的手段，同时也为自然资源的可持续利用提供适当的机会。生态网络包含四个主要元素，即核心区、廊道、缓冲区和可持续利用区

核心区一般是指较为大型的核心绿色区域，具有维持生态环境稳定性、保护物种多样性、提供动物栖息场地的作用，同时也是主要的景观空间，可供人群游憩休闲，增加人与自然的关系密切度，例如国家公园、自然保护区、风景名胜区、湿地公园等较大型生态区域；缓冲区分布于核心区与连接区周围，能减缓负面影响，通常可允许适度的人类活动和多种土地利用方式共存；廊道是指在源地间物质与能量交流中起重要作用、相互连接构成整体网络的线性空间，同时具备保护生物资源、调节生态过程等生态功能，例如河流与道路两侧的防护林带、农田防护林带等。

近年来，伴随着绿地生态空间规划实践的逐步明晰，生态源地、生态廊道和生态节点成为构成生态网络的空间要素。生态源地类似于传统生态网络的核心区，是具备重要生态保护价值与连通作用的生境斑块，能够为城市与居民提供高质量的生态系统服务功能；生态廊道是整合系统的纽带，维持关键生物过程，起到景观连接的作用，如城市河道、线性公园道、绿道等；生态节点是对于物种的迁移和扩散过程具有关键作用的重要空间节点。

总体来看，生态网络是一种网络化的生态空间组织形态，在结构特征上呈现为空间的高度“连接”与“交叉”的特性，通过生态廊道有效地连接破碎化斑块，形成连续的空间结构，减小生境破碎化的危害，有利于生物多样性的保护与区域生态质量的改善。因此，随着当前城镇化的不断加深与生境破碎化的日益严重，合理建设城市生态网络，对于跨行政区域环境保护，推动区域生态文明建设和可持续发展具有重要意义。例如，京津冀城市群生态网络的构建，通过地理空间分析技术确定京津冀生态源地，基于最小成本路径方法，考虑土地利用及高程影响因子，提取京津冀城市群生态廊道，最终获得重要生态源地 217 块，潜在生态廊道 579 条。最后，选取京津冀城市群重要生态廊道上的小型生态源地及潜在廊道与现有廊道交叉处作为生态节点，构建京津冀城市群生态网络分布图（图 1-5）。

与生态网络类似的概念还包括绿色基础设施、生态安全格局（ecological security pattern，ESP）等，这些概念随目标不同而在设计理念和设计过程方面有所差异。绿色基础设施的概念出现得较晚。1999 年，美国保护基金会和农业部森林管理局首次正式提出绿色基础设施的概念，将其作为“国家自然生命支撑系统”。同年，美国保护基金会和农业部森林管理局成立“GI 工作小组”（Green Infrastructure Work Group），首次将绿色基础设施定义为“一个由绿道、湿地、森林、野生动物栖息地和其他自然区域组成，用以为生物的生命过程、自然的更新进程提供场所，兼具净化城市生态环境和美化居民居住环境的功能的自然生命支持网络系统”。

绿色基础设施概念的提出，主要是针对公路、燃气管网等“灰色基础设施”和医院、学校等“社会基础设施”等概念，它为人们提供了一种新的思路以应对生态保护

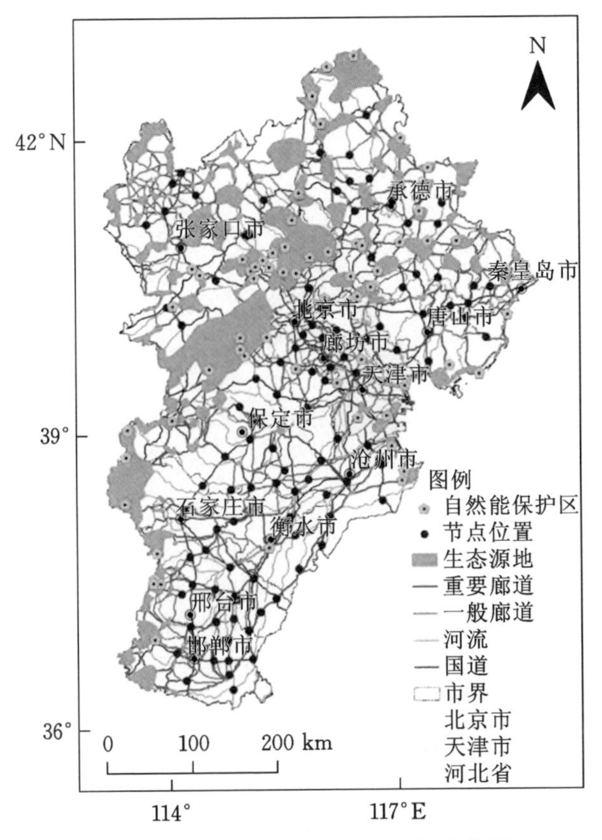

图 1-5　京津冀城市群生态网络分布图

（图片来源：胡炳旭，汪东川，王志恒，等.京津冀城市群生态网络构建与优化[J].生态学报，2018，38（12）：4383-4392.）

的迫切需求和现实障碍之间的矛盾。自绿色基础设施的定义确定以来，其概念被各国研究人员进行层层剖析和延伸。虽然在不同国家和地区，其定义略有差别，但是总体而言，在宏观尺度上，绿色基础设施主要表示为相互连接的绿色空间网络并用来规划和管理自然土地资源；而在微观尺度上，绿色基础设施主要包括生态屋顶、城市森林、雨水花园、渗透沟渠、雨水湿塘、雨水储存设施、可渗透铺装等，为城市提供着雨洪管理、维持生物多样性、缓解城市热岛效应、拓展游憩空间等生态系统服务功能。

生态安全格局起源于景观生态学，最先是北京大学俞孔坚教授在理解“现代景观生态学之父”理查德· T.T.福尔曼（Richard T.T. Forman）的景观格局思想后提出的。俞孔坚认为，生态安全格局是对维护生态过程安全起着关键作用的局部、点和空间关系构成的空间格局，并提出一个典型的安全格局包括源、缓冲区、源间联接、辐射道、战略点等要素。中共十八大报告首次以“生态安全格局”作为指导生态文明建设的主要理论基础。

从不同理论角度出发，生态安全格局存在不同的概念内涵，如景观生态安全格局、土地生态安全格局、城市生态安全格局、区域生态安全格局等。其中，区域生态安全格局通常指在排除干扰的基础上，能够保护和恢复生物多样性、维持生态系统结构和组成的完整性、实现对区域生态环境问题有效控制和持续改善的区域性空间格局。

生态安全格局已成为缓解生态保护与经济发展之间矛盾的重要途径之一，一般是从区域尺度甚至国家尺度进行研究。目前，生态安全格局在城市发展、生态保护、资源合理分配等各个领域发挥了举足轻重的作用。生态安全格局所关注的要素和结构主要是为了维持生态系统健康及可持续服务的关键空间点、线、面。在生态安全格局构建方面，大多采用“源地确定—廊道识别—战略点识别”的基本范式，通过组成的多层次和多类别的生态空间配置方案，减缓或消除人类活动带来的负面效应，促进生态系统健康、稳定和持续的发展。

对比生态网络、绿色基础设施和生态安全格局，三个概念的内涵与提出者的学科背景、关注点和拟解决问题密切相关，也与不同国家和地区面临的生态环境问题的特征及严峻性有着直接联系。

1.4 理论基础

1.4.1 景观生态学理论

景观生态学起源于欧洲。1939年，德国地理学家卡尔·特罗尔（Carl Troll）运用RS和GIS研究东非地区的土地利用情况，首次提出了“景观生态学”一词。进入20世纪70年代，由于全球性生态、环境、人口和资源等问题日益严重，以及遥感技术和计算机技术的飞速发展，景观生态学发展成为把生物圈与技术圈、人类与环境统一起来进行研究的一门综合性新型交叉学科，在进行区域景观规划、评价和变化预测等研究中具有独特的作用。

在景观生态学研究中，先后形成了欧洲和北美两个学派。欧洲学派主要是从地理学中发展而出，它立足于西欧长期的开发历史和丰富的人文景观，强调人类活动在景观中的作用，将研究重点放在景观（或区域）规划、设计和管理以及制定土地开发政策上。20世纪80年代初，北美引入景观生态学，以福尔曼（Forman）和戈登（Godron）于1986年出版的《景观生态学》为代表。北美生态学和地理学方面的专家及学者主要通过定量分析景观格局和构建模型来进行深入研究，逐渐形成注重数量化、模型建设及自然景观研究的特色。尽管欧洲和北美两个学派在发展过程中由于所关注的对象、解决问题的方法各有不同，但是随着研究理论与技术的日渐成熟，两个学派相互间的研究差异正在逐渐缩小。发展到现在，景观生态学充分吸收生态学、经济学、自然保护学等多学科的研究理论，融合地理学和生态学中的时间和空间上的分析方式，从而形成一套独立的理论体系，具有综合整体性和宏观区域性的特色。

景观生态学所涉及的研究对象与相关概念类型多样、数量庞大。在《景观生态学》中，福尔曼指出，景观生态学的主要研究对象是景观结构、景观功能及景观动态（图 1-6）。景观结构是景观要素、景观分类及景观作用的组合，其中景观的空间结构特征即景观格局，包括景观组成单元的类型、数目及空间分布与配置，由自然或人为形成的一系列大小、形状、排列不同的景观要素共同作用形成，是各种复杂的物理、生物和社会因子相互作用的结果。景观功能指的是要素和组分的作用，即组分间物质、能量和生物有机体的流动，景观结构对景观功能起着决定性作用。景观动态是指景观在结构单元和功能方面随时间的变化，包括景观结构单元的组成成分、多样性、形状和空间格局的变化，以及由此导致的物质、能量和生物在分布与运动方面的差异。

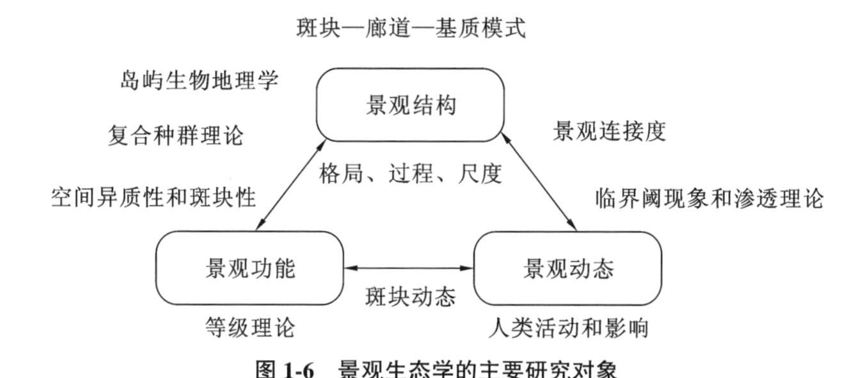

图 1-6　景观生态学的主要研究对象

（图片来源：邬建国.景观生态学：格局、过程、尺度与等级[M].2 版.北京：高等教育出版社，2007.）

当今社会资源短缺、环境污染、生态恶化等诸多问题的出现均与景观格局的变化密切相关，因此景观生态学的研究更加关注较大时空尺度上的景观空间格局、格局与过程的关系、人类活动对格局变化过程的影响等核心内容。景观格局作为理解和探究景观功能、景观动态变化及其生态影响效应的基础，一直是研究的热点。1986 年，福尔曼和戈登在《景观生态学》中提出了“斑块—廊道—基质”模式理论，完美地描述了景观空间结构，为人类理解景观内部物质和能量的变化与流动提供了简明的方式。斑块指不同于周围背景、相对均质的非线性区域。斑块类型、形状和大小等影响着景观斑块功能的发挥。廊道是不同于两侧基质或斑块的狭长地带，亦可以看成一个线状斑块，如道路、树篱、河流等。一般认为廊道具有隔离、流的加强和辐散、过程关联等作用。长、宽、高的对比是廊道最基本的空间特征，也是功能特征的综合性标志。基质往往表现为斑块廊道的环境背景，是景观中面积最大、连接性最强、优势度最高的地域。基质的特征在很大程度上决定着景观的性质，制约着区域的动态变化和管理措施的选择。基质最基本的空间指标是区域中其面积比重和孔隙度。

随着科学的进步，景观格局演变与其动力机制已经成为学术界研究的焦点。20 世纪 90 年代初，美国、加拿大等国家开始积极尝试运用 GIS 技术进行景观格局方面的研究，并取得了一定进展。由于景观格局的形成主要受人类活动和自然环境的共同作用，因此它不仅体现了生物、自然和社会的诸多生态过程在各种尺度上作用的结果，还决定了各种自然环境因子在景观空间上的分布与组合。自 20 世纪 80 年代初期开始，3S 技术的发展促进了景观格局定量分析的发展。研究景观格局动态变化的数据主要包括土地利用现状图、行政区划图、航拍照片和高分辨率遥感影像图。研究借助 ArcGIS 技术平台的支持，完成相关数据的获取与分析，计算景观格局指数并对其进行动态变化分析。景观格局指数是指利用高密度浓缩景观格局信息揭示格局与景观过程之间的联系，反映其结构组成和空间配置某些方面特征的简单定量化指标。常见的景观格局指数包括斑块形状指数、景观多样性指数、景观优势度指数等。现在，景观格局指数已有几十种，新的景观格局指数也在不断被创造出来。

景观格局是各种生态过程在不同尺度上作用的结果，仅仅依靠景观格局指数，从数量关系上很难反映出景观格局的生态效应。2006 年，陈利顶基于大气污染物的研究，提出了“源—汇”景观格局理论。“源”景观是指在格局与过程研究中，那些能促进生态过程发展的景观类型；“汇”景观是那些能阻止或延缓生态过程发展的景观类型。“源—汇”景观理论充分体现了景观生态学中的平衡理念，为研究景观格局和生态过程提供一个新的视角，可将动态的过程融入静态的格局之中，阐述生态过程的产生、发展和消亡过程与格局的关系。当今世界，生物多样性的保护是各国关注的焦点问题，保护生物多样性的关键在于对物种栖息地的保护。在生物多样性保护的评价体系中，对于有利于目标物种向外扩散、繁衍、迁徙的景观资源斑块，称之为“源”景观；反之，不适合目标物种生存、栖息以及有目标物种天敌生存的斑块，称之为“汇”景观。通过合理规划“源”景观和“汇”景观，可以充分发挥空间格局的积极效应，促进生态系统的良性循环。

目前，由于景观的破碎化现象和孤岛化现象日益严重，维护、恢复和重建景观之间结构与功能的联系成为提高区域景观功能、维持区域生态安全的重要手段。因此，景观连接度的理论和方法逐渐受到重视，并广泛应用在野生动物保护以及城市生态空间规划与建设的实践中。1984 年，Merriam 首次将景观连接度应用到景观生态学中，他指出景观连接度是测定景观生态过程的一种指标。Taylor 等人（1993）研究认为，景观连接度是指景观促进或阻碍生物体或某种生态过程在斑块间运动的程度。邬建国（2007）指出，景观连接度是指景观空间结构单元之间的连续性程度，其包括结构连接度与功能连接度。结构连接度主要是指景观空间特征表现出来的连续性，反映景观斑块、廊道在空间上的连接特征；功能连接度是指以景观要素的生态过程和功能关系为主要特征和指标反映出来的连续性，是研究的生态对象的生物过程在时空维度的相互作用等。相关文献表明，提高景观连接度可以有效地促进生态系统中的各种生态过程，从而减小局域种群灭绝的风险，进而维持景观生态过程及格局的完整性和连续性。很多发达国家已经将景观连接度广泛应用于生态环境的建设当中，通过建设生态廊道、增加网络密度的方式为生物生存提供更多的可能性。景观连接度的研究方法主要是采用不同的手段量化景观结构和功能变化，图论的引入和发展极大地丰富了生态连接度指数的种类。近年来，基于 Conefor 平台进行景观连通性分析得到了广泛应用，该平台以图形结构为基础，量化生境斑块和斑块间连接对维持或改善景观连通性的重要性，能够有效评估生境斑块和土地利用变化对景观连通性的影响，为景观规划和生境保护提供决策支持。

景观生态学引入中国相对较晚，直到 20 世纪 90 年代才进入蓬勃发展阶段，并逐渐形成了独具中国特色的景观生态学研究体系。中国学者结合中国国情，开展了许多具有特色的工作，例如对于土地利用格局与生态过程及尺度效应、城市景观演变的环境效应与景观安全格局构建、景观生态规划与自然保护区网络优化、景观破碎化与物种遗传多样性、“源—汇”景观格局分析与水土流失危险评价等方面的研究。未来，在实践应用方面，将紧密结合中国生态环境面临的实际问题，重点关注生物多样性保护与国家生态安全格局的关系、快速城镇化过程对区域生态服务功能及其生态安全的影响、城市生态用地流失对城市生态安全的影响、城市生态服务效应与人居环境健康之间的定量关系、景观服务或生态系统服务权衡与景观可持续性等方面的问题。

1.4.2 国土空间规划理论

国土空间是生态文明建设的载体。长期以来，人类活动与自然环境相互作用。随着城镇化的不断推进和气候变化的影响不断增加，当前国土空间面临严重的自然灾害、资源耗竭、环境质量恶化、生态系统服务能力降低等生态风险，以及可利用土地比例较低、城乡发展不均衡、土地开发与保护协调困难等严峻的发展困境。国土空间规划以空间资源的合理保护和有效利用为核心，以空间资源保护、空间要素统筹、空间结构优化、空间效率提升、空间权利公平等方面为突破口，探索“多规融合”模式下的规划编制、实施、管理与监督机制。2019 年 5 月，中共中央、国务院印发《中共中央　国务院关于建立国土空间规划体系并监督实施的若干意见》，明确指出，国土空间规划是国家空间发展的指南、可持续发展的空间蓝图，是各类开发保护建设活动的基本依据。

目前我国国土空间规划体系的“四梁八柱”基本框架已经明晰，也可以简单归纳为“五级三类四体系”（图 1-7）。从规划运行方面来看，规划体系可分为四个子体系：按照规划流程可以分成规划编制审批体系和规划实施监督体系；按照支撑规划运行角度有两个技术性体系，即法规政策体系和技术标准体系（图 1-8）。“八柱”是从规划层级和内容类型方面，把国土空间规划分为“五级三类”。“五级”是从纵向看，对应我国行政管理体系的五个层级，即国家级、省级、市级、县级、乡镇级，其中国家级规划侧重战略性，省级规划侧重协调性，其他三级规划侧重实施性（图 1-9）；“三类”是按规划内容类型分为总体规划、详细规划和专项规划。总体规划强调的是规划的综合性，是对一定区域（如行政区全域范围）涉及的国土空间保护、开发、利用、修复作出全局性的安排。详细规划强调实施性，一般是在市县以下组织编制，是对具体地块用途和开发强度等作出的实施性安排。专项规划强调

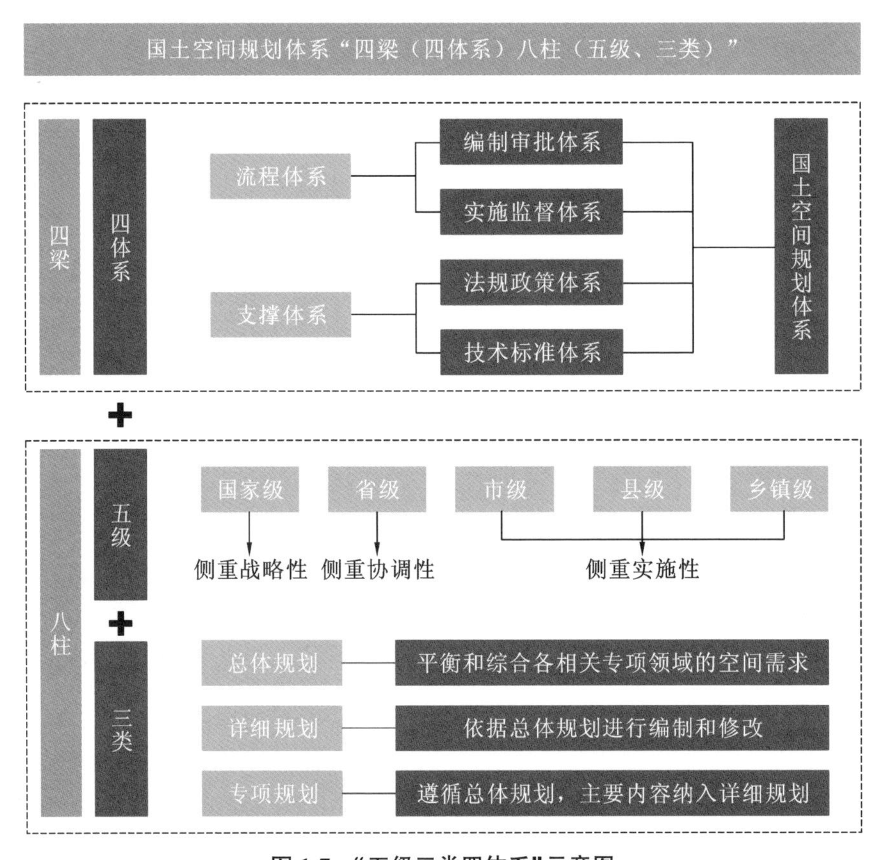

图 1-7 “五级三类四体系”示意图

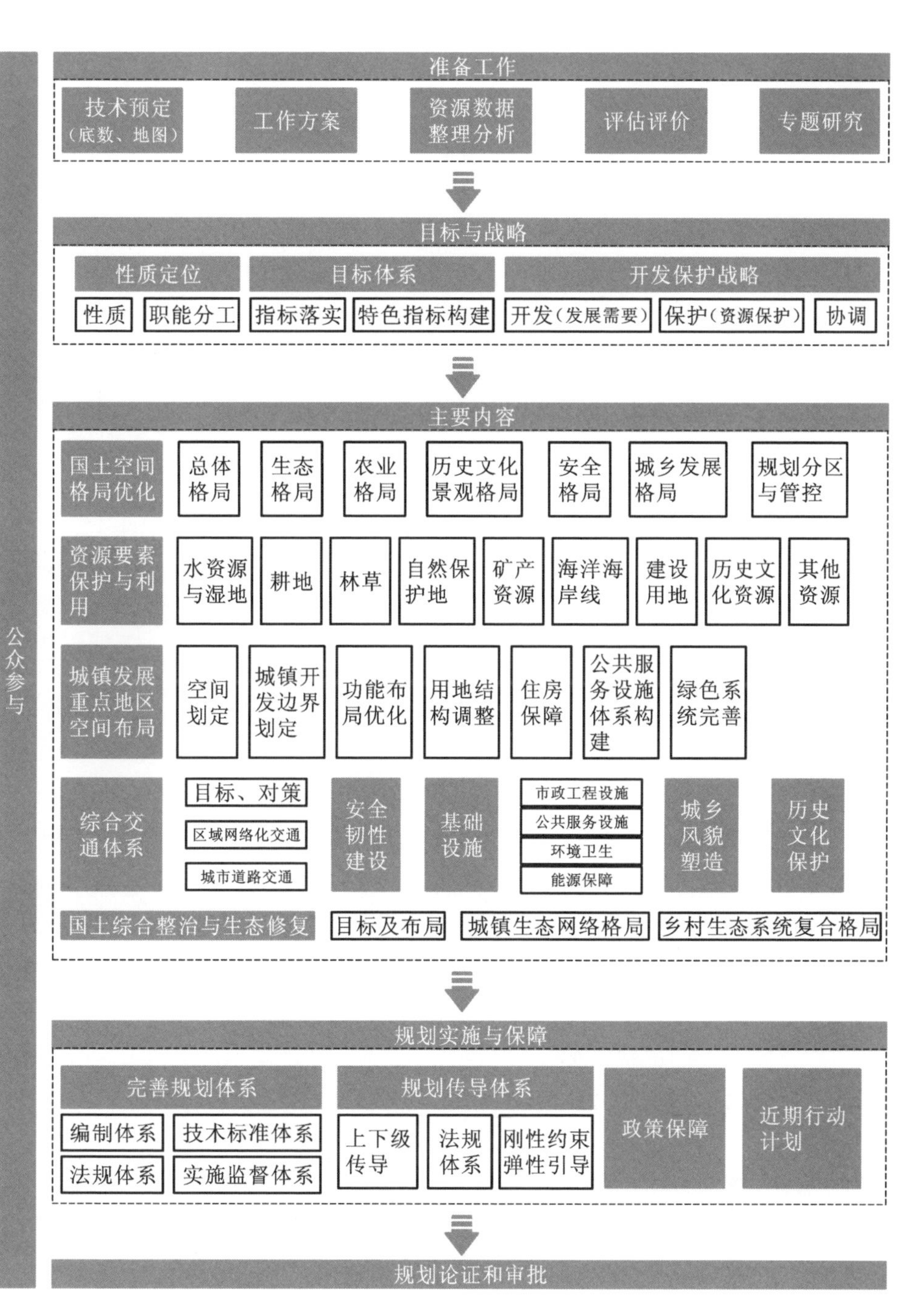

图 1-8　国土空间规划技术体系示意图

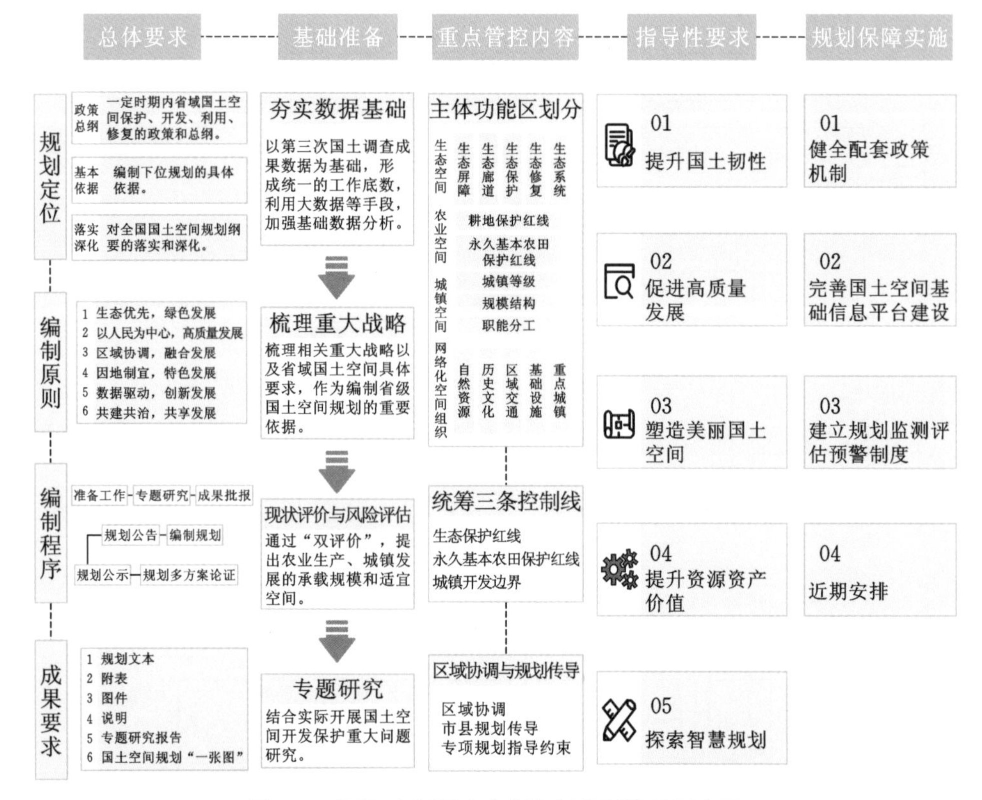

图 1-9 省级、市级国土空间规划编制流程示意图

的是专门性，一般是由自然资源部门或者其他相关部门来组织编制，是对于特定的区域、流域或者领域等，为体现特定功能对空间开发保护利用作出的专门性安排。

国土空间规划具有研究对象复杂、涉及学科广泛、理论研究滞后以及制度受多种思想影响和制约的特点。2021 年 9 月，自然资源部、国家标准化管理委员制定了《国土空间规划技术标准体系建设三年行动计划（2021—2023 年）》，旨在加快建立全国统一的国土空间规划技术标准体系，充分发挥标准化工作在国土空间规划编制、审批、实施、监督全生命周期管理中的战略基础作用。国土空间规划技术标准体系由基础通用、编制审批、实施监督、信息技术等四种类型标准组成（图 1-10）。目前，从中国国情出发，我国已经出台了一系列相关技术标准，为各类规划编制、审批、实施、管理提供有力的技术依据。

国土空间规划以自然资源的保护利用为基本前提，资源环境约束越来越成为空间开发的制约因素。2020 年 1 月，自然资源部印发了《资源环境承载能力和国土空间开发适宜性评价指南（试行）》，简称“双评价”，涉及全国、省级（区域）和市县三个尺度层级，包含陆域和海域两大空间载体。文件指出，以底线约束、问题导

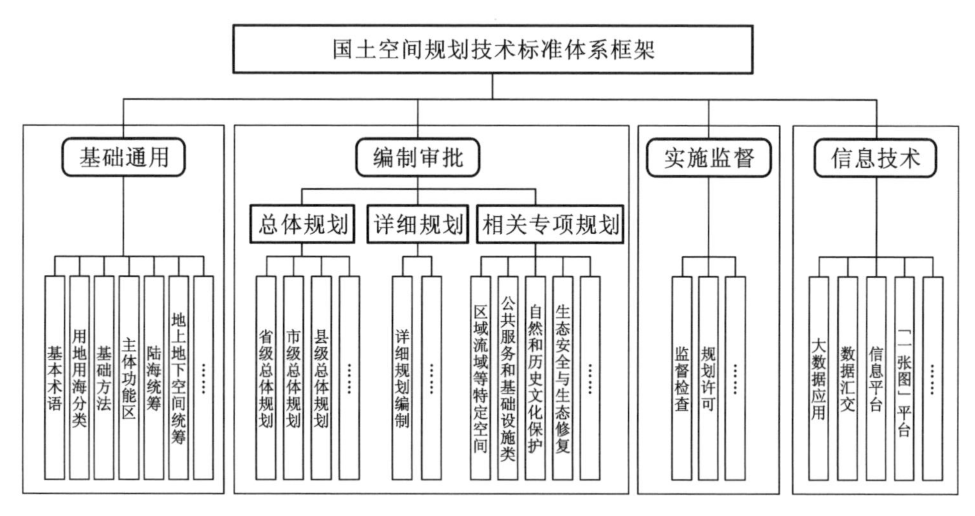

图 1-10　国土空间规划技术标准体系框架图

（图片来源：《国土空间规划技术标准体系建设三年行动计划（2021—2023 年）》。）

向、因地制宜、简便实用为原则，将资源环境承载能力和国土空间开发适宜性作为有机整体，主要围绕水资源、土地资源、气候、生态、环境、灾害等要素，针对生态保护、农业生产（种植、畜牧、渔业）、城镇建设三大核心功能开展本底评价（图 1-11）。

“双评价”客观分析了资源环境禀赋特点，是构建国土空间基本战略格局、实施功能分区的科学基础，其评价结果为国土空间格局优化、三区三线划定、国土开发强度管制、重大决策和重要工程安排等方面提供重要支撑。

国土空间规划与传统规划的差别，就是强调了对自然资源的管控与调配。一方面，要将国土空间开发活动控制在资源环境良性发展的承载范围内，另一方面，要通过国土空间规划技术展开资源的高效利用与环境整治和生态修复，保护资源更新与环境可持续性乃至提高资源环境的承载能力。党的十八大以来，习近平总书记从生态文明建设的整体视野提出“山水林田湖草是生命共同体”的论断，强调“统筹山水林田湖草系统治理”“全方位、全地域、全过程开展生态文明建设”。《中共中央　国务院关于建立国土空间规划体系并监督实施的若干意见》也延续了这个理念，明确要求全域、全要素地规划国土空间，坚持“山水林田湖草是生命共同体”的理念，量水而行，保护生态屏障，构建生态廊道和生态网络。“山水林田湖草是生命共同体”的系统思想，对于国土空间规划中的划定生态保护红线、优化国土空间开发格局、国土空间用途管制、资源保护与利用、国土综合整治与生态修复等方面具有重

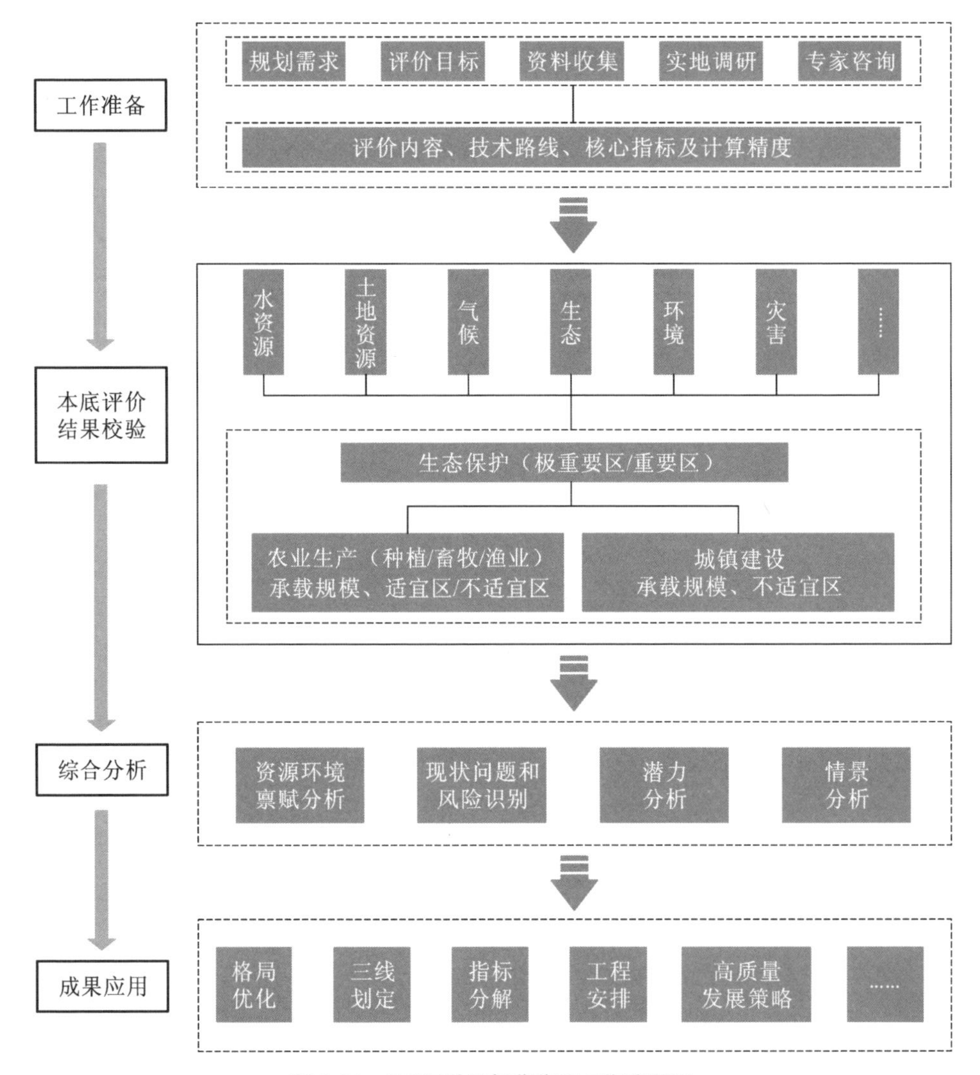

图 1-11 “双评价”串联递进工作流程图

（图片来源：《资源环境承载能力和国土空间开发适宜性评价指南（试行）》。）

要的指导意义。

随着国土空间规划理论体系梳理、技术方法探索、规划实践积累、保障制度建立等各方面的条件日渐成熟，我国的国土空间规划已经进入全面编制阶段，先后有多个省级、市级、县级的国土空间规划公布。可以说，我国的国土空间规划已获得一系列理论研究成果及实践经验，并且空间规划理论体系一直处于不断完善的过程中。

2

生态网络理论研究与实践

2.1 生态网络理论研究进展

从20世纪70年代起，生态网络研究逐渐得到国外学者的关注。20世纪90年代后，随着产业发展和城市扩张，城市生态环境负面影响逐渐增多，生态网络的应用范围也愈加广泛，逐渐成为景观生态学、地理学、城乡规划学、环境科学等学科的研究热点。

Web of Science（简称WOS）是获取全球学术信息的重要数据库平台。通过搜集整理WOS数据库中有关国外生态网络的文章，利用Citespace软件进行可视化分析，可以有效地展示和分析生态网络领域学科前沿的演进趋势、热点动向和知识关联状态。基于生态网络构建研究视角，样本选取WOS数据库中的文献源，由于21世纪以前研究的人较少，研究成果也相应比较少，因此时间段从2000年开始。通过WOS数据库高级搜索功能将查询条件设定为“（TS=（construction of ecological network * ecological network））OR#1；Time Expand=2000—2021”，筛选后，共获取有效文献768篇，2020年发文量达到高峰，有136篇。

通过基于WOS数据库的研究文献数量年度分布图（图2-1）可以看出，2000—2010年的发文量少且发展缓慢，说明对生态网络的研究还在起步阶段；2011—2015年的发文量趋于稳定，学者们开始放大研究尺度，拓展功能定位，跳出公园层面、小尺度研究层面，试图结合自然本底环境（如河流等线性景观）来实现区域的生态良性发展；2016—2020年的发文量持续攀升，代表着生态网络理念迅速发展，构建生态网络成为一种促进生态可持续的手段与策略。

关键词是文章核心的反映，是文章主题的浓缩与精炼。基于Citespace对关键词进行共现分析，共获取关键词625个，其中高频词为“ecosystem service”“green infrastructure”“ecological network”“sustainability”等（图2-2）。

分析欧美有关生态网络的文献，发现欧洲地区的生态网络规划比较重视生态功能的实现，构建生态网络已经成为一种保护生物多样性常用的方法。在研究方法方面，普遍应用了3S技术。例如2005年，Joan Marulli等利用GIS分析方法，基于MCR模型，使用景观连接度指数，定量评价分析了巴塞罗那大都会地区的生态景观连通性，开发了一种区域尺度下景观评估和生态连通性评估的方法。2011年，Rob Jongman等通过中欧和东欧、东南欧和西欧的三个项目对“泛欧洲生物和景观多样性战略”进行分析，得出未来发展“泛欧洲生物和景观多样性战略”应该包括国家生

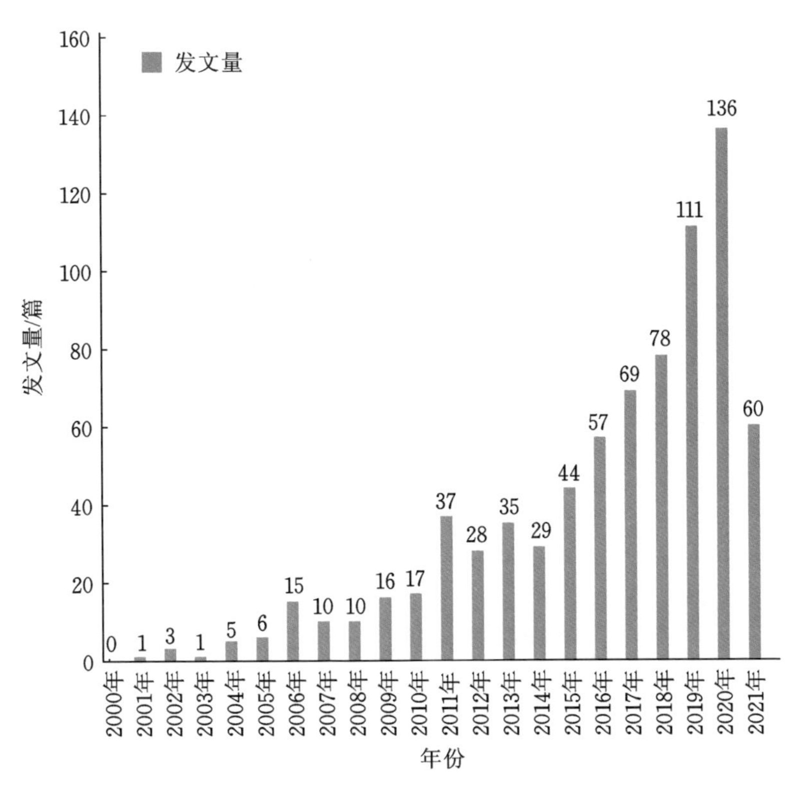

图 2-1　基于 WOS 数据库的研究文献数量年度分布

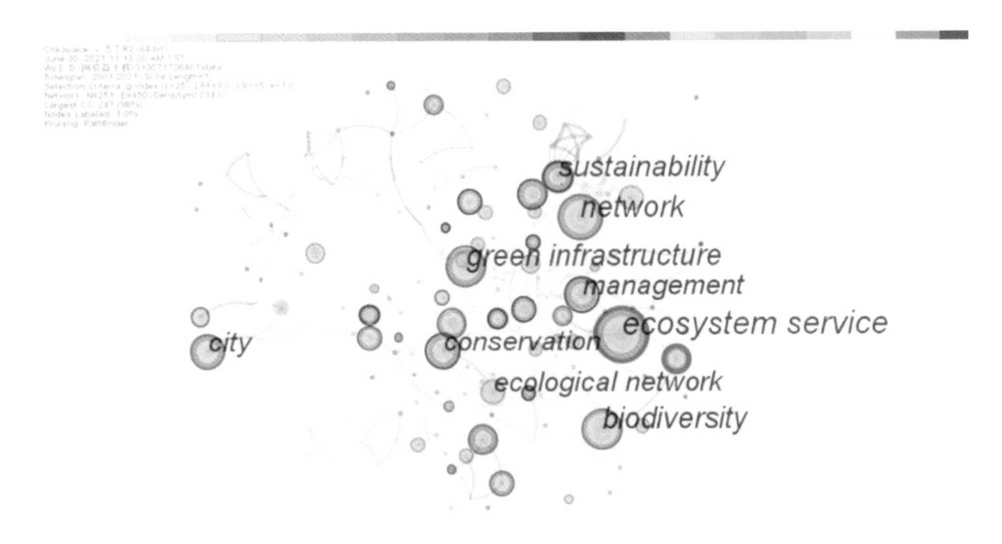

图 2-2　关键词共现图

态网络的实施，特别是通过发展跨欧洲生态廊道来实现国际一致性。在美国，很多州开展了生态网络规划，采用的方法有资源评估、斑块—廊道构建、民意驱动、均衡的绿道规划等。

以中国学术期刊全文数据库（即中国知网，以下简称 CNKI）2000—2021 年的文献为数据源，将“生态网络”“绿色生态网络”作为关键词进行检索，得到文献 1315 篇。通过归纳整理，对 2000—2021 年的文献总量、类型、年发文量等基本数据情况进行分析，去除无关文章、会议、目录、访谈等无效文献后，得到 969 篇有效文献。

利用 Citespace 软件进行可视化分析，可以看出，2000—2019 年 CNKI 有关我国绿地生态网络的发文量大体是持续上升的，从 2020 年开始略有下降。2000—2007 年的发文量呈上升的趋势，各学科的学者开始关注森林生态网络、城市绿地、城市生态系统等领域。2008—2021 年，相关文献大量涌出，硕士、博士论文数量增长明显，大量有关生态建设的理念和思想在这个阶段提出、成熟并逐渐落实，如海绵城市建设、城市双修、低碳城市等。特别是近两年，在生态文明建设的背景下，对于生态网络的研究更加注重在宏观、中观尺度上的应用，并将生态网络纳入国土空间规划体系，深入研究生态网络的科学构建和评价方法。

基于 Citespace 对关键词进行共现分析，阈值设置为“TopN = 50”，绘制关键词共现知识图谱，共提取到 613 个关键词，其中高频词为“生态网络”“风景园林”“景观格局”“生态廊道”“绿色基础设施”等（图 2-3）。

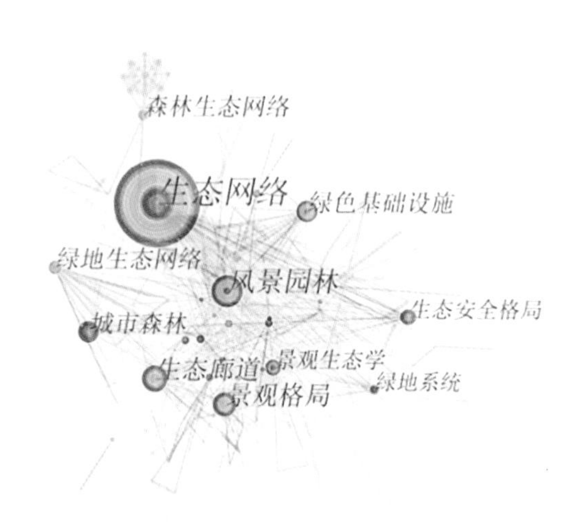

图 2-3　关键词共现知识图谱

根据 Citespace 分析得到绿地生态网络研究的关键词突现知识图谱（图 2-4）。通过突现图，可以发现目前我国的研究热点集中在“景观连通性”“生态空间”“生态廊道”“最小累积阻力模型”和“生态修复”等方面。

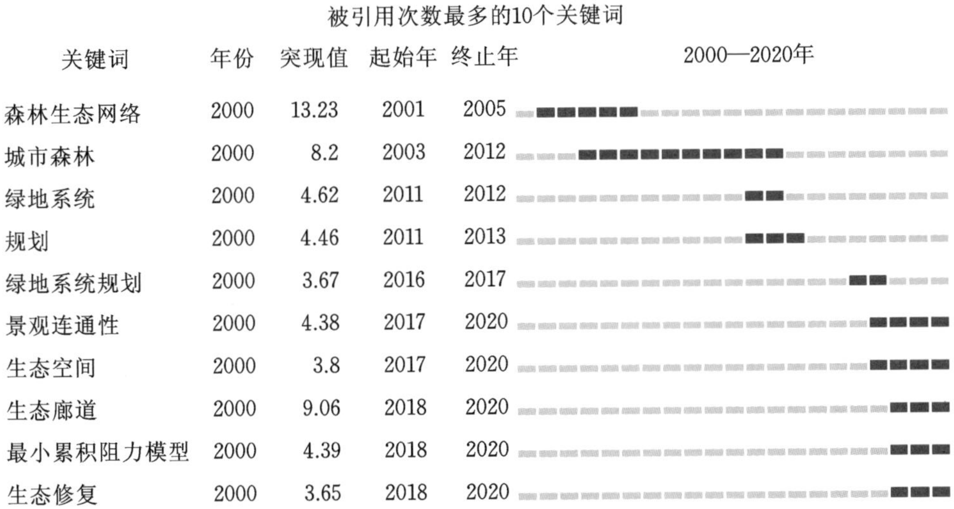

被引用次数最多的10个关键词

关键词	年份	突现值	起始年	终止年	2000—2020年
森林生态网络	2000	13.23	2001	2005	
城市森林	2000	8.2	2003	2012	
绿地系统	2000	4.62	2011	2012	
规划	2000	4.46	2011	2013	
绿地系统规划	2000	3.67	2016	2017	
景观连通性	2000	4.38	2017	2020	
生态空间	2000	3.8	2017	2020	
生态廊道	2000	9.06	2018	2020	
最小累积阻力模型	2000	4.39	2018	2020	
生态修复	2000	3.65	2018	2020	

图 2-4　关键词突现知识图谱

在国内有关生态网络的研究中，已经形成了从识别有生态功能和价值的生态源地开始，然后通过最小累积阻力（MCR）模型提取潜在生态廊道的较为成熟的生态网络构建方法。同时，结合我国国情，国内学者积极进行实践探索，获得了较多的优秀案例和成果，例如闽三角城市群、京津冀城市群、江苏省、湖南省、厦漳泉地区、武汉市、广州市、厦门市、重庆市、上海市、扬州市、巴中西部新城等。

分析国内外相关文献，发现生态网络的发展已趋于成熟。在数据方面，除了传统数据即实地调查和官方统计数据，伴随着卫星遥感、无人机航拍、网络追踪、人工智能（AI）等技术的快速发展，还增加了大量的卫星遥感数据、气象数据、地形数据、兴趣点（POI）数据、兴趣面（AOI）数据、网络大数据等。

随着研究数据的日益多样化，研究方法也趋向于多元化和先进化。理论研究方面，众多专家和学者对生态网络的发展历程、生态评价、模型构建、格局优化、生态管控等方面进行研究，总结出景观格局指数、生态敏感性分析、最小费用模型、形态学空间格局分析（MSPA）、景观连通性分析、电路模型、重力模型等技术方法（表 2-1）。

表 2-1　常见的生态网络构建技术方法

理论模型名称	软件/工具	功能
景观格局指数	Fragstats	计算大量景观指数，提供基于单元格的指标、表面指标等，如最大斑块占景观面积比例、斑块数量、斑块密度、斑块平均大小等，以此来确定景观生态现状
生态敏感性分析	ArcGIS	基于景观生态学原理，分析生态实体与生态要素对整个生态的影响，来分析其是否有较强的恢复功能
最小费用模型	ArcGIS	计算每个斑块离“源”的最小成本路径，从而得到确定的最短距离，来反映景观可达性
形态学空间格局分析（MSPA）	Guidos Toolbox	基于腐蚀、膨胀、开运算、闭运算等数学形态学原理，对栅格图像的空间格局进行度量、识别和分割的图像处理方法，能够更加精确地分辨出景观的类型和结构
景观连通性分析	Conefor Sensinode	量化一个景观中种群与其他功能单元联系在一起的过程
电路模型（电路理论）	Circuitscape	通过电流密度的计算有效地识别对景观连接性有重要影响的景观要素和“夹点”
重力模型（GM）	ArcGIS	研究某一区域或区域之间的空间相互作用或依存关系，以此来确定生态廊道的等级，提取重要廊道
图论	ArcGIS/Excel	确定生态廊道的等级
冷热点分析	ArcGIS	确定源地的物种丰富度，热点为生物多样性高的地区，冷点为生物多样性低的地区
图论模型	Dijkstra 算法	计算一个顶点到另一个顶点的最短路径，用于源地间廊道的提取

在研究尺度方面，从单一的生态系统（森林、湿地等）逐渐扩大到市域、省域乃至全国、全球综合生态系统尺度等，研究内容从单纯的网络构建向网络体系构建、网络体系评价、网络优化等具有更加广泛的现实意义的方向发展。

2.2　国外生态网络规划案例分析

生态网络是降低自然系统破碎化影响、保护生物多样性和生态系统健康的重要途径。从20世纪80年代到现在，有关生态网络的规划和实践在国际上蓬勃发展，尤其是在西方发达国家。这些国家较早地经历了城镇化过程，面临着城市无序扩张和各种环境问题困扰，城市生态安全受到威胁，部分区域甚至全国尺度的生态系统结构与功能都受到影响。因此，欧美国家先后开展了国家、区域、城市等各个层次的生态网络规划，并付诸实践。例如，多年来伦敦、纽约等国际大都市都十分关注生态网络空间的建设，在开放空间系统不断完善的基础上，进一步实现内外融合，逐步完善城市的滨水空间，依托慢行系统、铁路系统与高速公路网建立绿色廊道，逐步串联起都市区内部的公园绿地、公共空间和建成区外围的大型生态斑块，形成了适应全球城市发展的综合型生态网络空间。

目前，在北美、欧洲等地，生态网络规划已经形成了相对完整的可操作体系。各发达国家因发展阶段与水平多样，再加上所处地理格局、制度环境、文化氛围等方面的不同，在生态网络的设计、实施途径及着眼点方面又各有差异，北美较多关注绿道建设，欧洲则重视生态网络的规划，亚洲的生态网络建设则起步较晚。

2.2.1 北美绿道建设

1. 美国绿道

美国是绿道的发源地，在绿道建设的研究和实践中积累了丰富的经验。根据发展历程，美国绿道可以分为三个阶段，即萌芽期、繁荣期和成熟期（表2-2）。

表2-2 美国绿道发展历程

阶段	时间节点	特点	典型案例
萌芽期：20世纪中叶以前	奥姆斯特德规划的波士顿公园系统	一般围绕着河流、道路等呈线状分布，功能上体现了连通性、审美游憩，以及为人们提供接近自然风景的机会	波士顿公园系统 波士顿大都市区开放空间系统规划 蓝桥公园道 威斯康星州“环境廊道”计划
繁荣期：20世纪80年代至20世纪末	1987年《美国户外运动报告》和1990年查尔斯·E.利特尔出版的专著《美国绿道》	以游憩和景观欣赏为主要目的，主要关注乡野土地及未开垦的自然土地等，并基于国家公园和自然保护区等构建绿地生态网络	佛罗里达州绿道网络规划 新英格兰地区绿道网络规划 东海岸绿道

续表

阶段	时间节点	特点	典型案例
成熟期：21 世纪	1999 年美国“GI 工作组”提出绿色基础设施概念	具有保护栖息地、提供野生生境、防洪减灾、改善水质、保护历史文物、教育等功能	马里兰州“绿图计划” 新泽西州“花园之州的绿道” 大芝加哥都市区 2040 区域框架规划

美国绿道发展的萌芽期始于弗雷德里克·劳·奥姆斯特德（Frederick Law Olmsted）规划的波士顿公园系统。19 世纪下半叶，奥姆斯特德规划的世界第一个公园系统——波士顿公园系统（Boston Park System），被认为是美国最早的真正意义上的绿道。在此规划中，奥姆斯特德沿着波士顿淤积河泥的排放区域，将富兰克林公园、阿诺德公园、牙买加公园、波士顿公园四大公园及其他绿地系统有机联系起来，长约 25 km，并将其与查尔斯河相连。波士顿公园系统不仅为居民提供了游憩空间，美化了城市环境，还保护了河流水质，清除了河道污染物。同时，奥姆斯特德把这种建设思想总结成一个全新的概念——公园道，即连接着各个公园和周边社区两侧树木的线性通道。

19 世纪末，查尔斯·艾略特（Charles Eliot）在奥姆斯特德的基础上，完成了整个波士顿大都市区方圆 600 km^2 内的开放空间系统规划。查尔斯·艾略特采用沿河流连接绿道的方法，将 3 条主要的河流和波士顿郊区的 6 个贯通开放空间连接起来，如通往大西洋和波士顿后湾区的查尔斯河绿道。在 19 世纪的美国，还有一些其他景观设计师规划了重要的绿道和绿道网络。例如，明尼阿波利斯大都市区规划的绿道网络，以及乔治·E.凯斯勒（George E. Kessler）在中西部地区规划的公园及公园系统，凯斯勒最知名的作品位于田纳西州孟菲斯市以及堪萨斯州。

20 世纪早期，美国的景观规划师致力于绿道规划的工作，从森林恢复到河流廊道的规划，以及创新性地将内部绿色空间和绿道网络连接起来。亨利·赖特（Henry Wright）完成了新泽西州兰德堡镇的绿色空间和绿道规划；国家公园管理局（NPS）进行了大量的公园道规划实践，其中，最受欢迎的是长约 750 km 的蓝桥公园道（Blue Bridge Parkway）。

20 世纪中叶，美国的环保运动蓬勃开展。其中最受瞩目的是美国威斯康星大学的菲尔·刘易斯（Phil Lewis）提出的“环境廊道”思想。1964 年，菲尔·刘易斯首先通过地图绘制技术判定了威斯康星州的 220 种自然和文化资源，随后他发现大部分资源沿着廊道集中分布，特别是沿着河流区域，于是他把这些区域命名为“环境廊道”。在威斯康星州的户外游憩资源规划中，菲尔·刘易斯详细地规划了历史遗产廊道、自然河流廊道、城市开放空间廊道和具有发展潜力的游憩廊道，构建了城市的“绿网体系”。“环境廊道”及“遗产廊道”的提出，丰富了绿道规划的内涵。例如，1976年，佐治亚州政府自然资源部发布了《环境廊道规划研究》，该研究分为资源分析、廊道识别与优先度分析、廊道规划与管理情景、最终结论四个部分，经过分析最终得到由26条绿道构成的绿道系统。

美国绿道的繁荣期可以说是始于1987年《美国户外运动报告》和1990年查尔斯·E.利特尔出版的专著《美国绿道》(*Greenways for America*)，这个时期是美国绿道发展史上极为重要的阶段。1987年，美国总统委员会（President's Commission）发布的《美国户外运动报告》中提到“绿道网络”（network of greenways）的概念，指出绿道网络的功能是为人们提供就近到达开敞空间的机会，连接乡村和城市空间。接着，查尔斯·E.利特尔在1990年出版的专著《美国绿道》里再次定义了绿道，指出绿道是连接公园、自然保护地、名胜区、历史古迹及高密度聚居区的开敞空间纽带。同时，他简要总结了包括密苏里州的梅勒梅克河绿道、纽约的哈德逊河谷绿道、伊利诺伊州与密歇根州的国家级运河遗产廊道、纽约的布鲁克林区—皇后区绿道、科罗拉多州的普拉特河绿道等在内的16个绿道项目，并对这些绿道项目进行了推广。

1990年，美国实施Boulder绿道计划，主要通过建设绿带、绿色通道等来保护河岸景观，同时恢复下游河道。随后，美国开始大规模连通各类绿地空间和区域绿道，有一半的州进行了州级绿道规划，主要关注乡野土地、开放空间、自然保护区和历史文化遗产等要素，兼顾生态、游憩和社会文化三个功能。可以说，绿道网络已从注重单一的娱乐或生态廊道的建设，发展到综合性绿道生态网络的建设，具有代表性的绿道实践有佛罗里达州绿道网络、新英格兰绿道远景规划等。

佛罗里达州位于美国东南角，东临大西洋，西临墨西哥湾，面积大约为150 000 km^2，这里水源充足、土壤肥沃，是美国野生动植物资源最为丰富的州之一。但是由于城市建成区的迅速扩张和人口增长，生境大量消失和破碎化，野生动物在公路上的死亡率也增加了。因此，佛罗里达州于1995年启动绿道规划，制定了“绿道实施五年计划”，内容包括划定绿道范围的方法和过程、建议收归国有土地的范围、公私合作的领域，以及指导本地居民参与实施过程的建议等，从而实现“具有流动性的交通运行”且“保障环境质量与维系生物群落价值”。3S技术的发展和其在景观研究中的运用，实现了对大尺度景观的定量化研究，从而使得研究成果更具有准确性和科学性，指导了许多较大尺度绿道规划实践的完成。佛罗里达州绿道网络与游径体系规划就是在此背景下完成的（图2-5）。该规划首先通过GIS分析得到数据，进而确定初步方案；在此基础上，公众和土地所有者参与审议，建立一个以数据获取和收集为基础，从宏观尺度上建立起来的生态空间整体保护框架，将不同的目标分阶段规划与实施。最终的实施方案包含了约 2 800 km^2的生态网络地带并在其中穿插了将近 24 000 km 的游径线路。总体来说，佛罗里达州绿道网络连接了区域内的自然保护区和休闲游憩用地，是一个在地理信息数据支撑下的理性规划，不仅提出了不同尺度的绿道应用多元化设计的策略，还建立了区域层面的监管和规划协调机制。

图 2-5　佛罗里达州绿道网络与游径体系规划

区域层面最具代表性的是新英格兰绿道网络规划（图 2-6）。新英格兰位于美国的东北部，濒临大西洋、毗邻加拿大。它包括 6 个州，由北至南分别为缅因州、佛蒙特州、新罕布什尔州、马萨诸塞州、罗得岛州、康涅狄格州，总面积约为 180 000 km²，居住人口约为 1 500 万人。新英格兰地区风景优美，工业革命遗存的人文景观丰富，拥有丰富的生态资源和历史文化气息，绿道规划基础较好。新英格兰地区针对 20 世纪遗留下来的景观资源，按照自然资源、游憩资源及历史资源三种类型，将绿道划分为三类，即生态型绿道、休闲游憩型绿道和历史型绿道。绿道规划分为三部分，首先通过对现状绿道的分析评价，绘制规划现状图；其次，将各零散的通道和绿地连通起来，形成一个综合性的绿道网络；最后，建立结构框架，向市民、专业人士等进行宣传。

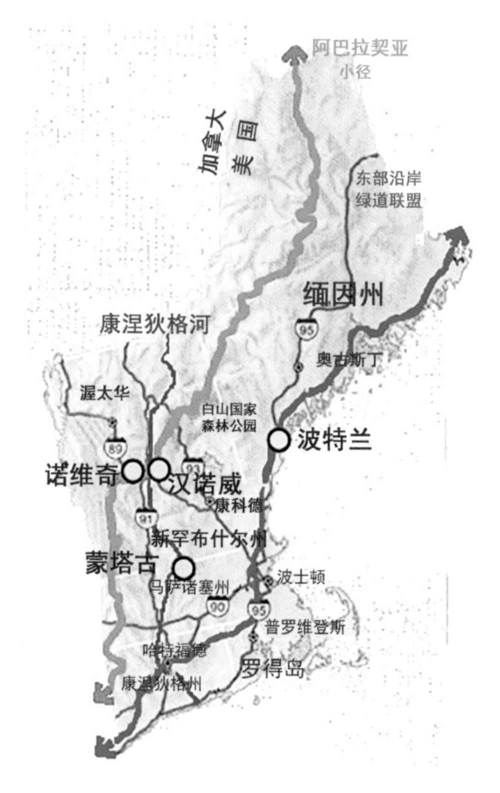

图 2-6　新英格兰绿道网络规划

（图片来源：马萨诸塞大学“新英格兰绿道网络规划”（New England Greenway Vision Plan）。）

新英格兰地区绿道网络是一个互联互通、多层次的综合绿道网络，分为新英格兰地区层次、市域层次、场所层次。绿道覆盖 6 个州，形成了由游憩节点、历史文化资源、东海岸绿道、历史文化绿道、游憩路道、游步径、风景道叠加在一起的综合性绿道网络。目前，新英格兰地区 18% 的土地成为被保护的绿色空间和绿道，其中生态型绿道占 81%，休闲游憩型绿道占 18%，其他绿道占 1%。

20 世纪末的美国绿道规划更为重视多功能的综合，向着多层次、多目标的绿道网络规划方向发展。这段时期绿道的作用被提升到了一个更宽广的领域。例如，美国东海岸绿道将国家首都、大学校园、各级国家公园、历史和自然地标等主要景点串联起来，承载着沿途 6 400 万人对于慢行交通与户外活动的需求，包括骑行、散步、轮滑、骑马、观景、日常通勤等。东海岸绿道途经大西洋海岸沿线 15 个州的 23 个城市，共计 450 个社区，全长近 4 800 km，是全美首条集休闲娱乐、交通运输、户外活动和文化遗产旅游于一体的长距离城市绿道，不仅为沿途各州带来巨大的经济效益，同时也为数千万居民带来了巨大的社会效益。可以说，繁荣期的美国绿道已经从简单的美观休憩功能阶段发展到了复杂综合功能阶段，目标是建立一个涵盖国家级、区域级、地方级和城市级的全面、综合的绿色生态空间系统。

进入 21 世纪后，美国的绿道规划和建设继续向综合化和多样化迈进，在保护栖息地、提供野生生境、防洪减灾、改善水质、保护历史文物、教育及其他功能等方面开始扮演越来越重要的角色。1999 年 8 月，美国保护基金会和农业部森林管理局组织政府机构以及有关专家组成了“GI 工作小组”，这个工作组明确了绿色基础设施的定义，认为绿色基础设施是国家的自然生命支持系统。比起绿道网络，绿色基础设施更注重自然体系的功能和价值，为人类和野生动物提供自然场所，构成保证环境、社会与经济可持续发展的框架，其中最具有代表性的实践案例是马里兰州“绿图计划”。

美国的马里兰州拥有悠久的土地保护传统和历史，但城镇化带来了土地消耗、景观破碎化、物种多样性降低等生态环境问题。2001 年，马里兰州推行“绿图计划”，识别并保护州内具有重要生态价值的土地，通过绿道或连接节点形成全州网络系统，发展功能健全的庞大绿色基础设施系统，最终构建保护区域乃至全国范围的“GI 土地网络”，达到长期为社会提供生态系统核心服务的目的。马里兰州“绿图计划”是美国首次推行的绿色基础设施规划，在平衡土地开发与保护、保护自然资源和生物多样性等领域得到广泛应用，成为绿色基础设施理论与实践的典范。在规划中，马里兰州率先探索了绿色基础设施评价（GIA）模型并付诸实施。GIA 模型建立在景观生态学和保护生物学的原则之上，为了合理评价绿色基础设施网络要素在整个生态系统中的作用以及制定相应的保护措施，需要运用 GIS 的相关技术，评价其生态重要性、开发风险性，并进行排序，这一模型也对后续的绿色基础设施规划建设具有极大的借鉴意义。

安妮·阿伦德尔县绿道规划是马里兰州第一个以绿色基础设施概念和全州绿色基础设施评估结果为基础的绿道规划（图 2-7）。2003 年初，该规划获得了美国规划协会马里兰分会颁发的绿道总体规划奖。安妮·阿伦德尔县采用了许多在全州范围内建立的程序，以适应自己的县级评估。

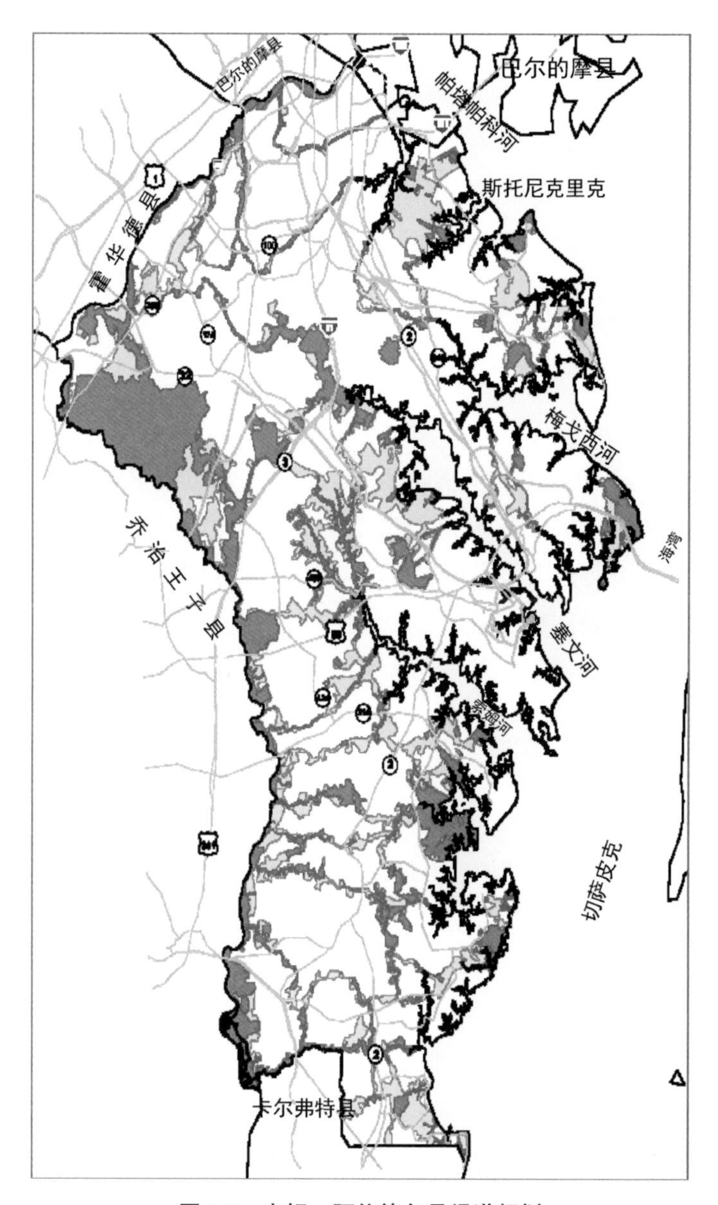

图 2-7　安妮·阿伦德尔县绿道规划

（图片来源：马里兰州绿色基础设施评价和绿皮书计划（Maryland's Green Infrastructure Assessment and Green Print Program））

当前美国绿色基础设施网络的设计途径有两种，一种是以马里兰州为代表的模式，另一种则是以新泽西州为代表的模式。新泽西州是美国城镇化程度非常高的州之一，尽管已经采取了一系列措施控制城市蔓延，但是开放空间和保护区的破碎化依然严重。因此，新泽西州制定了名为“花园之州的绿道”的绿色基础设施规划。绿色基础设施一般由“枢纽”和“中心”组成。马里兰州绿色基础设施规划根据土地覆盖和利用、水系、湿地、道路、保护区、生物调查等数据叠加的结果来确定“枢纽”，新泽西州则直接评价土地利用类型、道路、滨水廊道、山脊线、森林斑块、河漫滩和其他生境的生态价值，然后按照其综合适宜性评价结果把价值较高的部分作为绿色基础设施用地。

随着时代的发展，美国的绿道网络规划不仅做到了覆盖面广、连通性和可达性好、人性化、注重生态保护和功能多样化，还逐渐融入城市的发展，提升了城市的生态环境质量。例如，美国的大芝加哥地区是美国五大湖区域的核心区域，在生态网络建设方面，《大芝加哥都市区 2040 区域框架规划》划定了四类绿色地区，具体包括农田、水资源、开放空间及绿色廊道，综合考虑了农业、休闲、野生动物栖息地等各种要素，采用逐层连通的方法构建了一体化的“大区域生态网络”，将城镇绿地系统与都市区生态空间和广域自然生态系统逐层连通，形成具有“大生态格局意义”的绿道网络（图 2-8）。

2. 加拿大绿道

相比于美国，加拿大的绿道较多地关注生态学和社会学方面，积极探索了大都市区绿道网络的实践。例如，加拿大的首都渥太华市，从 1903 年就开始了公园道系统的构建，在一个多世纪的实践发展过程中不断丰富完善，具有社区、城市、区域多个尺度，形成了类型多样、覆盖范围广泛的绿道网络，为城市居民提供了独特的乡村体验和绿带景观，同时把主要的旅游名胜和其他廊道连接起来，让市民在其中悠闲地散步、远足、玩滑板、骑自行车等。进入新世纪，渥太华市继续将绿色空间体系的概念向前推进。国家首都委员会制定了《国家首都规划（2017—2067）》，强调首都区域绿色空间体系包括加蒂诺公园、绿带、城区绿色空间和滨水河岸等广阔地区，以及与更大的区域生态系统之间的联系。

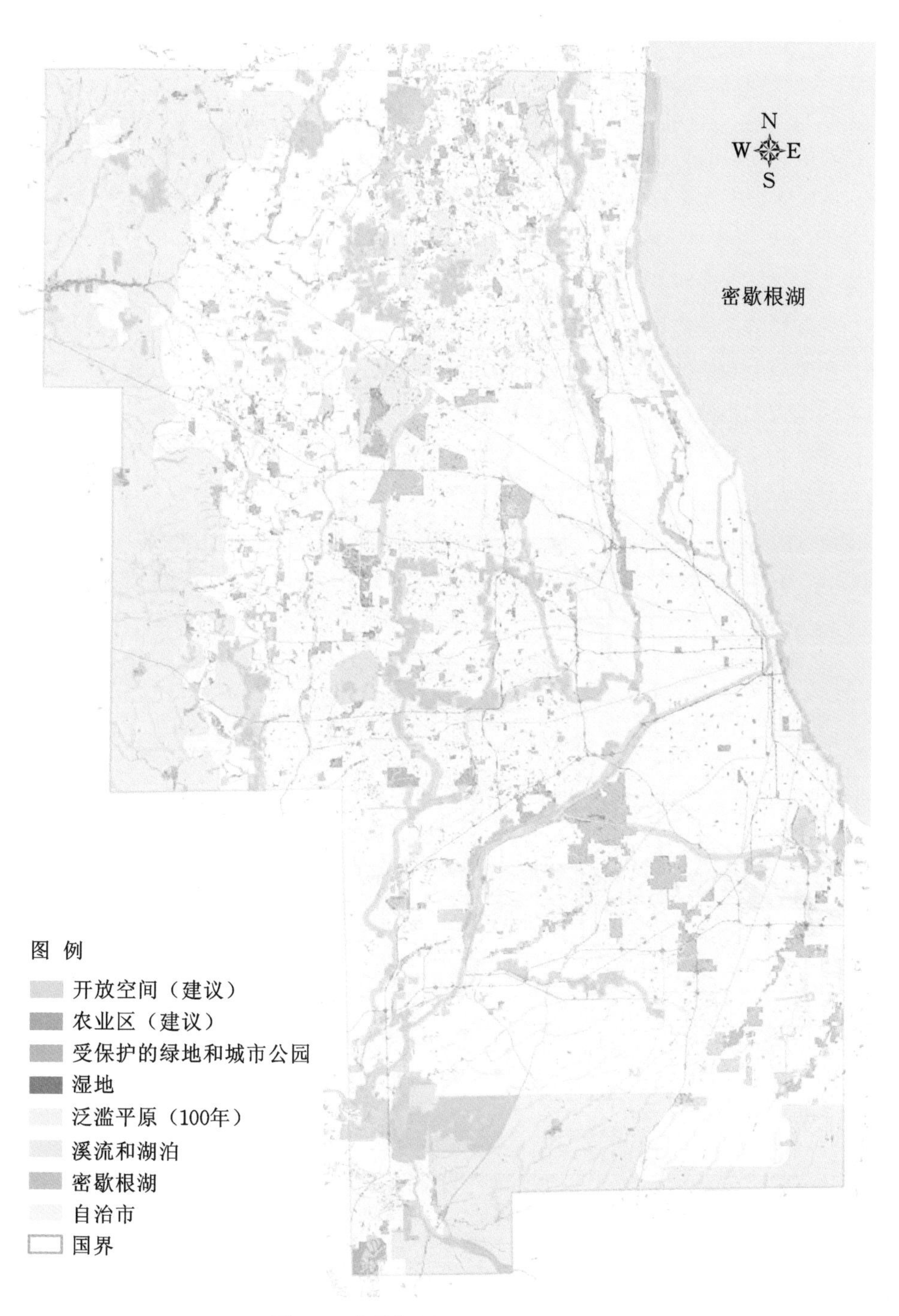

图 2-8　大芝加哥 2040 绿地分布图

（图片来源：《大芝加哥都市区 2040 区域框架规划》。）

2.2.2 欧洲生态网络规划

欧洲主要关注高度集约化土地的生态网络研究，尤其是如何降低城镇化和农业活动对生态环境的负面影响。因此，欧洲生态网络建设的目标侧重于生态保护方面，例如区域生物多样性保护、野生动物栖息地保护和建设、河道流域生境保护和恢复等。近百年来，欧洲工业化和城镇化的迅速发展，导致土地利用方式发生重大改变，自然栖息地严重破碎化和过度旅游加剧了欧洲的生态问题。从整体来看，欧洲自然环境的保护需要制定一个长期且有效的策略，不仅要保护各种大面积的栖息地，还要考虑动植物在栖息地之间的扩散和迁移。因此，20 世纪 90 年代，欧洲的自然科学家和相关机构开始采用整体保护的思想，应用生态网络规划的方法进行自然区和生物多样性的保护和恢复。目前生态网络在欧洲很多地区已经发展成为各种自然保护规划，尤其是建立了多项跨国的自然和生物多样性保护策略，主要包括绿宝石网络（Emerald Network）、“Natura 2000”、泛欧洲生态网络（Pan-European Ecological Network，PEEN）等，为欧洲生态网络的实施制定了统一的规范和要求，并提供了政策支持（表 2-3）。

表 2-3 欧洲典型的生态网络策略

名称	时间	策略
Natura 2000	1979 年	欧盟最大的跨界环境保护行动，包括《鸟类指令》（*Birds Directive*）和《栖息地指令》（*Habitats Directive*），有助于在欧盟境内开展跨境合作和区域合作，保护濒危物种，为动物迁徙和繁育提供更有利的条件
绿宝石网络	1989 年	绿宝石网络是在《欧洲野生生物与自然生境保护伯尔尼公约》（*Bern Convention on the Conservation of European Wildlife and Natural Habitats*）的基础上发起的，旨在提供一种一般性方法，以管理在欧洲的非欧盟国家和北非国家与“Natura 2000”类似的保护区
泛欧洲生态网络	1996 年	泛欧洲生物和景观多样性战略（PEBLDS）中最重要的实施工具之一，旨在通过生态廊道连接各自孤立的重要生境，使之在空间上成为一个整体，确保欧洲关键生态系统、栖息地、物种和景观的有利保护地位

“Natura 2000”的最初框架来自 1979 年欧洲共同体确立的《鸟类指令》（*Birds Directives*，79/409/EEC），该指令要求为鸟类建立“特殊保护地”（Special Protection Areas，SPAs）。1992 年 5 月，欧洲共同体通过了《栖息地指令》（*Habitats Directives*，92/43/EEC），目的是保护栖息地和物种，一共认定了 18 000 个“特别保

护区”（Special Areas of Conservation，SAC）。“特殊保护地”（SPAs）和“特别保护区”（SAC）共同组成了“Natura 2000”中的保护区，另外还纳入了一些生物多样性丰富的私有土地。“Natura 2000”的特点是强调生态网络的全局性、系统性与可持续性。同时，欧盟委员会与各成员国合作，出台了各种法律、政策和指导性文件，包含公众参与、信息公开、影响评估及财政工具和标准化方法。目前，每个欧盟成员国都构建了各自的“Natura 2000”生态网络系统，并将其作为整个欧盟“Natura 2000”生态网络系统的一个部分（图 2-9）。截至 2019 年底，“Natura 2000”保护地的总面积约占欧洲陆地面积的 18% 和海洋面积的 6%，是全球最大的保护地网络，为欧洲最有价值的物种提供栖息地和避风港。

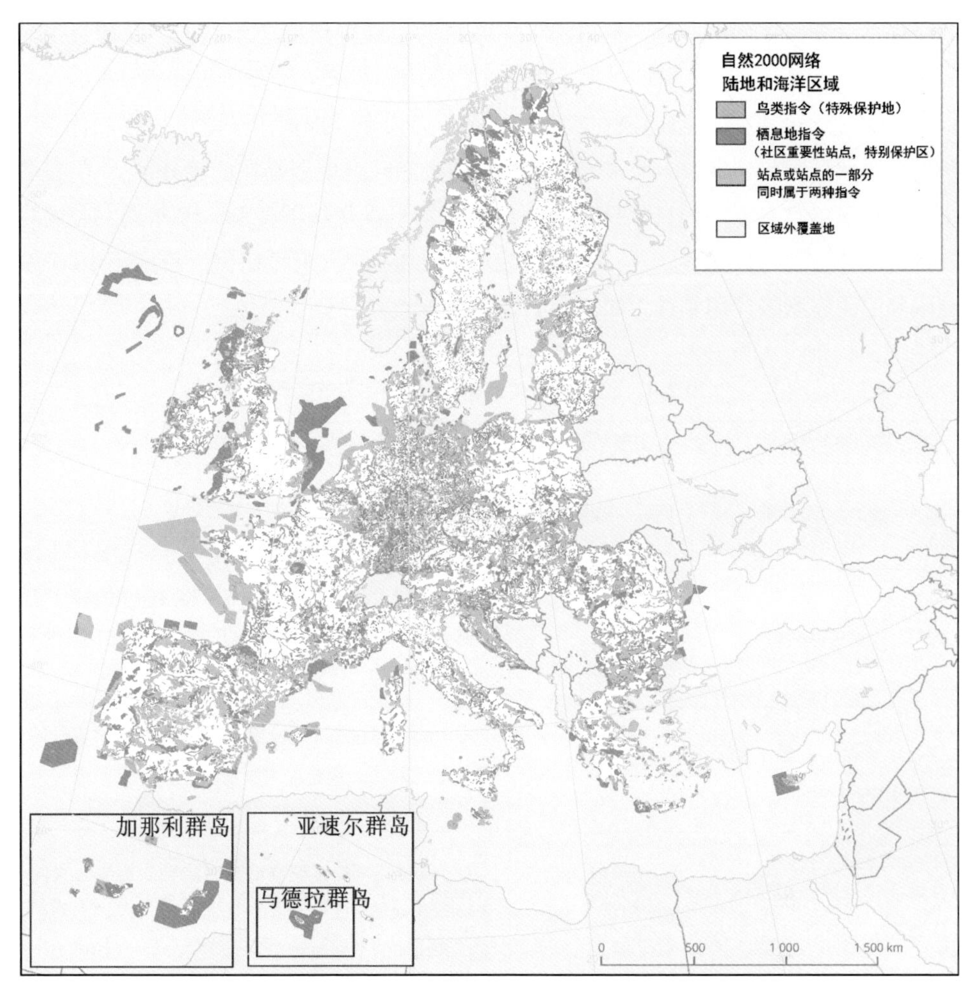

图 2-9　生物多样性—生态系统—“Natura 2000”保护区网络

1989 年欧洲委员会在《欧洲野生生物与自然生境保护伯尔尼公约》的基础上发起了“绿宝石网络”（Emerald Network），目的是对欧洲的非欧盟国家和北非国家的自然保护地加强管理，为这些国家的保护区提供保护方法，与“Natura 2000”协调共存。

至 1995 年，欧洲部长会议在保加利亚首都索非亚召开，54 个泛欧洲国家联署通过“泛欧洲生物与景观多样性战略”（The Pan-European Biological and Landscape Diversity Strategy，PEBLDS），并着手构建泛欧洲生态网络（Pan-European Ecological Network，PEEN），打造欧洲建设生态网络的基础性框架。泛欧洲生态网络是欧洲最大的生态网络项目，以“Natura 2000”网络和“绿宝石网络”为基础，已经扩展到 54 个欧洲国家，力图在欧洲范围内，将一种国际合作的、用于指导和协调政策行动的操作性框架，与各种自然、半自然生态系统的空间网络概念相结合，并使之得到维护和加强。

在 20 世纪，生态网络理论在欧洲得到了广泛应用，形成了一定的规模和体系。目前，欧洲从国家到区域、城市等各个层次的生态网络规划都在广泛开展。但是各个国家和区域具有不同的自然特征、社会经济背景以及保护传统，因此其生态网络规划的具体方法存在差异。荷兰学者 Rob H. G. Jongman 通过研究，总结了 16 个欧洲国家的生态网络应用实践，如表 2-4 所示。

表 2-4 欧洲大型生态网络项目情况一览表

生态网络名称	主要功能	方法、概念和目标
荷兰：国家生态网络	生态，河流系统	以物种保护为目的的一体化区域结构的政策文件，其中国家规划由 12 个省共同协调实施
波兰：国家生态网络	生态稳定，生态，河流系统	主要是沿河流分布的景观节点连接而成的核心区网络，这个项目由国际自然及自然资源保护联盟（IUCN）发起，并经过国家政府讨论
捷克：景观生态稳定的区域系统	生态稳定，生态	基于功能空间标准建立的具有重要生态学意义的景观单元网络，旨在保护生物多样性、保护自然和支持多功能的土地利用
斯洛伐克：生态稳定的区域系统	生态稳定，生态	基于功能空间标准建立的具有重要生态学意义的景观单元网络，旨在保护生物多样性、保护自然和支持多功能的土地利用

续表

生态网络名称	主要功能	方法、概念和目标
爱沙尼亚：补偿区域网络	生态稳定	乡村地区的规划和管理，旨在区域空间规划中实现理想的多样性景观格局和生态基础设施
立陶宛：立陶宛自然框架	生态稳定，河流系统	建立土地管理系统，以保护和建立有利于保护和恢复自然的生态环境
俄罗斯：自然保护区系统	生态	在不同部门和多个区域机构的监督下，由不同的保护区系统（国家自然保护区、国家公园保护区等）组成几个独立的子系统
俄罗斯：卡累利阿绿带，俄罗斯之心，伏尔加河—乌拉尔河廊道	生态稳定，生态	在政府政策影响区域之外，由一些斯堪的纳维亚的公司和国际性非政府组织，运用 PNA 系统（一种功能极化的自然区划方法）制定的区域性规划，目的是连接森林和森林区域中的碎块化部分
乌克兰：生态网络	生态稳定	根据环境部制定的自然保护法建立的网络，是具有法律约束力的战略性规划，包括现有的保护区、缓冲区和生态廊道
德国：网络生物群落系统，莱茵地区	生态，河流系统	保护自然和自然群落、发展核心区域和廊道、保护物种的规划理念
比利时：佛兰德斯生态网络	生态	以自然保育政策为主要发展目标的区域性连贯结构
丹麦：生态网络	生态，河流系统	核心区和生态廊道作为县域多功能规划的一部分得到发展，旨在创造一个连贯的结构，以促进物种的迁徙
意大利：莱蒂生态	生态	在省域层次建立正在开发的生态网络项目，其中部分区域作为 EU-Life 项目的组成部分
西班牙：加泰罗尼亚自然保护区网络（PEIN）	生态	作为加泰罗尼亚生物多样性战略的产物，有些项目试图通过乡村地区将不同的自然保护区连接成一个生态网络
英国：柴郡生态网络	生态	旨在实施的区域项目，该项目是核心区、廊道和缓冲区的网络图，是一个与意大利合作的 EU-Life 项目

续表

生态网络名称	主要功能	方法、概念和目标
葡萄牙：里斯本和波尔图大都市区绿道系统	生态，娱乐，河流系统	由大学和非政府组织发起、市政府配合，对保护区和拟保护区的生物多样性保护、文化和游憩价值方面的差距进行分析
比利时：瓦隆生态网络	生态	根据区域指导方针制定的社区层级的地方性计划

以荷兰的生态网络为例（图 2-10），荷兰地处北海沿岸的莱茵河、默兹河和斯海尔德河河口，是一个低地国家，总面积约 41 800 km^2，人口约有 1 700 万人，是世界上人口最稠密的国家之一。荷兰是欧洲重要的农业区，农业用地面积超过土地总面积的 60%。因此，荷兰的土地受到人类活动的强烈干扰，这导致荷兰缺少大型自然保护区，景观破碎化现象严重。对此，荷兰迫切需要在人类密集的城镇化地区和农耕地区构建生态网络。1990 年，荷兰议会批准了《自然政策规划》，提出建立以“连接生境，增强自然生态的完整性和连续性，增大城市和乡村区域的渗透性”为目标的国家生态网络。由于小型生态斑块众多，荷兰的国家生态网络规划致力于“碎片重整”的生境连接工作，其重点是采用植被、水系廊道或者生境隧道、管道等空间手段。荷兰的规划政策为生态网络建设提供了方向和指导，除了《自然政策规划》(1990)，还有《生物多样性规划》《多年度碎片重整规划》和《活力乡村议程》。同时，完善的法律框架也为保护自然提供了法律依据，荷兰通过执行《生物多样性公约》《关于特别是作为水禽栖息地的国际重要湿地公约》（简称《湿地公约》）等国际性公约，以及欧盟的指令、自然保护相关的法律等，建立自然保护区，创建生态网络的核心领域。

欧洲的生态网络虽以物种多样性保护为起源，但目前也朝着多功能兼容的方向发展。20 世纪末，欧洲逐渐出现一些关注生态保护、游憩利用甚至绿色基础设施方面的实践案例，例如葡萄牙里斯本大都市区绿道系统规划、巴塞罗那《2020 绿色基础设施和生物多样性计划》、东伦敦绿网规划等，在生态网络研究的深度和广度方面取得重要进展。

伦敦是世界上公认的绿色城市，并在 2019 年成为全球第一座国家公园城市。而历史上伦敦曾经出现过严重的生态环境问题，例如城市发展呈现无序蔓延趋势，乡村发展受到侵蚀，传统风貌难以维护等。因此，伦敦积极探索绿色空间规划与实践。经过几个世纪的建设，伦敦已经形成了从单一公园到绿带（green belt）、绿链（green chain）、绿网（green grid）的转变，规划逐渐走向多元、综合的绿色生态网络系统，成为欧洲地区绿地建设的先驱（表 2-5）。

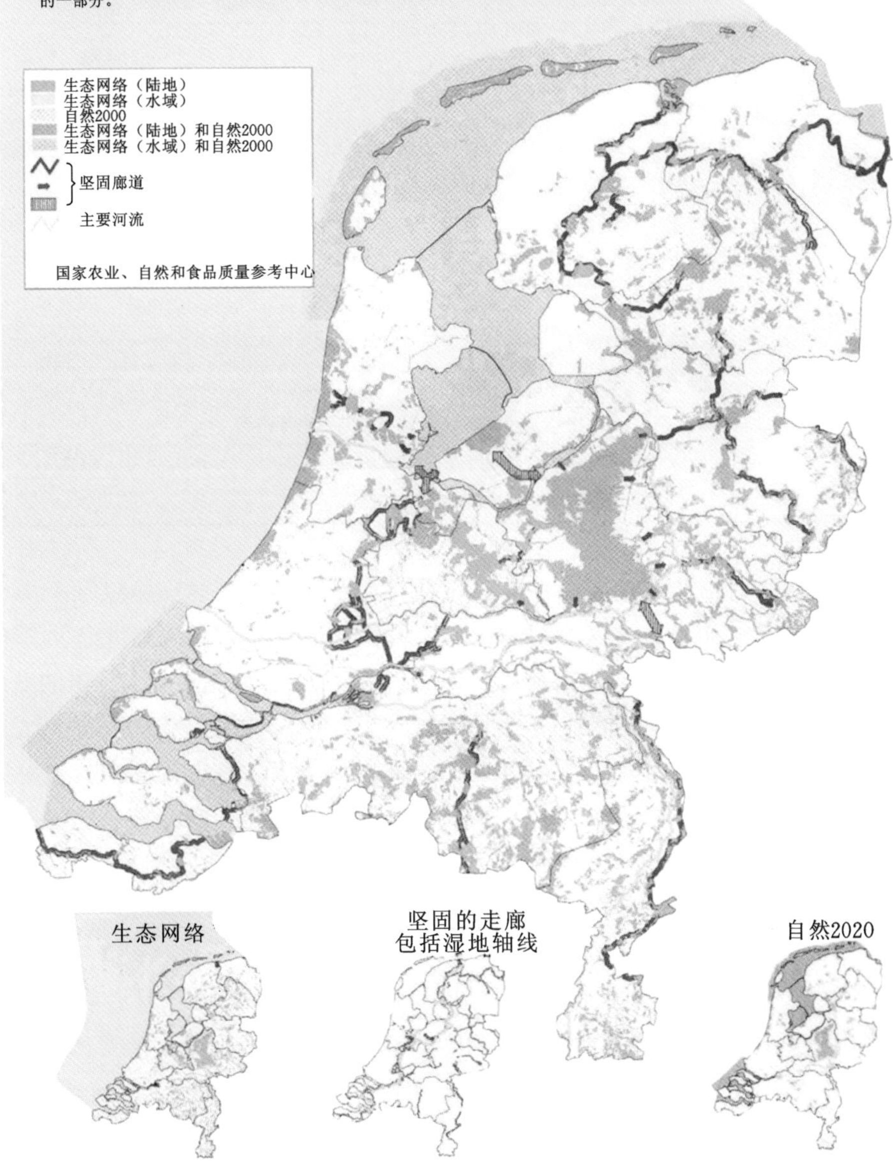
荷兰生态网络2018（工作地图）
这张工作地图显示了荷兰的生态网络，它在2018年实现。正如国家政策规划“自然为人类，人类为自然”中所述，该网络由核心区域和强大的生态走廊组成。该生态网络由政府与当地社区和广泛的非政府组织合作建立。
荷兰的自然2000区域（人居环境和鸟类指令区域）在很大程度上成为荷兰生态网络的一部分。
生态网络（陆地）
生态网络（水域）
自然2000
生态网络（陆地）和自然2000
生态网络（水域）和自然2000
坚固廊道
主要河流
国家农业、自然和食品质量参考中心
生态网络
坚固的走廊
包括湿地轴线
自然2020

图 2-10　荷兰生态网络

表 2-5　英国绿带政策的发展历程

年份	绿带政策
1929 年	大伦敦区域规划委员会制定“伦敦开敞空间规划”，提出环绕伦敦修建绿带状开敞空间，该开敞空间由一系列公园构成
1935 年	大伦敦区域规划委员会提出，在伦敦郊外“建立一个为公众开敞空间和游憩用地提供保护支持的带状开敞地带”，确定了伦敦绿带的基本思想
1938 年	英国政府颁布《绿带法》，设置森林区、大型公园、游憩运动场地、农田等来控制郊区化导致的大城市无序蔓延
1944 年	《大伦敦规划》提出，在伦敦行政区周围划分 4 个环形地带，由内向外分别为内城环、近郊环、绿带环、农业环，用以分散伦敦城区过密的人口和产业
1947 年	英国政府颁布《城乡规划法》，为绿带的实施奠定了法律基础，允许各郡政府在其发展计划中将指定区域作为绿地保留区
1955 年	住房、社区和地方政府部（MHCLG）发布第 42 号通告（Circular 42/55），明确要求有关地方当局应编制绿带规划，鼓励地方政府清晰界定城镇周边的绿带区域，以此保护城镇
1988 年	英国政府颁布《绿带规划政策导则》（*Plan Policy Guidance* 2：*Green Belt*，PPG2），详细规定了绿带的作用、土地用途、边界划分和开发控制要求等内容
2012 年	英国政府颁布《国家规划政策框架》（*National Planning Policy Framework*，NPPF），将公众参与和绿色基础设施概念引入政策体系

环城绿带是伦敦城市开放空间系统的一大特色。伦敦的环城绿带平均宽度 8 km，最大宽度 30 km，总长度约 242 km。伦敦的绿带建设始于 20 世纪 20 年代末 30 年代初。1935 年，大伦敦区域规划委员会首次提出了环伦敦都市绿带的概念，指出“绿带”是环绕城市建成区或者城镇建成区之间的乡村开敞地带，包括农田、林地、小村镇、国家公园、公墓及其他开敞用地，为居民提供开敞空间、户外运动和休闲场地，改善居民的居住环境，维护自然保护的利益。1938 年英国政府颁布《绿带法》（*Green Belt Act*），1947 年英国政府颁布《城乡规划法》（*The Town and Country Planning Act*），这两部法案为绿带政策的实施奠定了法律基础。

20 世纪 80 年代，英国各地包括伦敦的绿带规划逐步完成，并进入稳定期。1988 年英国政府颁布《绿带规划政策导则》，明确表明了绿带建设是近 40 年来规划政策的重要组成部分，并统计了已批准建设的 14 条相互独立、大小不等的绿带的建设情况，这 14 条绿带占地约 15 570 km^2，约占英格兰国土面积的 12%（图 2-11）。2012 年，《国家规划政策框架》取代《绿带规划政策导则》，强调公众参与的同时，将绿色基础设施的概念明确地写入该文件中，从政策角度加强了对绿色基础设施和可持续发展的关注。

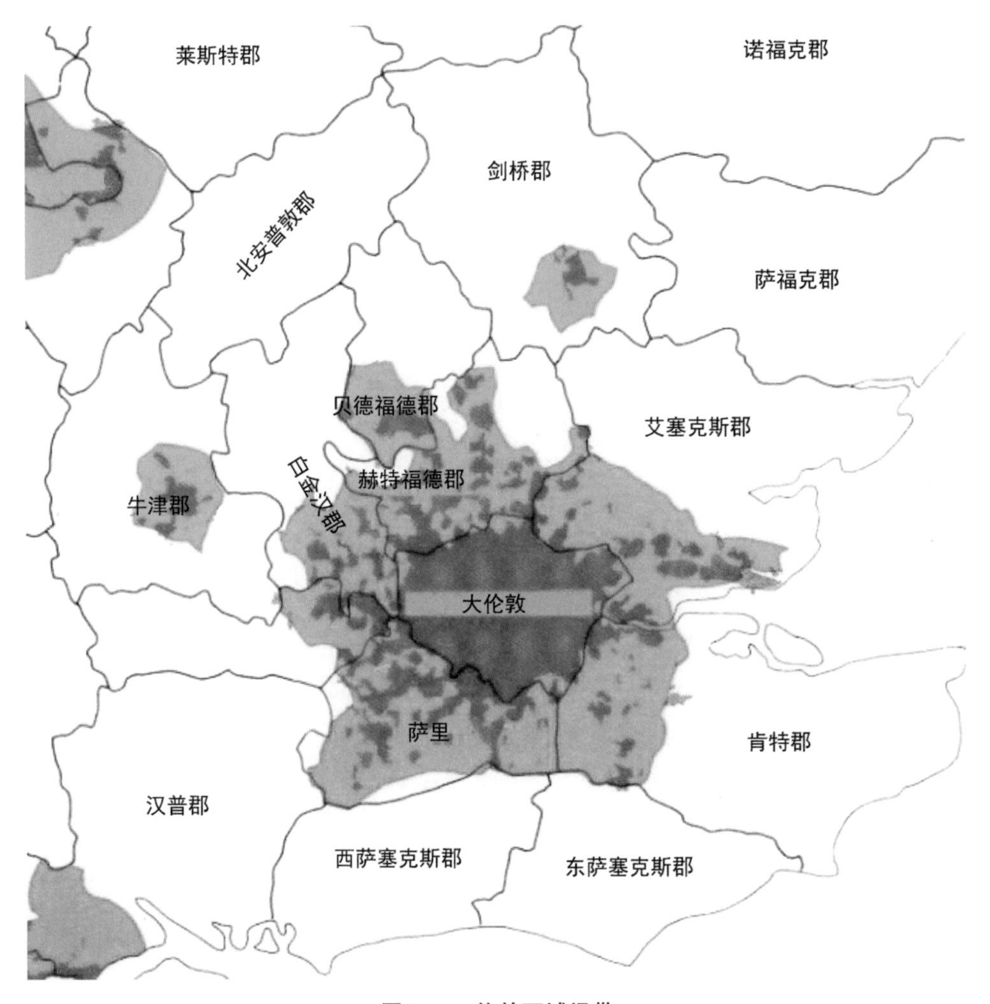

图 2-11 伦敦环城绿带

继“绿带”规划以后，伦敦绿色空间进一步向内延伸，“绿链”成为其中最有代表性的类型。1976 年，“伦敦开敞空间规划”引入“绿链”的概念，目的是保护大多数开敞空间以及开发它们的休闲潜力。尤其是“伦敦东南绿链”（South East London Green Chain），其由伦敦东南部 4 个行政区和大伦敦区域规划委员会合作建设，整合了伦敦东南部的自然资源及人文资源，构建了连续的游赏步行系统，成为伦敦最受欢迎的绿道之一。伦敦东南绿链位于泰晤士河边到水晶宫公园之间的区域，穿越居民区和其他建筑密集区域，全长约 82 km。绿链是伦敦内城在缺少公共空间的情境下，通过密集绿化措施，提升绿带与内城的连接性、可达性。到 20 世纪 90 年代末，伦敦绿链的建设基本成型。

进入 21 世纪，在现有绿带、绿链的基础上，伦敦开始追求绿地的功能价值和实际使用效益。随着伦敦城市发展用地向东扩张，伦敦市政府着手对东区进行整体性更新。东伦敦地区是伦敦的传统工业区，面临着雨洪威胁、生态系统退化、环境污染、游憩空间缺乏等生态与社会问题。2008 年，伦敦市政府颁布《东伦敦绿网规划》(*East London Green Grid*，ELGG)，明确提出“绿网”概念，即为东区构建一个网络式的开放空间系统，实现城市中心、交通站点、河道、公园、工作地及居住区之间的对接（图 2-12）。东伦敦绿网构建策略的核心在于土地资源的整合利用，从城市开放空间、生态安全格局、游憩活动、地方文化等层面出发对自然资源进行宏观规划。

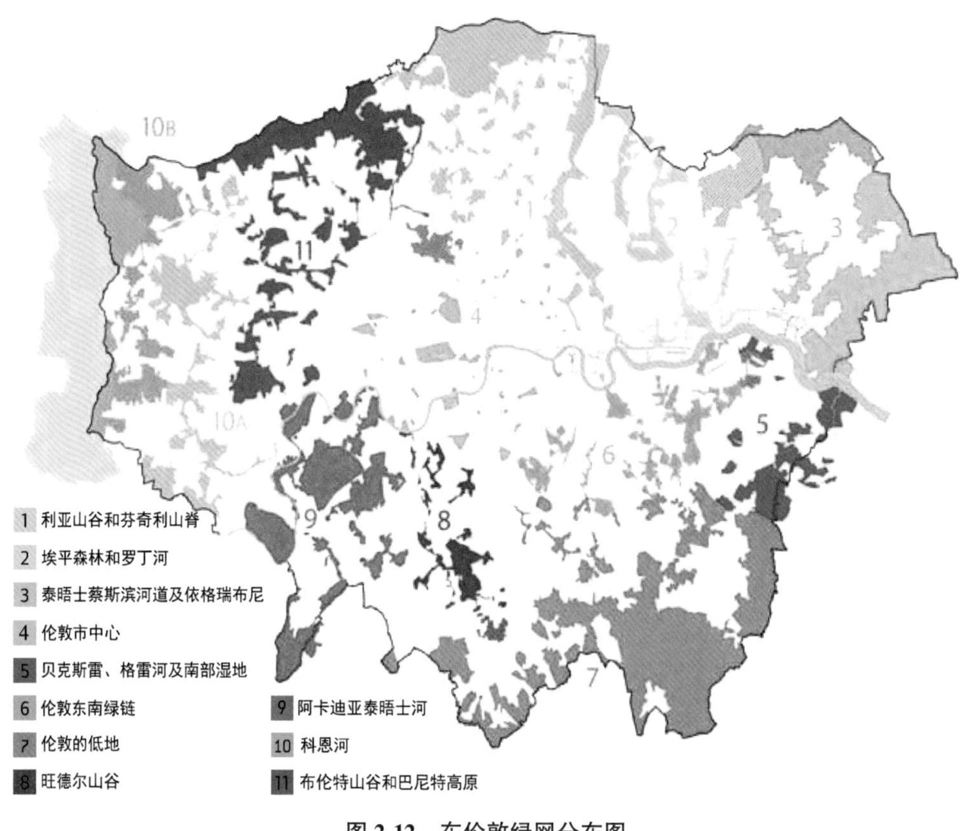

图 2-12 东伦敦绿网分布图

作为世界级大都市，伦敦从来没有停止对绿色、健康的追求。2016 年版的《大伦敦规划》提出，通过战略性绿色基础设施网络建设，将城市的生物多样性、自然和历史景观、文化、经济、体育、休闲、食品生产等综合起来考虑，以应对气候变化、水管理及健康等方面的问题。生态网络空间建设应当综合考虑各项因素，统筹生态网络空间的各种功能。在生态网络空间的完善方面，伦敦针对战略性生态空间提出三条策略：一是分析区域，辨别大都市生态空间不足的区域；二是使伦敦的生态空间融入更广泛的生态空间网络；三是整合大伦敦区域内的湿地、森林、绿地、农田、水系等要素，并提出联动的策略要求，提升生态网络空间的复合性。在生态网络建设中，伦敦尤其关注对潜在洪涝灾害区域的分析，并以此为基础开展绿色基础设施建设，在灾害敏感地区布局更多的绿色开放空间。

总体来说，欧洲绿地生态网络既是一个基于景观生态学原则的自然保护网络，同时也是一个社会管理网络。它强调生态、社会、经济的协调稳定发展，增进区域之间及国家之间的协调、合作和交流，促进管理部门、当地民众和非政府组织之间的合作，加强公众参与、发展有效的地方实施策略，提供充足的资金支持以及促进公众保护自然意识的提高。

2.2.3 亚洲生态网络建设

对比北美和欧洲的生态网络建设，亚洲的生态网络建设则起步较晚，目前以日本、新加坡的成就较为突出。

1. 日本绿道建设

日本国土面积有限，资源匮乏，人口密集。以第二次世界大战为分界线，日本绿道发展历程如表 2-6 所示。在第二次世界大战前，日本先后颁布《都市计画法》《帝都复兴计划》《国立公园法》《东京绿地计画》等文件，从建设以游憩为目的的公园到借鉴英国的“green belt”概念，设置了环状绿地带，同时还设置了行乐道路，结合景园地、大公园等构建城市绿地系统。

第二次世界大战后，在 20 世纪 50—70 年代，日本战后快速的工业化带来强劲的经济发展势头，导致农村人口大量涌入城市，城市迅速膨胀。为了给迁移到大城市的人们提供住所，日本开始建设大量的新城（New Town）。新城的建设借鉴欧美等国家的经验，非常重视城市开放空间。因此，日本以城市绿道作为新城建设的一种规划手法，密如织网的绿道将大城市和卫星城串联起来，形成了较完善的新城空间建设模式。1956 年，日本颁布了第一部关于城市公园的法规《都市公园法》，它明确规定了绿道在城市中的地位，并且在公园配置模式图中明确了公园之间的连接道，这些绿道两边种植的树木、灌木或草坪是构成城市绿道网络的基本元素。因此，在新城建设的同时，日本规划了大量的小公园和连接公园的绿道，构成初步的网

表 2-6　日本绿道发展历程一览表

时间	内容
1919 年	颁布了《都市计画法》，引入分区规划和土地区划整理制度。 其后，明确了土地区划整理工作中必须保证 3% 以上的土地为公园用地的规定
1923 年	制定了《帝都复兴计划》，提出要建设各种通道连接较宽的道路和公园，形成一个“点、线、面”结合的公园绿地系统
1931 年	颁布了第一部关于公园绿地的法规——《国立公园法》，进一步明确了区域绿地的重要性，提出自然公园包括国立公园、国定公园和都道府县立自然公园
1939 年	制定了日本第一个城市公园绿地规划——《东京绿地计画》，设置了环状绿地带，同时还设置了行乐道路，结合景园地、大公园等构建东京市的绿地系统
1956 年	颁布了《都市公园法》，明确规定了绿道在城市中的地位，确立了城市公园的分类、配置标准和面积等
1958 年	制定了《第一次首都圈建设规划》，规划提出在建成区的外围布局 5～10 km 宽度的环形绿带，并在外围规划卫星城，以控制城市蔓延扩散
1968 年	制定了《第二次首都圈建设规划》，放弃绿带，改为建立一个可供发展的郊区环带，以疏散市中心人口
1977 年	制定了《绿色总体规划》，这是一项整治和保护城市中绿地开放空间的综合性规划
1985 年	制定了《城市绿化推进计划》，明确了城市中由公园绿地构成一个完善系统的重要性，在城市范围内进行绿化活动计划，包括对道路等公共空间和民用地的绿化
1995 年	编制了《东京绿地总体规划》，充分吸纳了生态网络思想，将山脉、水系融入公园绿地系统

络系统，例如仙台、名古屋和横滨的步道，东京银座、新宿等主要干线的购物林荫大道，冈山市西川绿道公园等。

从 1977 年至今，可以说是日本城市绿地系统建设的完善期。 随着日本城市化进程的逐渐完成，城市建设逐渐放缓，绿道建设也进入比较成熟的阶段。 进入 21 世纪以后，日本吸收了生态绿道网络思想，将沿河流水系和山地的绿道系统纳入绿地总体规划，在保护生物生境的同时，建设避灾救灾的道路、自行车游憩道和长跑健身道等，构建网络布局模式。 以东京为例，在《东京绿色规划（2000）》中，提出了“水绿交融具有独特风格的城市”作为东京绿地建设的总体定位，并围绕“以绿色守护城市环境”“以绿色支撑城市防灾”“以绿色创造东京魅力”“以绿色培育生物栖息空间”“以都民为主体构筑绿色”五大理念，提出详细的策略体系，体现了规划内容的广泛性和细致性。

2. 新加坡公园连接网络

新加坡在世界上具有“花园城市”之称。新加坡国土面积约 700 km²，作为世界上人口最密集的地区之一，如何在土地资源紧张的情况下，最大限度地提供绿色空间是新加坡城市建设的难点。新加坡通过规划公园连接网络（park connector network，PNC）的方式，走上了一条与欧美国家不同的绿道之路。新加坡的公园绿地系统由区域公园、新镇公园、邻里公园、公园连接网络四级体系组成，其中公园连接网络相当于“绿道”，在公园绿地系统中发挥着重要的连通作用。

1980 年，新加坡开始着手建设贯穿全岭的公园连接网络。到了 1991 年，新加坡花园城市委员会制定的概念规划里提出了“绿蓝规划”，开始建设一个串连全国绿地和水体的绿地网络，连接山体、森林、主要的公园、体育休闲场所、隔离绿带、滨海地区等，既能缓解交通压力和供居民锻炼，又能让野生动物栖息和保持动植物多样性，将新加坡建设成为一个“花园”。例如，非常著名的加冷公园连接道将一条长达 2.7 km 的笔直混凝土排水渠恢复成为一条长约 3 km 的蜿蜒曲折的自然河流，成功地打造了一个拥有水循环系统、能保持生物多样性且能容纳人类活动的绿道。随后在 2001 年的概念规划中提出了“公园绿带网计划”，将绿道延伸到新镇中心、公共邻里，营造安全性高、可达性高、标识系统完善，同时兼顾公众密集休闲使用和野生动物栖息生存的公园连接网络。

新加坡是一个“环形城市”，城市中心是一个面积为 30 km²的热带次生雨林，其不仅是新加坡的绿肺，也是新加坡最主要的水源收集地，城市各分区围绕着森林呈环状分布。新加坡的 11 条主要河流从森林发源，穿过城市各分区连接入海。因此，沿着道路、轨道、河流的绿道，呈放射网络状均匀地分布在整个城市里，连接了文化保护区、自然保护区、大中型公园、居住区公园等绿色空间，真正创造出城市如在花园中的感觉（图 2-13）。

当前，世界范围内的生态网络实践都在不断取得重要进展。虽然不同的地缘与区域发展条件导致各国生态网络形成与发展的轨迹存在很大的差异，但是未来，突破行政边界，加强区域合作，利用自然生态基底等构建连续性和整体性的绿色网络，减少自然灾害风险，确保可持续的生态系统服务将是生态网络发展的趋势。

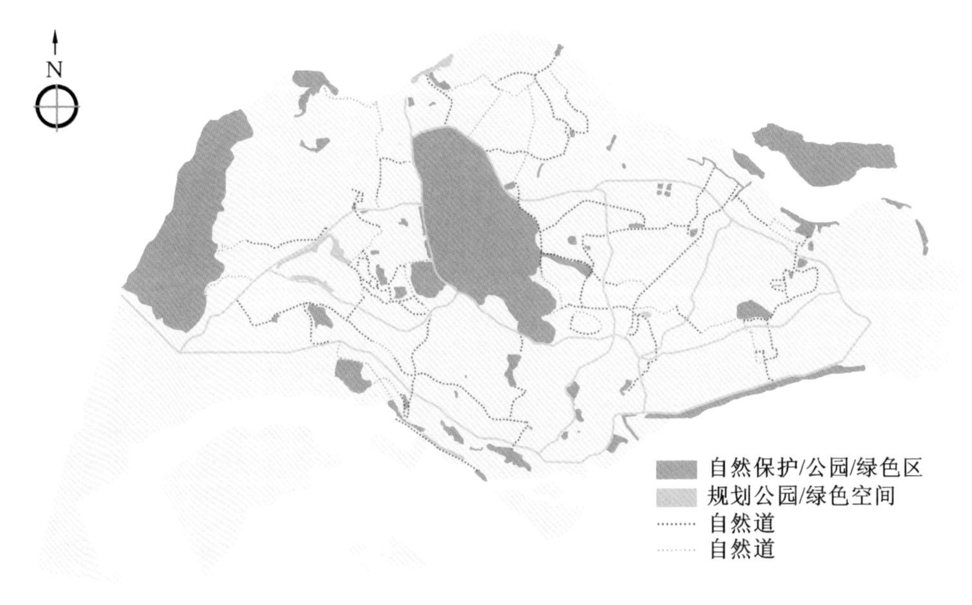

图 2-13　新加坡自然空间与公园道

2.3　国内生态网络规划案例分析

我国的生态网络建设，香港和台湾均起步较早。香港被视为世界性的经济和金融中心城市，寸土寸金。由于香港的多山地形与城市区域的控制性发展，其绿道更多建于新城区域。香港绿道建设特色明显，理念先进。早在 1970 年，香港渔农自然护理署结合郊野公园的建设，开辟了郊野公园游览径，为绿道建设奠定了总体结构；至 1990 年，在城市中心区开辟首条文物径，串联 50 处文物古迹，为香港城区型绿道建设打下基础；2010 年至今，结合新市镇提升，建设并完善城市单车径，并将其作为城区型绿道的主要形式，整个香港的绿道体系基本确立。在总体布局上，香港的绿道体系呈树状，主体为四大郊野径，分别为麦理浩径、卫奕信径、港岛径、凤凰径。麦理浩径于 1979 年 10 月启用，是香港首条长程远足路线，它沿滨海、河谷、山脊等自然走廊或人工走廊建立了线性开放空间，全长 100 km，共分作 10 段，每段行程 5～16 km 不等，共穿越 8 个郊野公园（图 2-14）。麦理浩径是香港现代意义上的绿道。

台湾地区绿道的建设起步较早，发展历史较为悠久。在台湾，“green way”被

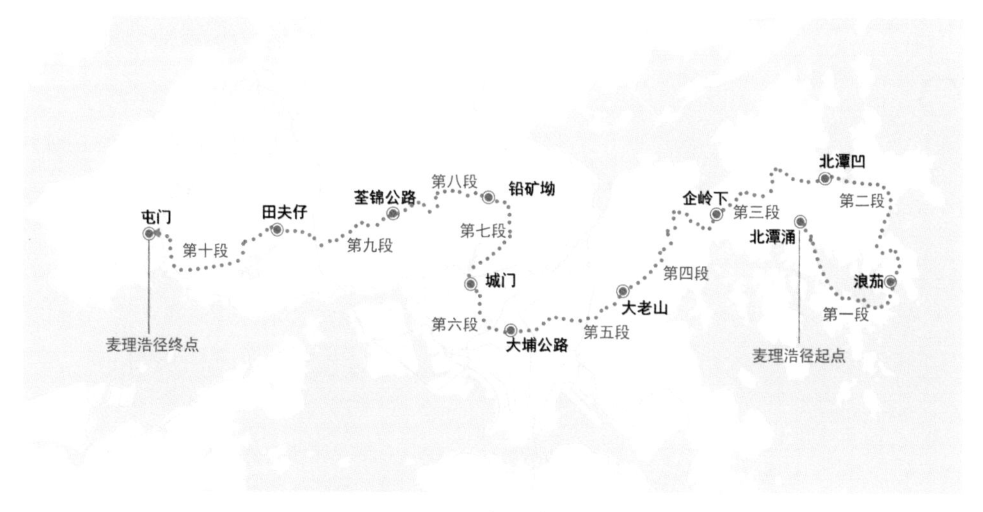

图 2-14　香港麦理浩径线路图

翻译为“绿园道”。台湾地区尤以台中市绿园道系统的丰富程度和完善程度较为突出。20 世纪初，台中市的绿园道主要作为城市与外部生态保护区的边界。1953 年，绿园道被正式纳入都市计划中，成为环绕台中市区的都市绿带，串联主要公共空间，其功能是营造都市景观并隔绝污染。

随着台中市发展范围的不断扩张，绿园道的功能不断变化，并最终融入城市，成为城市空间的组成部分。台中市的绿园道主要依托水系、公园、道路等要素，形成完整、连续的城市绿园道系统，在城市空间界面上则形成点、线、面的空间形态。目前台中市已经有 13 条绿园道，总面积达 46 hm^2。作为城市型绿道，台中市绿园道尤其重视自行车道设置，台中市 13 条绿园道全部设置了统一规格、统一标识的自行车道。在提倡低碳生活的当今社会，台中市结合慢行道的方式为绿道的建设扩展了新的方向。

改革开放四十多年来，我国的城镇化进程加速推进，城镇化率从 1980 年的 19.4% 增长至 2021 年的 64.7%。城市建设的快速发展，必然导致与自然资源保护之间的矛盾。因此，从 20 世纪 90 年代开始，我国学者对生态网络的研究逐渐重视起来。研究主要经历了三个阶段，即萌芽期（1993—1999 年）、起步期（2000—2009 年）和快速发展期（2010 年至今）。而在实践方面，我国绝大部分地区的生态网络建设稍微落后于理论研究，根据代表案例的特点，可以分为萌芽期、发展期和繁盛期（表 2-7）。

表 2-7 我国生态网络建设历程

阶段	时间	代表案例	特点
萌芽期	20 世纪 90 年代至 21 世纪初	①中国森林生态网络体系工程; ②全国绿色通道建设	强调森林生态网络系统的建设，形式上注重点、线、面相结合，功能上以防风固土、改善环境为主
发展期	2000—2009 年	①城市绿地生态网络建设; ②城市生态廊道建设	基于 3S 技术，采用景观格局分析、网络分析等方法，建设的重点在于城市内部的公园、道路、滨水等绿地
繁盛期	2010 年至今	①2010 年，《珠江三角洲绿道网总体规划纲要》; ②2016 年，住房和城乡建设部制定了《绿道规划设计导则》	城市绿地生态网络的建设逐渐规范化、系统化，利用各种线性廊道将生态资源斑块连接成网，目的是保护和恢复城市生态，改善人居环境，保护生物多样性，优化生态格局，提升景观品质，发展游憩活动等

在我国，被冠以“生态网络”的绿地建设是从 20 世纪末的中国森林生态网络体系工程开始的。中国森林生态网络体系工程是根据自然、经济和社会状况，按照物质流、能量流和信息流相互联系的规律，以林木为主体，点、线、面相结合的形式，建立起来的一种人、自然、社会各自及相互间协调发展，立体多层次，具有一定格局动态的复合生态网络系统。在此理论基础上，我国一部分城市实施了森林生态网络体系工程，相关的学术研究成果有《泉州市森林生态网络系统工程初探》（林永源，1999）、《上海城市森林生态网络系统工程体系建设初探》（杨学军等，2000）、《河南省森林生态网络体系建设的初步设想》（赵体顺等，2001）、《厦门市森林生态网络体系建设的研究》（廖福霖等，2001）、《扬州市森林生态网络体系建设研究》（董志良等，2002）等。但是，我国的森林生态网络是以森林生态系统为主体，关注的是绿化覆盖率、森林植被的选择等，与欧美的绿道或者生态网络差别较大。在网络建设方面，我国尤其强调点、线、面协调配套。例如，在扬州市城市森林生态网络体系绿化工程的建设框架中（图 2-15），通过采取大、中、小绿地相结合，集中与分散相结合，重点和一般相结合，相连成片、形成体系，此种森林生态网络体系的构建方法更加类似于城市绿地系统规划的方法。

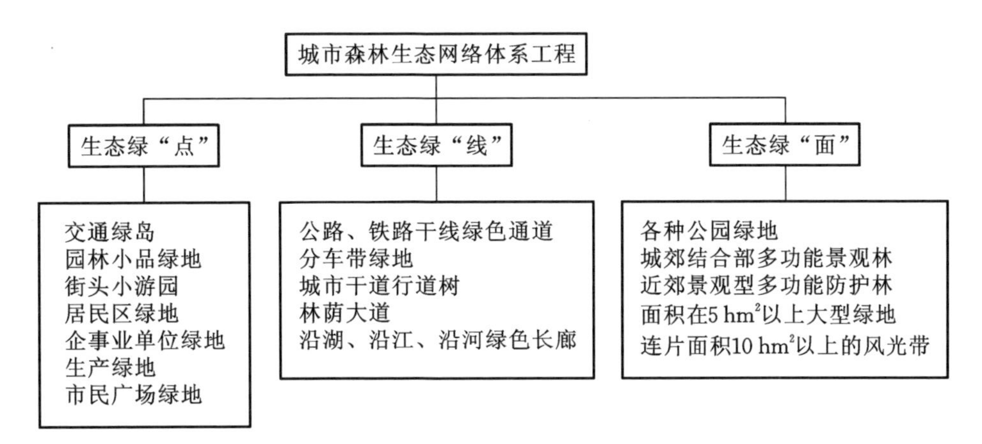

图 2-15　扬州市城市森林生态网络体系绿化工程

1998 年，全国绿化委员会、林业部、交通部、铁道部决定在全国范围内开展以公路、铁路和江河沿线绿化为主要内容的绿色通道工程建设。工程实施至 2000 年，取得了显著成绩。据统计，全国 18 个省（区、市）共完成绿色通道工程总里程 52 000 km，其中公路绿化 32 000 km，铁路绿化 2 000 km，江河绿化 18 000 km。国务院更是在 2000 年颁布了《国务院关于进一步推进全国绿色通道建设的通知》（国发〔2000〕31 号），文件指出，绿色通道建设是一项具有战略意义的国土绿化工程，主要任务是对公路、铁路、河渠、堤坝沿线进行绿化美化；是我国从总体上构建以重点林业生态工程为骨架，以城镇、村庄绿化为依托，以公路、铁路、河渠、堤坝等沿线绿化为网络的国土绿化战略的需要。文件还指出，绿色通道建设要纳入全国生态环境建设规划、全国造林绿化规划和城市总体规划；目标是到 2010 年，力争全国所有可绿化的公路、铁路、河渠、堤坝全面绿化，形成带、网、片、点相结合，层次多样、结构合理、功能完备的绿色长廊，使绿色通道与生态环境、城乡绿化美化融为一体。同时该文件对绿色通道两侧的绿化带宽度、林带的性质进行了详细的指导。此时的绿道建设特点是比较重视线性绿地空间的规划，但是在功能上仍然是以防风固土、改善环境为主。

2002 年 10 月，建设部印发《城市绿地系统规划编制纲要（试行）》，使得各个地区在进行绿地系统规划的同时，开始了对生态廊道、生态网络的思考与尝试。在生态廊道研究方面，1999 年，中山大学的李维敏针对广州的城市廊道，根据廊道密度、廊道绿化率、廊道高层密度、廊道客流承载量、商业廊道范围比率、空间预测模型等指数（表 2-8），进行廊道的现状分析，同时提出优化对策。接着哈尔滨、成都、杭州、广州等城市建设了生态廊道，基本类型包括绿化带、河流和道路廊道。

表 2-8　广州市廊道指标及其含义

指数名称	公式	含义
廊道密度/（km/km²）	$\mathrm{LM}=L/A$	反映景观破碎化程度，LM 值越大，景观破碎度越大
廊道绿化率/（%）	$\mathrm{LU}=A_{\mathrm{lu}}/A_{\mathrm{l}}$	反映城市绿化程度及抗污消污能力，LU 值越大，绿化越好，抗污能力越强
廊道高层密度/（栋/km）	$\mathrm{LG}=G/D$	反映廊道两侧高层建筑的集中程度
廊道客流承载量/万人次	$\mathrm{LL}=K/L$	反映廊道的交通承载量及车流密度，LL 值越大，则单位时间、单位距离廊道上行驶的车辆越多，载客量越多
商业廊道范围比率/（%）	$\mathrm{LB}=R_{\mathrm{s}}/R_{\mathrm{c}}$	反映商业廊道在城市中的分布情况，LB 值越小，则商业廊道分布越窄，相对越集中
空间预测模型	$D_{1_i}=D_{1_{oi}}+q\times n$	利用廊道扩展比率，预测未来发展趋势

注：L 为城市廊道长度，km；A 为城区面积，km²；A_{lu} 为廊道绿地面积，m²；A_{l} 为道路廊道面积，m²；G 为 10 层以上建筑物数目，栋；D 为街道距离，km；K 为公共交通客运量，万人次，$K=K_1+K_2+K_3$，K_1 为公共汽车（含电车）客运量，K_2 为出租汽车客运量，K_3 为轮渡客运量；R_{s} 为商业区纵向或横向最大半径，m；R_{c} 为城区纵向或横向最大半径，m；D_{1_i} 为某一方向预测距离，m；$D_{1_{oi}}$ 为 1998 年基数，m；q 为年平均增长距离，m/y。

在生态网络建设方面，基本都是依托城市的绿地系统规划，生态网络的建设目的是优化绿地系统布局。相关研究成果有《南京市绿地系统结构浅见》（王浩、徐雁南，2003）、《基于 GIS、景观格局和网络分析法的厦门本岛生态网络规划》（王海珍、张利权，2005）、《无锡市城郊绿地的生态网络建设》（刘滨谊、杨星，2005）、《济南城市绿地生态网络构建》（孔繁花、尹海伟，2008）等。例如，在《南京市绿地系统结构浅见》一文中，作者就城市绿地结构的现状问题，从空间布局和城区内外绿地生态过程与格局方面提出问题，运用景观生态学的理论知识，从维护景观生态过程与格局连续性的角度，将南京市绿地规划为“二轴二环四心”的绿地系统结构，另外特别重点规划了 3 条生态廊道，即灵岩山—八卦洲—长江廊道、汤山—青龙山—紫金山廊道、云台山—牛首山—祖堂山廊道。在《基于 GIS、景观格局和网络分析法的厦门本岛生态网络规划》一文中，作者基于 3S 技术，运用了景观格局指数和网络分析法，对比了 5 种方案（图 2-16），最终提出能够明显改善厦门本岛现有绿地系统数量和质量的城市生态网络建设规划方案。

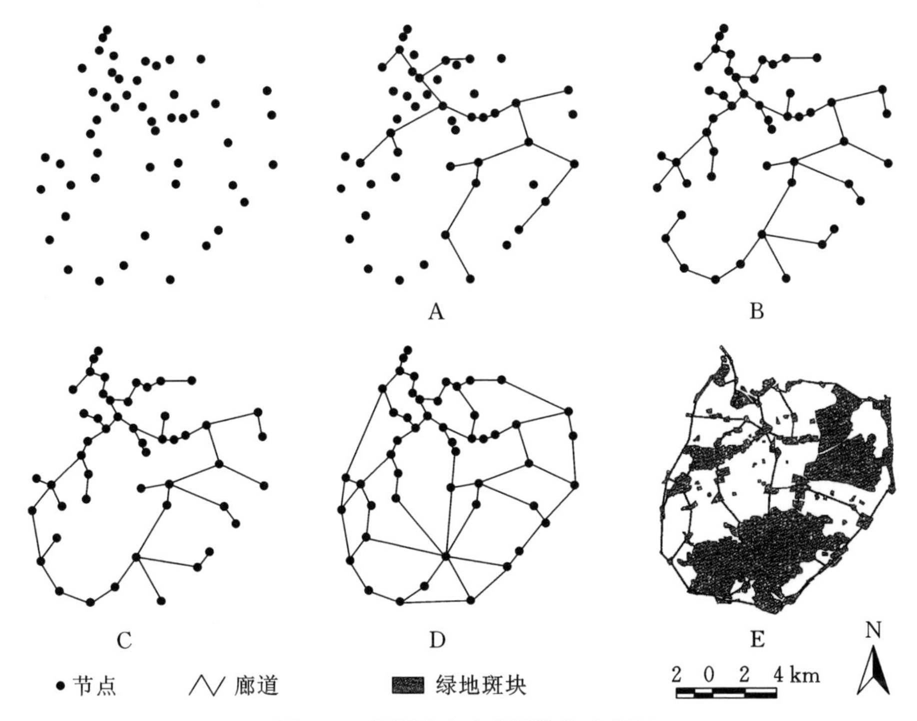

图 2-16　厦门本岛生态网络构建方案

由于绿道建设具有见效周期短、资金投入少、社会反响佳等优点，因此，我国缺乏系统性的生态网络建设，更多的实践是积极倡导建设绿道或生态廊道。2010年，我国的绿道建设进入快车道。2010 年 1 月，广东省委十届六次全会部署开展珠三角区域绿道建设计划，其后迅速向全省及全国范围扩展，这可以说是我国真正意义上较大规模的绿道网规划建设工作。广东省政府制定的《珠江三角洲绿道网总体规划纲要》，为珠三角多个城市开展绿道建设奠定了政策和制度基础。随着珠三角区域绿道网初步建成，其对国内其他省、市、地区产生了积极的影响，北京、浙江、上海、深圳、四川、安徽、福建等多个省市也开始了绿道规划和建设。同年，广东省住房和城乡建设厅发布的《珠三角区域（省立）绿道规划设计技术指引》（简称《指引》）属于全国首创。《指引》在生态性、连通性、安全性、便捷性、可操作性和经济性六点基本原则的基础上，又对核心技术要点进行统一规定，从而保障区域（省立）绿道生态功能、社会功能和经济功能的实现。随后，《福建省绿道规划建设导则（试行）》（2012）、《浙江省绿道规划设计技术导则》（2012）、《南京市绿道规划设计技术导则》（2018）等地方技术导则相继出台。

2016 年 9 月，住房和城乡建设部制定了《绿道规划设计导则》。该导则明确了绿道的概念，即绿道是“以自然要素为依托和构成基础，串联城乡游憩、休闲等绿色开敞空间，以游憩、健身为主，兼具市民绿色出行和生物迁徙等功能的廊道”。同时对绿道功能与组成、绿道分级与分类、绿道规划设计总体要求、绿道选线、绿道要素规划设计要求进行了详细的指导。

2019 年 5 月，《中共中央　国务院关于建立国土空间规划体系并监督实施的若干意见》延续了“山水林田湖草生命共同体理念”，明确要求“保护生态屏障，构建生态廊道和生态网络”。

2019 年 6 月，自然资源部发布《市县国土空间总体规划编制指南》，在“6.4.3　绿色空间网络与山水格局”条文中，指出以生态保护为基础，以耕地保护为重点，强化城乡生态格局与山水林田湖草的衔接，强化各类自然资源保护利用，构建完整连续的生态网络体系；充分利用自然山水、历史文化等资源，形成丰富的城乡景观序列和轮廓形态，体现城乡山水格局特色。

2019 年 12 月，住房和城乡建设部发布的国家标准《城市绿地规划标准》（GB/T 51346—2019）开始施行。在市域绿地系统规划中，《城市绿地规划标准》（GB/T 51346—2019）指出，市域绿地系统布局应突出系统性、完整性与连续性，构建市域生态保育体系应尊重自然地理特征和生态本底，构建“基质—斑块—廊道”的绿地生态网络；同时指出市域绿道体系规划应以自然要素为基础，串联风景名胜区、历史文化名镇名村、旅游度假区、农业观光区、特色乡村等城乡休闲游憩空间，构建兼顾生态保育功能和风景游憩功能的城乡绿色廊道体系。在城区绿地系统规划中，《城市绿地规划标准》（GB/T 51346—2019）指出，宜采用绿环、绿楔、绿带、绿廊、绿心等方式构建城绿协调的有机网络系统。此标准以系统性视角在宏观层面和中观层面，为生态网络的构建提供了技术支撑。

2021 年 9 月，自然资源部公示的行业标准《都市圈国土空间规划编制规程（报批稿）》，在“6.4.1　区域生态环境协同”的条文中指出，从生态共保共治的视角，结合都市圈综合地质调查及“双评价”“双评估”工作，明确都市圈生态环境保护目标，落实上位规划生态保护格局要求深化布局区域生态网络，加强区域生态廊道衔接，对重点生态敏感地区提出保护策略；在都市圈范围内统筹碳减排、碳汇等空间安排；做好都市圈水资源统筹分配方案；超特大城市应制定环城绿带和通风廊道布局策略，提出跨界地区生态环境共保共治举措。沿海城镇密集地区的都市圈要注重水网生态格局的系统性保护，内陆地区的都市圈要协调好“山江湖”生态格局与城镇空间拓展的关系。并在“附录 B”中“表 B.1　都市圈国土空间规划指标体系一览表”的“生态绿色”的指标明确列出对“绿道覆盖率”的要求，指标内涵为“区域绿道、城市绿道长度总和与规划辖区范围面积的比值。绿道长度指符合绿化工程建设程序，通过绿化工程验收的各类绿道长度总和”。

梳理以上各时期针对绿道和生态网络的政策与规范，可以看出，在2010年以后，我国城市绿地生态网络的建设逐渐规范化、系统化，利用各种线性廊道将生态资源斑块连接成网，目的是保护和恢复城市生态，改善人居环境，保护生物多样性，优化生态格局，提升景观品质，发展游憩活动等。

生态网络包括生态源地和生态廊道，因此，绿道网络建设是生态网络建设的前期准备和必经阶段，当前各个城市和区域的建设重点是绿道网络。2010年广东省率先出台了《珠江三角洲绿道网总体规划纲要》，确定了由“6条主线、4条连接线、22条支线、18处城际交界面和4 410 km^{2}绿化缓冲区”组成的绿道网总体布局（图2-17）。该绿道网络由区域绿道、城市绿道和社区绿道三级绿道组成，包括生

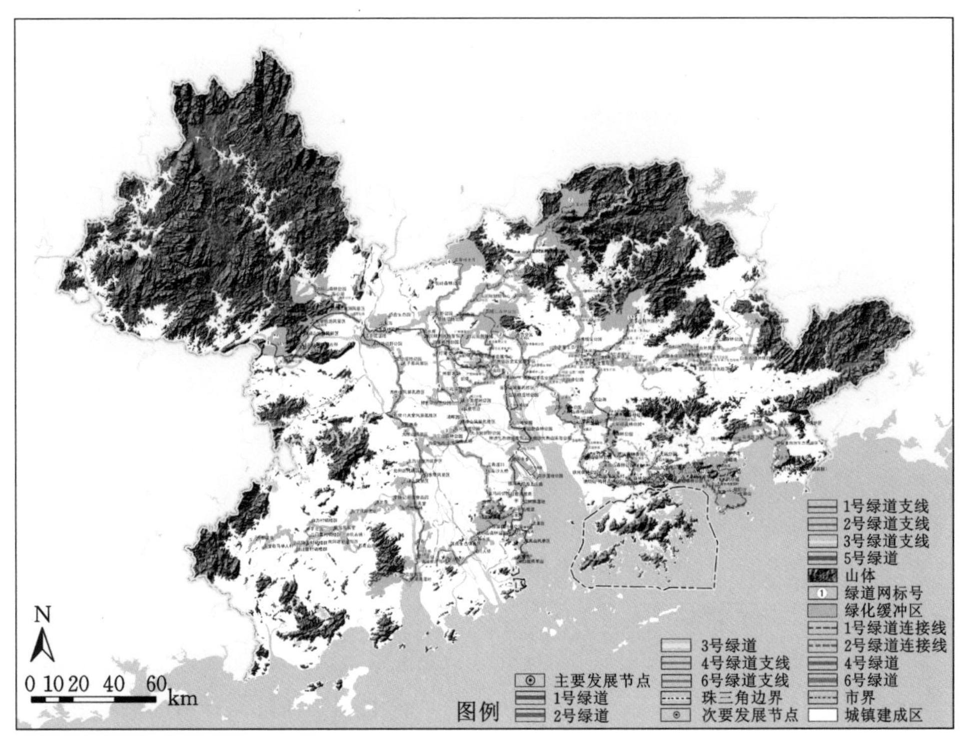

规划形成由6条主线、4条连接线、22条支线、18处城际交界面和4 410 km^{2}绿化缓冲区组成的绿道网总体布局。

其中，6条主线连接广佛肇、深莞惠、珠中江三大都市区，串联200多处森林公园、自然保护区、风景名胜区、郊野公园、滨水公园和历史文化遗迹等发展节点，全长约1 690 km，直接服务人口约2 565万人。

图2-17 珠三角绿道网布局图

（图片来源：《珠江三角洲绿道网总体规划纲要》。）

态型绿道、郊野型绿道、都市型绿道三种类型（表 2-9），总长约 2 326 km，串联约 85 个重要节点，包括 10 个省立公园，可服务人口约 2 629 万人。珠三角绿道网的建设打破了城市界限，在大区域尺度下由多市共同构建生态型、网络化、多功能的绿色廊道工程，是全国首例。其目标是维护区域生态安全，提高区域宜居性，扩内需促增长，保护历史文化资源，推动珠三角一体化发展等。

表 2-9 珠三角区域绿道类型

绿道类型	建设内容	功能	宽度
生态型绿道	沿城镇外围的自然河流、溪谷、海岸及山脊线建设绿道	维护和培育珠三角生态环境，保障生物多样性，可供自然科考及野外徒步旅行	不小于 200 m
郊野型绿道	依托城镇建成区周边的开敞绿地、水体、海岸和田野，建设登山道、栈道、慢行休闲道等	为人们提供亲近大自然、感受大自然的绿色休闲空间，实现人与自然的和谐共处	不小于 100 m
都市型绿道	集中在城镇建成区内，依托人文景区、公园广场和城镇道路两侧的绿地建设绿道	为人们慢跑、散步等活动提供场所	不小于 20 m

注：资源来源于《珠江三角洲绿道网总体规划纲要》。

在城市层面，绿道网络主要是利用廊道连接公园、绿地等其他开敞空间，在城市规划中，优先考虑形成带状、辐射状、环状和交叉状的绿地结构，通过“点、线、面”相结合，最终构成一个多样化、自循环、动态的整体绿色环保体系。2010 年，深圳市以《珠江三角洲绿道网总体规划纲要》为指引，结合自身实际情况，规划提出在全市范围内构建以区域绿道为骨干、以城市绿道为支撑、以社区绿道为补充，结构合理、衔接有序、连通便捷、配套完善的绿道网络，最终形成由 2 条区域绿道、2 条滨海风情线、1 条城市活力线、6 条滨河休闲线、16 条山海风光线组成的“四横八环”的绿道网总体格局。同时，深圳市于 2012 年发布《深圳市绿道管理办法》，2014 年编制《深圳市绿道地图册 2014》，在管理制度和公众推广方面又进了一步。目前深圳市已建成约 2 400 km 的绿道。其中，已建成的深圳湾绿道、凤凰山绿道，以及二线关区域绿道、福荣都市绿道、华侨城社区绿道等广受社会各界好评。除广东外，浙江、河北、江苏、四川、福建、安徽等省份的众多城市也相继开展了绿道网规划和建设工作（表 2-10）。

表 2-10　我国主要绿道规划实践一览表

年份	地区	名称	规划建设特点
2011 年	安徽省	《安徽省绿道规划纲要》	采取“自下而上”的道路，即各市围绕城区和近郊进行分片建设完成后，再进行片区间的整体网络构造
2011 年	南宁市	《南宁城市绿道系统规划》	“一横一纵一环八廊十九脉”的绿道网总格局，包括市域级绿道、中心城级绿道和组团级绿道三个层次，并且关注生态
2013 年	杭州市	《杭州市城市绿道系统规划》	一张绿道网，可漫步，也可骑行，除了尽收满眼绿意，还能在绿道周围看到各地人文景观和历史风貌
2013 年	江西省	《关于开展城市绿道建设的通知》	各设区市要结合城市水系、山体、道路、公园绿地、风景廊道、生态修复、绿化隔离带等规划建设，构建城市绿道主线
2013 年	浙中城市群	《浙中城市群生态绿道及旅游一体化规划》	组织便捷连接城市群主要城市、重要开发区、生态休闲之心，以及主要风景区、度假区、森林公园和其他旅游目的地、休闲空间、生态空间的绿道网络，形成具有浙中地域特色的绿色文化长廊
2014 年	关中城市群	《关中城市群绿道网规划研究》	基于现状资源禀赋确定绿道网空间结构，形成了具有 7 条主线、7 条连接线、40 条支线、17 处城际交界面和具有 592.36 km^2绿化缓冲区的关中城市群绿道网
2015 年	长株潭城市群	《长株潭城市群绿道网总体规划》	形成了 8 条主线、10 条支线、5 条连接线、12 处城际交界面和 8 085 km^2的绿色缓冲区，构成总体结构为“两环三纵三横”的绿道网布局
2015 年	广西壮族自治区	《广西壮族自治区绿道体系规划》	通过建立“大数据+GIS”的指标评估体系为规划提供合理支撑，构建绿道“三横三纵多支”的空间结构，以“绿道+”的开发理念和策略，赋予绿道多种功能，形成新的经济增长点
2015 年	上海市	《上海绿道专项规划（2040）》	串联都市绿脉、水脉、文脉，构建健康、多元、互通、易达的绿色休闲网络
2018 年	成都市	《成都市天府绿道规划建设方案》	多功能的三级绿道网络体系，既串联田园、公园、人文古迹、自然景点等，又串起绿色出行交通网络

续表

年份	地区	名称	规划建设特点
2018 年	西安市	《大西安绿道体系规划》	以秦岭、八水为生态基底，充分依托区域内丰富的自然资源、历史人文资源以及城镇节点，构建起“区域级—市级—区级—社区级”四级绿道网体系
2019 年	南京市	《南京市绿道总体规划（2019—2035 年）》	依托山、水、城、林格局，串联城镇、乡村、风景名胜资源与现代产业区等，集生态保护、体育运动、休闲娱乐、文化体验、科普教育、旅游度假等于一体，供城乡居民、游客步行和骑行的绿色廊道
2019 年	郑州市	《郑州都市区绿道系统规划（2019—2035）》	按资源空间分布，绿道被分为串联核心景区的全域性绿道、串联大中型景观节点的组团间绿道、组团内部绿道网络的补充三级。按主要功能分为生态保护型、近郊游憩型、滨水休闲型、城市服务型四类
2020 年	济南市	《济南市绿道网规划》	依托独特的“山、泉、湖、河、城”融为一体的风貌特色，发挥打造山体绿道、泉水绿道、环湖绿道、滨河绿道的独特优势，构建“多层级、多类型、多节点、网络化”的城市绿道系统
2021 年	浙江省	《浙江省省级绿道网规划（2021—2035）》	规划提出，至 2025 年建成绿道总规模 10 000 km 以上，其中省级绿道 6 000 km；远景至 2035 年建成总规模达 30 000 km 以上，全面形成功能完善、布局均衡、智慧运维、特色多样、效益多元的全域城乡绿道网体系

在开展绿道建设的同时，生态网络的建设也在逐步推进。生态网络不是简单的“点、线、面”组合体系，而是一个全面的、综合的、满足多重目标的复杂空间规划范式，是利用生态廊道将不同生态源地、节点连接成一个合理、有效保护生态环境，缓解人类对自然资源需求和生物多样性保护之间的矛盾的网络结构。

近年来，国内城市不断进行不同尺度的生态网络规划研究与实践。我国国土面积较大，人口密集，实施国土尺度的生态网络建设并不现实。而在区域尺度上，构建网络化的生态空间有助于实现区域空间的可持续发展，建立城乡一体、区域统筹的生态空间体系，能够更好地解决快速成长期城市密集区空间发展的诸多生态问题。因此，近几年，宏观区域尺度上，以城市群、省域为研究范围的生态网络建设较多（表 2-11、表 2-12），内容包括生态源地的识别、生态廊道的构建等。

表 2-11　城市群生态网络研究代表案例

名称	研究范围	生态源地 数量/总面积/占比	生态廊道 数量/长度 （或面积）
《湖南省城市群生态网络构建与优化》（尹海伟等，2011）	总面积 99 600 km^2	16 个/15 100 km^2/15.16%	120 条/700 km^2
《京津冀城市群生态网络构建与优化》（胡炳旭等，2018）	总面积 218 000 km^2	217 个/47 031.98 km^2/21.57%	579 条/—
《珠江三角洲自然生态空间规划研究》（卢曼，2018）	总面积 53 600 km^2	262 个/32 200 km^2/60.07%	49 条/—
《闽三角城市群生态网络分析与构建》（刘晓阳等，2021）	总面积约 25 300 km^2	45 个/3 542 km^2/13.85%	990 条/5 941 km

表 2-12　省域生态网络研究代表案例

名称	研究范围	生态源地 数量/总面积/占比	生态廊道 数量/长度（或面积） /占比
《基于最小累积阻力模型的广东省陆域生态安全格局构建》（陈德权等，2019）	总面积 179 700 km^2	—/52 000 km^2/28.94%	—/3 172.54 km/—
《基于 MSPA 和 MCR 模型的江苏省生态网络构建与优化》（王玉莹等，2019）	总面积 107 217 km^2	—/26 592 km^2/24.80%	—/3 879.5 km^2/3.62%
《福建省自然保护区生态网络的构建与优化》（古璠等，2017）	总面积 124 000 km^2	39 个/—/—	—/188.16 km^2/0.15%
《青海省保护地生态网络构建与优化》（史娜娜等，2018）	总面积 722 300 km^2	22 个/227 000 km^2/31.43%	—/5 732 km^2/0.79%

在区域尺度，建立生态网络的主要目标是保护生物多样性、维持生态服务功能，通常以自然保护区、森林公园、湿地公园、地质公园、大型湿地、大型林地等作为生态源地，并根据最小费用路径方法设计潜在的生态廊道。各省市均根据各自的资源禀赋与发展情况，探索了适合自身的相关生态网络规划。以湖南省生态网络构建为例，湖南省地貌类型丰富，多山地、丘陵，河流纵横，土地总面积 211 795 km^2。在《基于 MSPA 和 MCR 模型的湖南省生态网络构建》一文中，郑群明等人采用 MSPA 方法识别生态源地，采用 MCR 模型生成潜在生态廊道构建生态网络，最终获得 50 个生态源地、53 条重要生态廊道、1 172 条潜在生态廊道及 293 个踏脚石（图 2-18）。

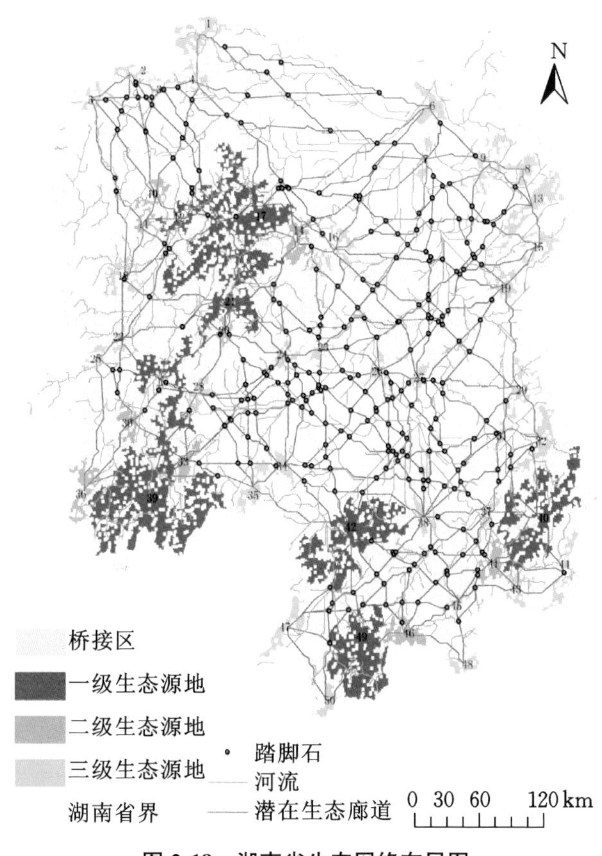

图 2-18　湖南省生态网络布局图

在城市层面，关于生态网络的研究起步较早，相关成果有《构筑无锡城市生态走廊网络——无锡市绿地系统规划研究》（刘颂等，2004）、《杭州市城市生态网络初探》（叶梦、费一鸣，2008）、《构建生态网络　建设宜居城市——太原市城市生态建设思路》（卫长乐，2008）、《上海市城市景观生态网络连接度评价》（王云才，2009）等（表 2-13）。前期的生态网络构建大多依据 2002 年 10 月我国建设部印发的《城市绿地系统规划编制纲要（试行）》进行，往往采用绿环、绿楔、绿带、绿廊、绿心等方式构建城绿协调的有机网络系统。例如，太原市结合现状河道疏理整治和生态廊道建设，构筑“内外两环”，建立“三纵三横”，打通“生态廊道”，构建多层次、多功能、立体化、网络式的生态结构体系规划结构；杭州市在基于河流水系的生态构架上，配合城市用地的不同性质优化组合城市生态网络，形成“一湖，四江——两主两副”“六条生态带”“四园、多区、多廊”的，结构完整清晰、运作良好、生态功能优越的城市生态网络。后期，逐渐形成了运用 3S 技术，基于 MCR 模型，构建“生态源地—生态廊道—生态节点”生态网络的建设方法。

表 2-13　城市生态网络代表案例

名称	面积/km^2	网络结构
《济南绿地生态网络体系的规划布局与构建》（鲁敏等，2010）	738.76	形成“一心、三环、六带、七廊、七区、多楔、多点”的绿地生态网络体系
《上海市基本生态网络规划及实施研究》（郭淳彬、徐闻闻，2012）	—	在中心城形成以“环、楔、廊、园”为主体，中心城周边地区以市域绿环、生态间隔带为锚固，市域范围以生态廊道、生态保育区为基底的“环形放射状”的生态网络空间体系
《基于生态网络分析的南京主城区重要生态斑块识别》（许文雯等，2012）	316	将南京主城区已被法律保护的生态用地划分为 13 个斑块，作为生态网络构建的生态源地，面积共 97.4 km^2
《扬州市绿地生态网络分析与构建》（徐杰等，2014）	349	选定 10 个主要的生态源地，45 条潜在生态廊道，其中有 21 条联系较为紧密，这些廊道的主要组成部分为水系与街头绿地
《广州市绿地生态网络的构建与评价》（蒋思敏等，2016）	7 434	选取境内生物多样性丰富的 15 个生境斑块作为生态源地，利用 MCR 模型模拟潜在生态廊道，经过优化，获得 33 条生态廊道
《城市生态网络构建与优化研究——以重庆市中心城区为例》（贾振毅，2017）	5 472.68	筛选出 163 块符合生态网络构建要求的源斑块，通过最小费用模型获得 278 条连接路径

续表

名称	面积/km^2	网络结构
《厦门市绿地生态网络构建及优化策略》(刘晓阳等，2020)	1 699.39	构建“一片、一环、三带、多廊道、多节点”的城市绿地生态网络
《基于MSPA和电路理论的武汉市生态网络优化研究》(杨超等，2020)	8 569	选取连通性指数最高的10个斑块构建生态网络，采用电流密度识别出6个生态踏脚石，对增加踏脚石前后的生态网络进行对比分析，结果表明，优化后的网络结构包含廊道37条，总长584 km，并通过阈值分析确定武汉市廊道的最优宽度为200 m
《基于景观分析的西安市生态网络构建与优化》(梁艳艳、赵银娣，2020)	—	选择面积大于100 hm^{2}且dPC>0.5的32个斑块作为生态源地，基于电路理论、重力模型，利用Linkage Mapper工具共模拟出63条生态廊道，确定了20个踏脚石

2012年5月，上海市政府正式批准国内首部城市生态网络规划《上海市基本生态网络规划》(简称《规划》)实施。《上海市基本生态网络规划》以生物多样性保护作为重要原则。《规划》对生态用地、生物分布等现状生态要素进行梳理，并结合生态敏感性、生态足迹、生态服务价值及现状可发展用地进行分析。其中，生态敏感性分析结合GIS，通过对水环境、文物古迹及森林公园区、地质灾害、土壤污染和土地利用等多方面的分析，确定了上海市重要的生态空间。最终，构建了“多层次、成网络、功能复合”的基本生态网络，在中心城形成以“环、楔、廊、园”为主体，中心城周边地区以市域绿环、生态间隔带为锚固，市域范围以生态廊道、生态保育区为基底的“环形放射状”的生态网络空间体系。《规划》还从生态规划体系、生态空间管控、生态建设实施、实施保障机制及生态指标监测五个方面进行了深入研究，结合市域规划研究了上海市生态网络建设的实施机制。

随着经济的发展和城市规模的扩大，近年来，上海市又进一步修订和整合了新的生态网络规划，如《上海市城市总体规划》(2017—2035年)中的“上海市域生态网络规划图”(图2-19)、《上海市生态空间专项规划》(2021—2035)等。在《上海市生态空间专项规划》(2021—2035)中，市域层面上构筑“双环、九廊、十区”多层次、成网络、功能复合的生态空间格局。其中，“双环”锚固城市组团间隔，防止城市蔓延；“九廊”构建市域生态骨架，形成通风廊道与动物迁徙通道；“十区”保障市域生态基底空间(图2-20)。

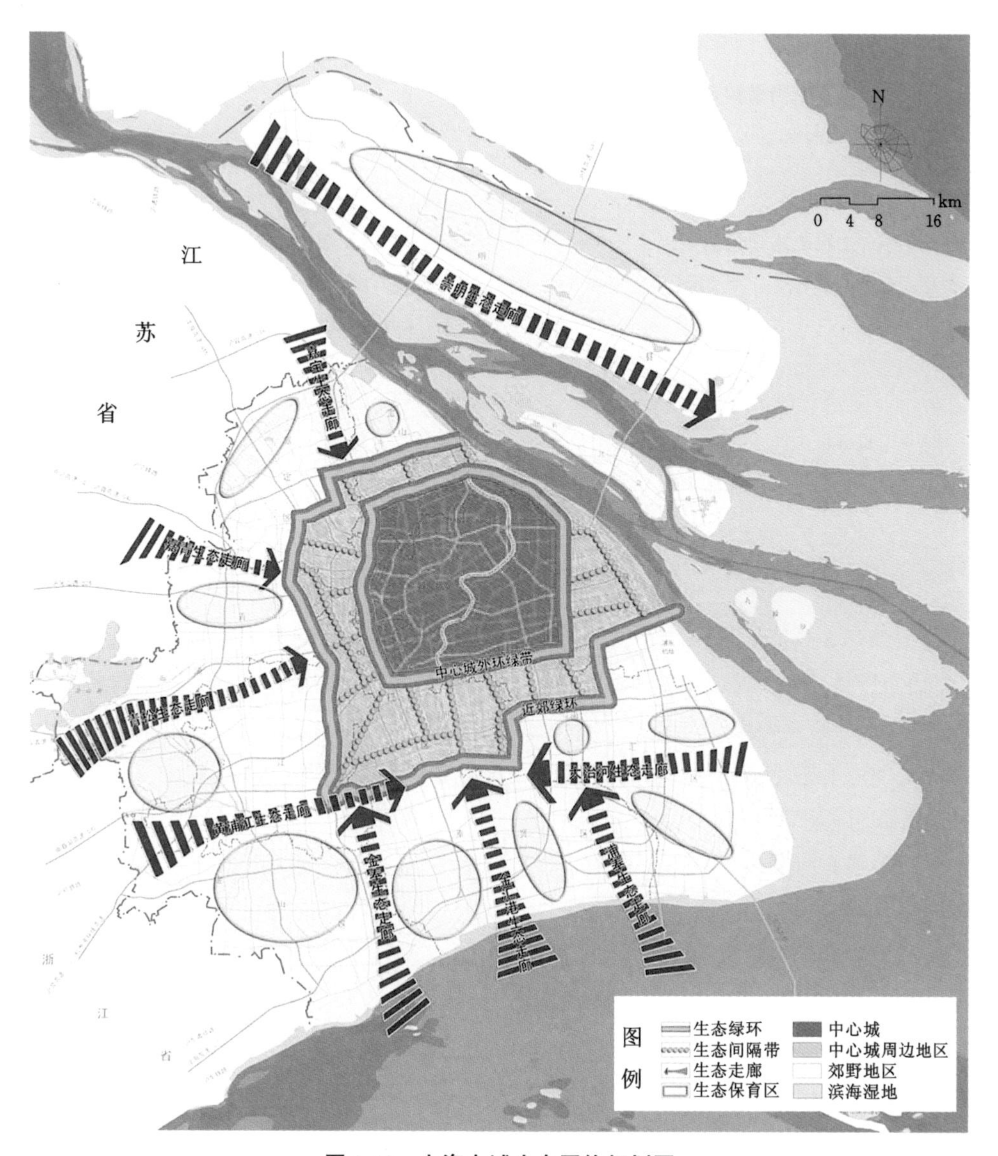

图 2-19 上海市域生态网络规划图

（图片来源：《上海市城市总体规划》(2017—2035 年)。）

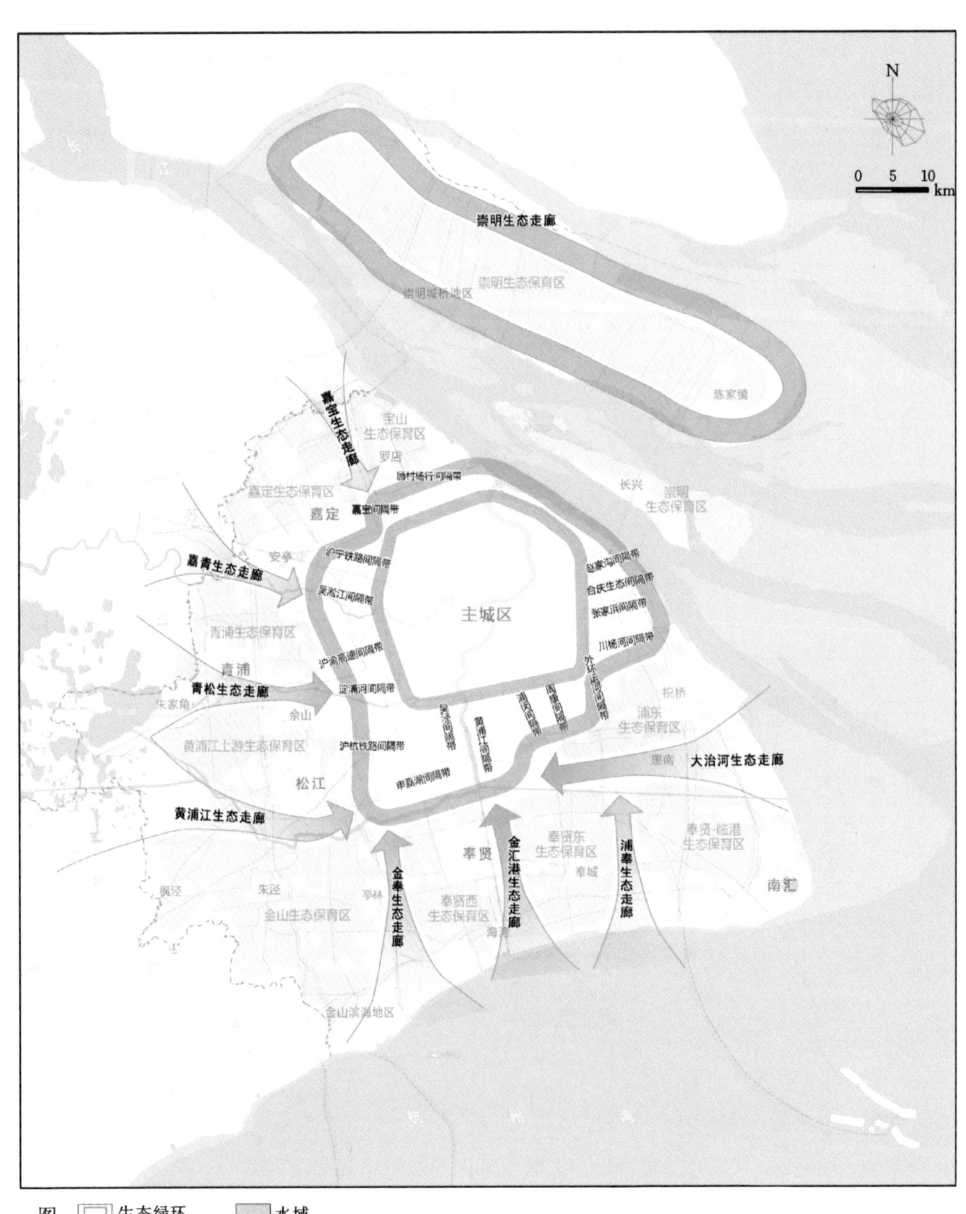

图 2-20　上海市生态空间结构图

（图片来源：《上海市生态空间专项规划》（2021—2035）。）

与国外大量相对成熟的生态网络实践相比，我国的生态网络规划、建设及管理存在许多不足之处。在规划方法方面，缺乏统一的生态网络构建方法及技术标准，目前仅有2017年安徽省出台的《安徽省城市生态网络规划导则》，其中“规划编制内容”包含生态要素的识别、生态安全评价、市域生态网络建构、市区生态网络建构、生态网络管控、规划实施引导六节内容。

在功能方面，目前我国绿地生态网络及绿道建设更侧重于游憩休闲、历史文化角度，对生物多样性保护、生态过程与功能维持等方面的研究尚不充分，而且还缺乏相关的政策和法律法规支持，管理机制尚不明确。我国的生态网络建设是在森林生态网络系统工程、全国绿色通道建设、城市绿地系统规划、城市绿道建设的基础上进行的深化，因此，我国生态网络的规划与研究更多的是在原有生态空间基础上，根据自身特点提出优化策略。优化策略主要集中在强化城乡绿地生态网络的系统性与完整性，具体包括生态源地、生态廊道、生态节点的建设和管控措施等（表2-14）。

表2-14　生态网络优化举措代表案例

名称	举措
《湖南省城市群生态网络构建与优化》（尹海伟等，2011）	①完善重要的生境斑块（重要生境斑块往往是区域内的重要生态节点，是区域内生物的重要源地，其数量和质量的提升对于区域内生态环境和生物多样性保护至关重要）。 ②增加斑块之间连接的有效性。 ③加快生态断裂点（裂点）的修复。 ④加强暂息地的规划建设。 ⑤加强与省域和大区域内重要生境斑块的连接
《上海市基本生态网络规划及实施研究》（郭淳彬、徐闻闻，2012）	①构建生态规划体系。 ②推进生态空间的建设。 ③加强生态空间的管控，如完善生态控制线、项目及功能的准入。 ④完善生态指标体系，如生态用地比重、森林覆盖率、建设强度、生态空间内建设用地比重等指标。 ⑤探索相关政策保障，如构建生态建设平台、运用开发权转移等激励方法

续表

名称	举措
《京津冀城市群生态网络构建与优化》（胡炳旭等，2018）	①在源地分布上，平原区域生态源地面积小、分布不均。研究区东南部重要大型生态源地较少，源地间廊道较长，应加强长距离廊道上生态源地的建设保护，提升区域景观连通性，在京津冀快速协同发展的背景下，应在北京东南部、廊坊及天津西部适当建立大型生态源地。 ②雄安新区的扩建将对白洋淀湿地综合生态服务功能影响加大，需重点加强白洋淀区域生态保护建设。 ③衡水湖是平原中心最大的生态源地，对周围生态综合服务水平最高，要重点加强白洋淀与衡水湖之间生态廊道的构建
《闽三角城市群生态网络分析与构建》（刘晓阳等，2021）	①加强对核心生态源地的保护力度。建议严格保护研究区内省级以上自然保护区、森林公园等生态源地的完整性，将其作为“生态绿心”，加强生态治理和环境保护力度。 ②增加自然、人工廊道的连通性。针对源地与廊道分布不均的现象，建议根据区域自然保护区、森林公园等的空间分布，在东南沿海增设自然、人工生态廊道，加强网络沿线的生态绿化建设，提升生态源地间的连通度，优化整体生态网络体系，并可通过建设生态控制带、生态功能区等措施来减少城市人类活动对生态网络建设的影响。 ③提升生态廊道规划的合理性。根据生态网络体系中源地与廊道的分级设置，严格保护Ⅰ级、Ⅱ级生态源地的完整性，优先建设Ⅰ级生态廊道，加强Ⅱ级廊道的保护，提升Ⅲ级廊道的连通度，更好地发挥与提升区域生态系统的服务功能

总之，虽然我国绿地生态网络的建设起步较晚，但是在欧美国家相对成熟的理论框架与实践经验的影响下，发展还是较快的，在建立具有中国特色的生态网络方面，目前已取得了一些可喜的成绩。

3

都市圈生态网络的组成与结构

3.1 都市圈生态格局特点

都市圈一般由一个大都市和多个大中小城市及小城镇组成，城市规模、等级和结构较为合理，城市功能较为完善。而中国的城市都是以行政区划为单元，资源配置和管理权限均以行政地域为载体，无论是城市规模扩大，还是基础设施建设，亦或社会福利分配，均以行政边界划分。当今中国的行政区划大多是古代流传下来的，在确定边界时，主要采取山川形便和犬牙交错两条相互制衡的划界原则。山川形便，是指以天然山川、河流等地理特征作为行政区划的边界。犬牙交错是为了克服山川形便带来的弊端，统治者有意识地采用跨自然地形来设置行政区划，使各个区域能深入对方区域内部，从而起到制约作用。由此，也就造成了我国各个城市的行政边界错综复杂的情况，尤其是地形与河流，这两个因素往往成为一个城市中边界形成的基础。当前，无论国内还是国外，都市圈都已经不是传统的行政区，而是现代的经济社会功能区，常常会跨行政区划，是区域一体化及同城化的主要地域，在核心大城市和其他中小城市之间，均保留了大量的农田和绿地。同时，由于我国的都市圈规模较大，面积大多数为30 000～60 000 km^2，因此，每个都市圈都面临着较为复杂的地理环境和多样的山水生态格局。

武汉都市圈地势较为平坦，以平原为主，兼有部分其他地貌，包括山地、丘陵和岗地，不同类型的地貌呈现南北对称的形态，而山地呈马蹄形分布。武汉都市圈的北部属于桐柏山山脉，东北部属于大别山山脉，而南部主要是幕阜山山脉，中西部则以开阔平坦的鄂东沿江平原和江汉平原为主，长江、汉江贯穿全境，总体形成了“一水两山三丘四原”的格局。

南京都市圈位于我国东南部的长江下游，在长江和沿海的交汇带，向东是长江三角洲，向西则是皖赣山区，南部为宁镇丘陵地区，北部临近江淮平原。长江干线贯穿都市圈整体，都市圈8个城市中有6个占据沿江港口和长江岸线的优势。南京都市圈整体的山水自然资源非常丰富，各个城市都倚江凭河、山水相依。南京都市圈主体水系由长江、大运河、洪泽湖与巢湖构成，此外，还有宝应湖、高邮湖等湖泊，这些水文条件在给南京都市圈提供优良水运条件的同时，也形成了独特的水文景观。

杭州都市圈位于浙北平原，由杭嘉湖平原和宁绍平原组成。这里自古交通便利，土地肥沃，经济富庶。地势低平，平均海拔3 m左右。地面形成东、南高起而向西、北降低的以太湖为中心的浅碟形洼地。平原上水网稠密，河网平均密度为 12.7 km/km 81,0 85 35为中国之冠。优越的自然地理环境，使得这里自古即成为人口聚集、经济繁华、城市发端之地，是中国历史上久负盛名的鱼米之乡，富甲天下。

成都都市圈地处长江上游，地形地貌丰富，区域西侧的龙门山、邛崃山是中国第一阶梯和第二阶梯的分界线之一，东侧的龙泉山是成都平原和东部丘陵的分界线，总体形成“两分山地、四分平坝、四分丘陵”的格局。区域内水系发达，包括岷江、沱江、涪江三大水系，为都江堰千年精华灌区的主要覆盖区域，生态资源禀赋优势突出。成都都市圈内龙门山与龙泉山之间的平原地区为都江堰灌区优质耕地集中分布区域，自古以来成都都市圈城镇空间在此扩张、聚集，近年来成都都市圈内的城镇化率增长较快，在龙泉山西侧已呈现出城镇空间连绵发展的态势，多层次、网络化的城镇格局初步形成。

长株潭都市圈地质环境好，河流众多，矿产资源丰富，森林覆盖率高，具有多种自然地理单元要素。长株潭都市圈东、南、西三面山地环绕，其中东面为湘赣交界诸山，南部为南岭山脉，西北有武陵山脉，西南有雪峰山脉，北部平原湖泊展布。该区域总体地势东西较高，中部较低，以丘陵、盆地和平原为主，适合城镇布局和发展。湖南省是全国水资源丰富区域之一，水资源分布以“一湖四水”著称，即洞庭湖、湘江、资江、沅江、澧水。长株潭都市圈的各个城市均在“一湖四水”的区域范围之内，其中一些城市具有自然保护区、森林公园，森林覆盖率比较高，为进一步提高城市品位和档次奠定了基础。

郑州都市圈地处中原腹地，气候温和，地跨黄河、淮河、海河三大水系，地势总体上呈现西部和北部高，东部和南部低。郑州都市圈西依巍巍嵩山，北邻连绵的太行山脉，东南面向辽阔的黄淮平原。其中郑州市横跨中国第二、第三级地貌台阶，西南部嵩山属第二级地貌台阶前缘，东部平原为第三级地貌台阶的组成部分，山地与平原之间是低山丘陵地带。郑州都市圈水资源丰富，绝大部分水系属于黄河与淮河水系，其中黄河由东向西贯穿了整个郑州都市圈。此外，郑州都市圈内围还分布着涡河、颍河、卫河等支流。

合肥都市圈地处长江中下游沿江长三角西端，是以皖江城市带合肥及芜湖为核心的经济区域带，地跨长江与淮河两大水系，西邻大别山山脉，东北邻滁河流域。合肥都市圈的地势总体上呈现西高东低。西南部为大别山区，平均海拔在 400 m 以上，其中大别山主峰白马尖海拔为 1 777 m，为区域最高高程；中部低洼平坦，以河谷平原和湖盆平原为主，平均海拔在 50 m 以下；东部多低山丘陵，属于江淮丘陵地带。合肥都市圈介于淮河和长江两大水系之间，湖泊众多，水网发达。

西安都市圈的地形地貌主要包括平原、黄土台塬、丘陵和山地等。其地貌特征主要表现为南高北低，且海拔相差悬殊，秦岭山地与渭河平原是西安地貌的主体。受秦岭、渭河走向控制，各种地貌均沿东西向延伸，南北向交替，呈明显条带状分布，等高线基本呈东西走向。西安都市圈水资源较为丰富，渭河从中横贯而过。此外，西安都市圈内还分布有黑河、涝河、沣河、灞河、浐河、石川河、泾河、潏河等支流。

都市圈是快速城镇化的典型区域，快速的城镇化过程使得城市需要不断向外扩展以寻求新的发展空间，从而导致土地利用结构发生显著变化。例如，京津冀都市圈在2000—2010年间，伴随产业升级与产业转移的快速发展，建设用地规模快速增长，高密度区县数量及其空间集聚性均呈显著上升趋势，呈现“中心—外围—边缘”的圈层式结构；景观格局的空间分散态势有所增加，各区县建设用地紧凑度指数较低。

都市圈建设用地迅速扩张，将周边的乡村、河流、山体等要素纳入城市范围，城市采取跨越式增长方式向外拓展，从而带来了城市空间形态分散化、破碎化的特征。可以说，破碎化是城镇化进程中景观格局演变的重要特征。例如，苏锡常都市圈位于长江三角洲入海之前的冲积平原上，包含了苏州、无锡、常州3个城市，其地形以水面、平原和丘陵为主，面积约为17 489 km^2。改革开放以来，该地区城镇规模迅速扩张，生态空间格局出现了明显的变化。区域中最大的农田斑块被城镇不断分割，农田基质不断退化，土地利用变化剧烈，导致其景观类型与结构复杂多样，2003—2018年间，绿色空间破碎度及复杂度增加，连通度降低。其他地区，如1980—2020年，粤港澳大湾区景观格局总体上呈无序、破碎化、不规则化的发展趋势；1995—2013年，长春都市圈绿地空间破碎化、离散化和复杂化程度加深，整体绿地空间具有集中分布与镶嵌分布的特征；北京近20年来的快速城镇化发展阶段，城市扩张，引起景观格局剧烈改变，其中最显著的变化是景观破碎化程度增加，而且城市扩张的距离效应对破碎化格局影响较大，破碎化与距离的变化特征表现出北京城市发展的“层圈结构”，分析表明，在距离城市中心点20～35 km范围内的城郊交错区景观破碎度指数最高。

进一步的研究表明，景观破碎化受到自然（如地形和地貌）、社会（如人口密度和道路建设）、经济（如财政收入和房地产开发）等因素的影响。尤其是在快速城镇化过程中，道路网络快速扩张对区域生态景观的分割、隔离、破坏等是导致生态景观过程与格局发生演变的重要原因。都市圈建设以同城化为方向，相较于传统大城市，都市圈具有发达的网络体系，包括基础设施网络、经济网络与信息网络等。其中，交通一体化是都市圈建设的前提。发达国家成熟的都市圈都具有良好的公共交通组织架构，如东京都市圈拥有全世界最密集的轨道交通网，其环形放射状布局已成为整个都市圈的交通骨架。在 2019 年发布的《国家发展改革委关于培育发展现代化都市圈的指导意见》中，首次明确了都市圈是以 1 小时通勤圈为基本范围的具体空间形态。2020 年 12 月，国家发展和改革委员会等单位发布的《关于推动都市圈市域（郊）铁路加快发展的意见》中，再次强调了积极有序推进都市圈市域（郊）铁路建设，为完善城市综合交通运输体系、优化大城市功能布局、引领现代化都市圈发展提供有力支撑。《中华人民共和国国民经济和社会发展第十四个五年规划和 2035 年远景目标纲要》还提出，建设现代化都市圈，以城际铁路和市域（郊）铁路等轨道交通为骨干，打通各类“断头路”“瓶颈路”，推动市内市外交通有效衔接和轨道交通“四网融合”，提高都市圈基础设施的连接性和贯通性。由此可见，超大、特大城市的都市圈均依托于多层次的轨道网络发展，通过综合交通枢纽与城市功能中心耦合布局和衔接互动，不断强化重要功能中心面向区域的辐射带动作用。然而，复杂的轨道网络割裂了都市圈均质、连续的空间形态和紧密相连的结构，降低了都市圈生态空间的整体性。高速公路、铁路等区域交通设施的建设，存在着占用耕地和基本农田、破坏生态植被、改变水系等问题，导致生物栖息地日益破碎化，景观之间的连通性不断降低。例如，1985—2015 年，高等级道路的修建、低等级道路的不断完善以及市内环路打通等，使得西安都市圈的路网逐渐完善，景观优势度下降，破碎化程度上升，整个都市圈的形状趋于规则化。在路网成熟的区域，建设用地面积较大，林地面积较小，且零星分布，破碎化程度较高；在道路结构简单的区域，林地聚集成片，聚集度较高，耕地、水域及滩涂在路网空间指数各等级影响域内均呈现破碎化状态，且形状较不规则。

目前，我国都市圈空间规划面临生态文明导向的政治逻辑转变和资源环境约束下的发展逻辑转变。而城市扩张和人类活动高强度地改变着区域生态空间的结构与功能，造成景观格局的破碎化和生境的碎片化。因此，规划区域生态网络，加强区域生态廊道和绿道衔接，形成对重点生态区域、流域的保护策略，有利于推动都市圈可持续发展。

3.2 都市圈生态网络的作用

过去几十年间，城镇化的“聚集效应”带给城市和乡村巨大的冲击，导致城乡区域地形地物、土地覆盖、生态环境发生骤变。而作为一种合理、有效的生态战略，生态网络通过科学的建构技术，有序连通城市内、外部地区零散的自然、半自然以及人工建设的生态空间，引导着城乡间的生态流通与交换，共同维系着城乡生命系统，抵抗生态风险，具有优化城市生态格局、阻止城市建设无序蔓延、维护生物多样性、提升都市圈生态服务功能与生态环境品质等作用，促进集约、高效的都市圈绿色增长模式的发展。

3.2.1 优化都市圈生态安全格局

都市圈建设的加速推进，在推动社会经济发展的同时，也带来一系列的区域环境问题，如绿地面积不断减少、景观破碎化严重、生物多样性降低、景观功能连通性差等，严重削弱了区域绿地的生态调控能力和高质量发展。目前，生态安全格局已成为缓解生态保护与经济发展之间矛盾的重要途径之一。生态安全格局统筹生态空间、生态过程、生态功能之间的关系，维护区域生态安全的基础空间框架，区域生态安全格局的有效构建和维护，有利于生态系统结构与功能的完整、生物多样性的保护、生态系统服务的维持等。

生态安全格局所关注的要素和结构主要是为维持生态系统健康及可持续服务的关键空间的点、线、面。例如，2021 年 7 月印发的《福州都市圈发展规划》提出，“共筑山海一体的生态安全格局。加强都市圈内外和陆海生态系统的联动，共同构筑两大山海生态屏障、七条流域生态廊道、六片重要生态功能区的生态安全格局”；2021 年 11 月印发的《成都都市圈发展规划》提出“构筑多层次、网络化、功能复合的‘一心一屏三网三环多片’生态空间格局”。

生态网络将生态系统要素之间的联系展示在图纸上，为生态安全格局的划定提供了空间显式框架。作为一种科学、合理、有效的城市生态战略和一种追求平衡的空间发展模式，生态网络的“源地识别—阻力面建立—获取廊道”构建模式为生态安全格局构建提供了技术手段和方法依据（图 3-1）。当前，生态安全格局构建大多采用“源地确定—廊道识别—战略点识别”的基本范式，通过组成的多层次和多类别的生态空间配置方案，减缓或消除人类活动带来的负面效应，促进生态系统健康、稳定和持续的发展。例如，在山东省威海市以生态保护重要性评价为基础，分析识别由“生态斑块+战略点+生态廊道”组成的生态网络体系，构建威海市生态安全格局。

生态安全格局考虑生态用地与生态过程、功能之间的关系，通过生态用地数量、位置及形态对关键生态功能的影响，识别关键的生态用地，是维护一个地区生

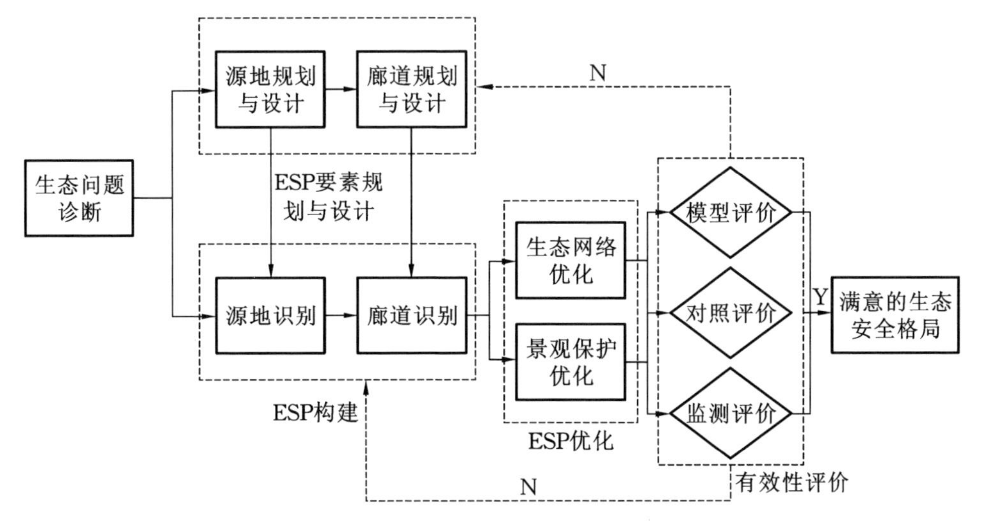

图 3-1　生态安全格局构建模型

（图片来源：杨凯，曹银贵，冯喆，等.基于最小累积阻力模型的生态安全格局构建研究进展［J］.生态与农村环境学报，2021，37（5）：555-565.）

态系统功能的基础空间框架，同时也为生态红线、生态修复格局等工作提供了重要的空间参考。

3.2.2　科学识别与划定生态红线

随着全球可持续发展、绿色环保、新城市主义、紧凑城市和精明增长等理念的提出，1990 年后全球掀起了一场生态运动，部分发达国家的都市区进行了生态统筹与空间管制，逐步开始探索空间增长边界对都市区空间结构的引导问题。 目前，我国都市圈面临着协同发展不足的问题，存在外围无序扩张、内部用地效率低下的现象。 而城市边界的无序蔓延和人类的过度活动，都会导致自然环境破碎化严重、生物多样性急剧丧失、城镇系统生态失衡、环境恶化等一系列生态问题。

生态保护红线是指在生态空间 范围内具有特殊重要生态功能、必须强制性严格保护的区域，是保障和维护国家生态安全的底线和生命线。

生态红线对于维护国家或区域生态安全及经济社会可持续发展具有关键作用，生态保护红线的划定是优化国土空间开发格局的根本，是中国生态环境保护制度的重要创新。 自 2012 年以来，在国家战略和国家政策层面上提出划定生态红线，提出生态红线是为了妥善处理当前城镇化建设过程中保护与发展的关系而划定的严禁建设开发并加以保护的生态资源界线。通过划定生态红线，可进一步保护重要生态功能区、生态敏感区与生态脆弱区用地，从根本上预防和控制生态环境恶化、生态系统功能退化等问题。2017年2月7日，在中共中央办公厅、国务院办公厅印发的《关于划定并严守生态保护红线的若干意见》中，指出生态保护红线是在生态空间范围内具有特殊重要生态功能、必须强制性严格保护的区域，是保障和维护国家生态安全的底线和生命线，通常包括具有重要水源涵养、生物多样性维护、水土保持、防风固沙、海岸生态稳定等功能的生态功能重要区域，以及水土流失、土地沙化、石漠化、盐渍化等生态环境敏感脆弱区域。同年5月27日，环境保护部与国家发展和改革委员会印发《生态保护红线划定指南》，为全国各省市生态保护红线划定工作提供指导。

可以说，我国生态保护红线的划定和管理工作刚刚起步，因此存在不少问题需要解决。特别是在生态保护红线的划定方面，《生态保护红线划定指南》要求，以构建国家生态安全格局为目标，在资源环境承载能力和国土空间开发适宜性评价的基础上，按生态功能重要性、生态环境敏感性，识别生态保护红线范围，并落实到国土空间，确保生态保护红线布局合理、落地准确、边界清晰。但是，此种划定方法忽略了生态空间的动态性、复杂性和系统性，对生态要素之间的流动与相互作用等过程认识不足，在保护方式上容易陷入静态保护的误区，导致划定结果形成各自孤立的、破碎的、不成系统的、空间连通性差的生境孤岛，无法进行生态红线的体系化保护和管控，使生态系统的整体效应难以发挥。

根据王云才等人的研究，绿地生态网络与生态红线区在功能、技术和实践层面具有相应的关联性和互补性，将生态网络构建方法引入生态保护红线划定中，可以以生态网络成熟的空间组织体系为基础，在空间结构上对生态红线的划定进行协助，整合各类土地资源，统筹城市发展与生态保护的需要（图3-2）。例如，在青岛市的生态红线划定中，将形态学空间格局分析（MSPA）和最小路径法等生态网络构建方法引入生态保护红线优化中，通过构建生态廊道和踏脚石连接破碎的生境，使之形成完整的景观和生物栖息地网络。

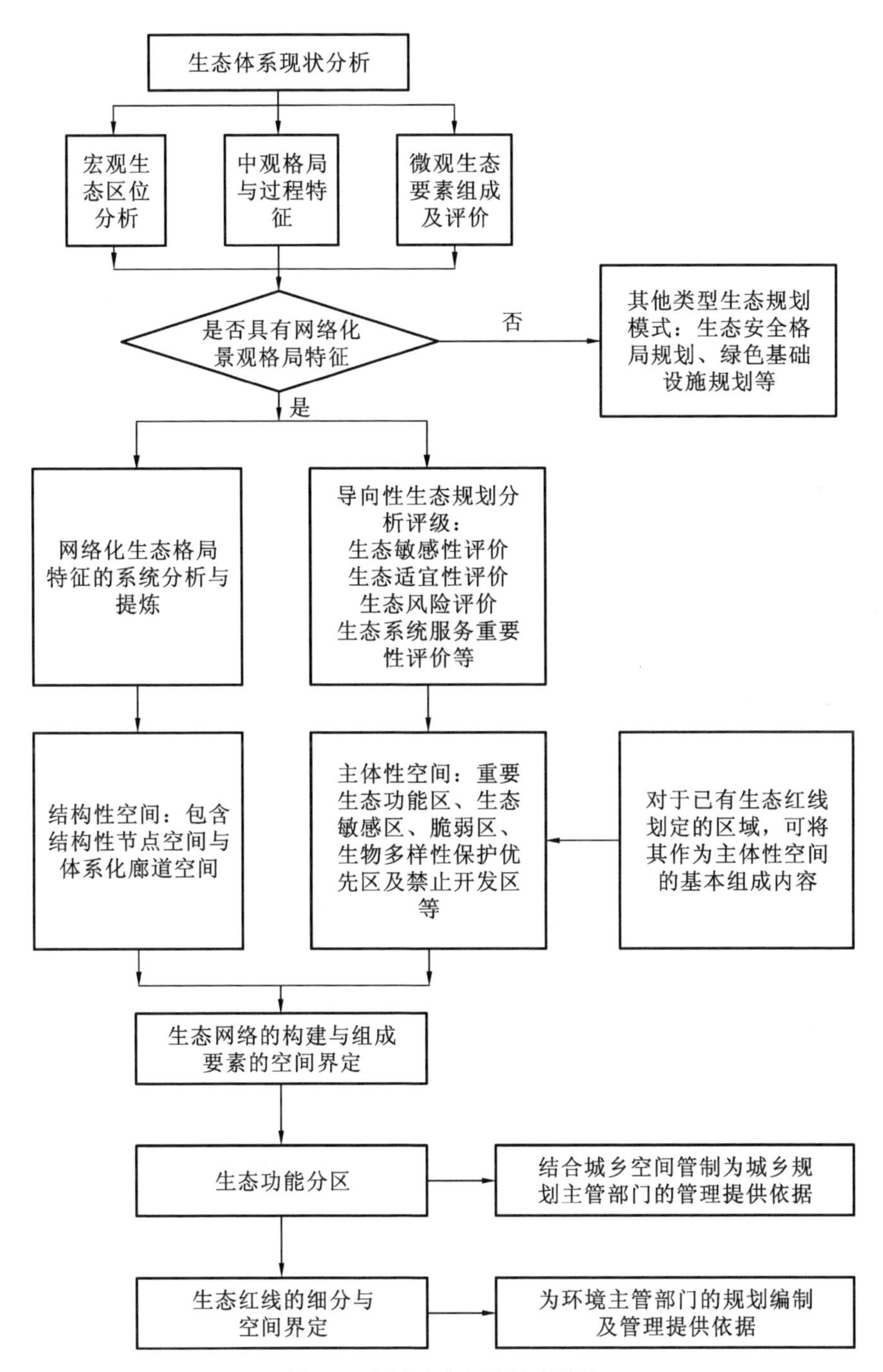

图 3-2　划定生态红线技术路线

（图片来源：王云才，吕东，彭震伟，等.基于生态网络规划的生态红线划定研究——以安徽省宣城市南漪湖地区为例[J].城市规划学刊，2015（3）：28-35.）

3.2.3 维护都市圈生物多样性

过去，都市圈建设是一个快速城镇化的过程，同时伴随着无序的建设用地扩张，这导致迁移廊道和生境斑块总生态系统服务功能价值降低，使自然生态系统的连续性和完整性遭到严重破坏，某些生境用地的生态过程缺失，间接影响了物种迁移、基因交流，从而严重威胁生物多样性。尤其是规模巨大、快速的城镇化建设导致的景观破碎化，已经成为许多生物灭绝的主要原因。因此，越来越多的生物保护学者逐渐将研究的重点从单纯的栖息地保育工作转变为恢复已破碎栖息地之间的连接，并且开始提倡通过规划和发展城市绿地生态廊道来维持和增加绿地的连接，促进基因流动、协助物种迁移。

2012 年 11 月，党的十八大报告提出“大力推进生态文明建设”的战略决策；2017 年，党的十九大报告提出“优化生态安全屏障体系，构建生态廊道和生物多样性保护网络，提升生态系统质量和稳定性”；2020 年 9 月，自然资源部办公厅印发的《市级国土空间总体规划编制指南（试行）》中提到，“明确自然保护地等生态重要和生态敏感地区，构建重要生态屏障、廊道和网络，形成连续、完整、系统的生态保护格局和开敞空间网络体系，维护生态安全和生物多样性”；2021 年 10 月，中共中央办公厅、国务院办公厅印发《关于进一步加强生物多样性保护的意见》，进一步明确了我国新时期生物多样性保护的总体目标和战略部署，其中，提出了“持续优化生物多样性保护空间格局”的要求，着力解决自然景观破碎化、保护区域孤岛化、生态连通性低等突出问题。

生态网络是耦合景观结构、生态过程和功能的重要途径，因此，生态网络的规划与建设对于保护生物多样性、维持生态平衡、增加景观连接度具有重要意义。在城市规划层面，我国城市生物多样性保护历年来多集中于城市绿地系统规划及园林建设方面，通过对园林绿地的位置、范围、面积等进行空间布局，并在绿化建设中丰富植物物种类型，来体现对城市生物多样性的保护与规划。然而传统的绿地系统规划偏重于绿地数量与面积的增长，缺乏对生物多样性提升的科学思考，很难体现规划对于生物多样性的全面保护与修复。

而对于都市圈这样宏观区域尺度的生物及其栖息空间系统规划，核心议题应该是生态网络体系的构建。例如，欧盟的“泛欧洲生物和景观多样性战略”提出建立跨欧洲的生物保护生态网络体系；荷兰则从 1990 年开始实施国家生态网络，通过主要自然保护区、自然复育区与生态走廊的“碎片重整”，将破碎化的生境整合起来。

在国土空间规划背景下，应通过构建生态网络来维持和增加生境的连接，保护生物多样性，增加生态斑块之间的相互联系，尤其是在物种丰富度较高的生物多样性保护优先区，构建生态网络可以促进区域物种的迁移和交流，保证其生境的连续性和完整性（图 3-3）。例如，在太行山片区的生物多样性保护优先区中，提出保护生态源地、对生态廊道分级、规划暂栖息地和修复生态断裂点等生态网络优化对策，为太行山片区的生物多样性保护提供科学的方法和建议。

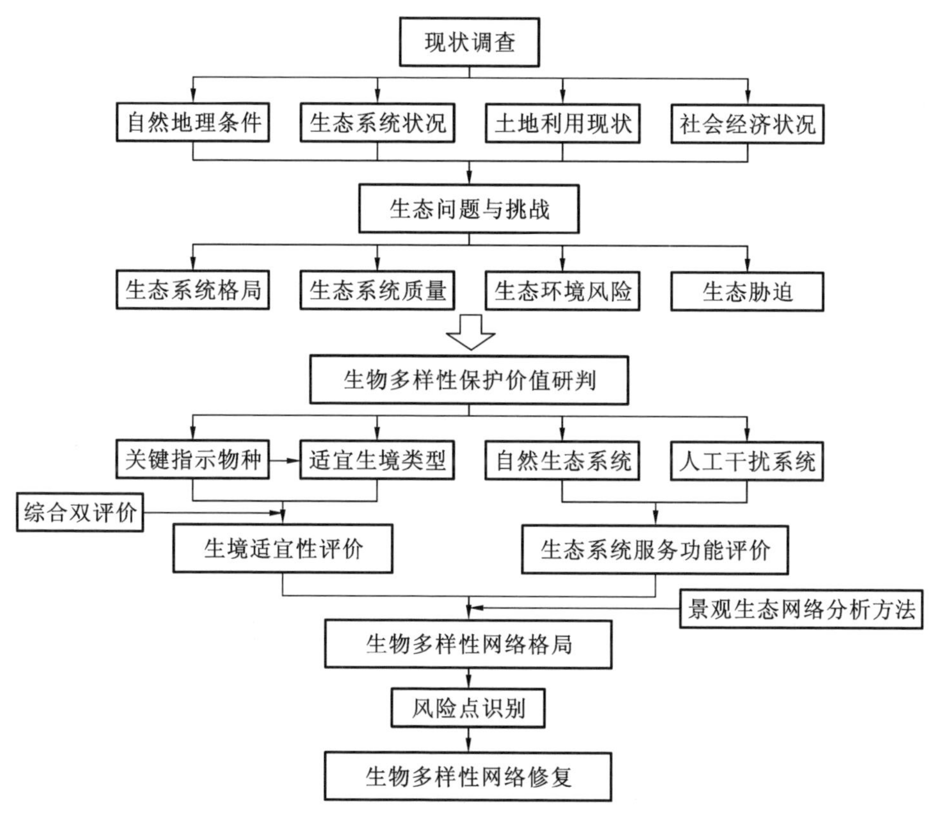

图 3-3　国土空间规划视野下城市生物多样性网络的构建方法与思路框架

（图片来源：费凡，吴婕，李晓晖，等.国土空间规划视野下基于指示物种“栖息—迁徙”过程的城市生物多样性网络构建与修复——以广州市为例[C]//中国城市规划学会.面向高质量发展的空间治理——2021 中国城市规划年会论文集（08 城市生态规划）.北京：中国建筑工业出版社，2021：490-499.）

3.2.4　支撑都市圈生态环境系统化修复

都市圈的建设是一个扩张和侵蚀城市周边农田、森林、湿地等自然空间的过程，其导致自然生态系统功能退化、结构失调，引发水土流失、生态恶化和环境污染等一系列生态环境问题。人类和地球上的其他生命可能正面临着前所未有的生存挑战，生态系统修复从未像现在如此迫切，修复受损退化的生态系统已成为全球倡议中一个紧迫的优先事项。

近年来，国土空间生态修复已经成为推进生态文明建设的重大举措，上升为国家战略工程。党的十九大报告提出的“构建国土空间开发保护制度”，使得国土综合整治与生态修复工作的目标和效益愈加多元化。2020 年 6 月 3 日，国家发展和改革委员会、自然资源部联合印发了《全国重要生态系统保护和修复重大工程总体规划（2021—2035 年）》，从国家层面对重要生态系统保护和修复工作进行了系统谋划。2020 年 9 月 22 日，自然资源部办公厅发布《关于开展省级国土空间生态修复规划编制工作的通知》，部署开展省级国土空间生态修复规划编制工作，统筹推进山水林田湖草一体化保护修复。2021 年 12 月，国家发展和改革委员会等部门印发《生态保护和修复支撑体系重大工程建设规划（2021—2035 年）》；2022 年 7 月，自然资源部发布《国土空间生态保护修复工程实施方案编制规程》（TD/T 1068—2022）。这些文件中均提出了遵循统筹“山水林田湖草是生命共同体”的系统治理思想，做到整体保护、系统修复和综合治理。

生态修复主要是对生态空间退化、受损和结构失衡的地区进行修复，而不是全方位、全尺度和全类型的修复。因此，快速识别生态修复的空间及其分类、分级才是生态修复工程的关键技术。相关研究也渐渐从传统的单一要素局部修复转向多元要素系统修复，主要集中在如何建立国土空间生态保护修复格局，提高生态空间的系统性和完整性，优化生态安全屏障体系，识别生态廊道、重要栖息地、废弃地等关键修复区域，分区、分类开展受损自然生态系统修复等。而生态网络是在一种开放系统中利用廊道使景观中各部分相互连接，形成一个空间和结构上紧密联系的网络体系，它能够将湿地、农田、林地及草地等生态系统有机结合，从而改变单一的保护和修复方式。同时，经典的生态网络构建范式可以为新时期的国土空间生态修复提供方法指引，可以通过研究区域的土地利用、生态服务和敏感性评价结果来识别区域的生态源地，然后根据 MCR 模型、重力模型与电路理论等，识别缓冲区、廊道和生态节点等其他组分，从而构建区域国土空间的生态修复安全格局。

目前，通过景观生态学的“格局—过程”互馈机理构建生态网络，并在此基础上划定生态保护修复分区，诊断生态断裂点、障碍区等修复关键区域，成为重要发展趋势。例如，焦胜等（2021）通过 MCR 模型、电路理论、移动窗口搜索法等，识别生态网络，并诊断人类干扰导致生态网络结构与功能受损的关键空间，得到生态源地修复优先区、生态廊道修复优先区和生态夹点修复优先区，从而有针对性地施策，消除或弱化人类活动对生态系统的负面干扰，技术路线如图 3-4 所示。

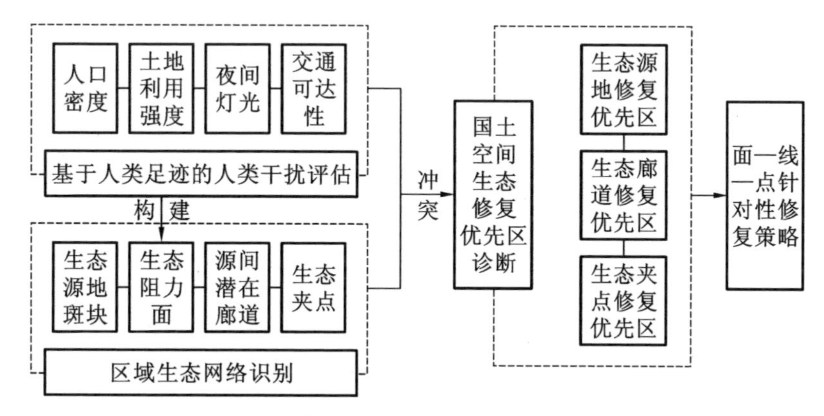

图 3-4　国土空间生态修复优先区诊断技术路线图

（图片来源：焦胜，刘奕村，韩宗伟，等.基于生态网络—人类干扰的国土空间生态修复优先区诊断——以长株潭城市群为例[J].自然资源学报，2021，36（9）：2294-2307.）

3.2.5　提升都市圈生态服务功能

都市圈的发展和扩张在带来经济发展的同时，也必定急剧地改变着区域景观格局以及生态系统的结构和功能，导致自然生态系统的支离破碎，并引发一系列城市问题，如大气污染、城市热岛效应、洪涝灾害突发、空气质量下降等，严重阻碍城市社会的可持续发展，并且影响人类的生存环境。

绿色基础设施作为自然生命支持系统，可减少对自然灾害的敏感性，有益于人类健康、野生动植物繁育及社会稳定发展，是解决快速城镇化下生态问题的重要途径。 自业界提出绿色基础设施的概念以来，经历了 20 多年的快速发展，绿色基础设施在人类活动干扰强烈的城市区域发挥着重要作用。 在宏观尺度上，绿色基础设施是国家的自然生命支持系统，承载水源涵养、旱涝调蓄、气候调节、水土保持、沙漠化防治和生物多样性保护等维护国土生态安全与国家长远利益的生态服务功能。 在中观尺度上，绿色基础设施是基础设施化的绿色空间，不同于传统的城市绿地系统，它具有广泛的缓解城市洪涝灾害、控制水质污染、恢复城市生境、提高空气质量和缓解城市热岛效应等基础性生态服务功能，同时提供游憩、审美、文化与精神启发等层面的人居环境服务。 在微观尺度和技术层面，绿色基础设施是以绿色技术为手段对场地进行人居环境综合设计，以恢复、完善生态系统服务功能。

绿色基础设施的核心理念在于将自然区域和其他开放空间组成相互连接的生态网络，以一种与自然环境发展相一致的方式来寻求土地保护与发展并重的模式，它通过廊道、网络中心、站点的空间模式来维系和恢复生态过程。

绿色基础设施在构建方法上基本包含五大类，即基于传统生态学的“千层饼”模式相加法，基于景观生态学的廊道连通性评估法，运用形态学空间格局分析（MSPA）法提取绿色基础设施要素，依据廊道和枢纽构建绿色基础设施网络法，以及通过“生态绩效法”构建绿色基础设施网络。其中，第三种方法的理论模型建立在生态网络模式的基础上，通过 MSPA 选取核心区，运用 GIS 建立“最小费用距离”模型，构建阻力面、识别潜在廊道，最终模拟最优绿色基础设施格局。此种方法具有易操作、数据量少的特点，被广泛使用。例如，刘颂、何蓓（2017）以苏锡常地区为例，通过 MSPA 法识别区域绿色基础设施构成要素，提取出核心区、节点和廊道，形成初步的区域绿色基础设施网络骨架，提出苏锡常地区的区域绿色基础设施“四纵三横一核十环”的基本网络结构（图 3-5）。

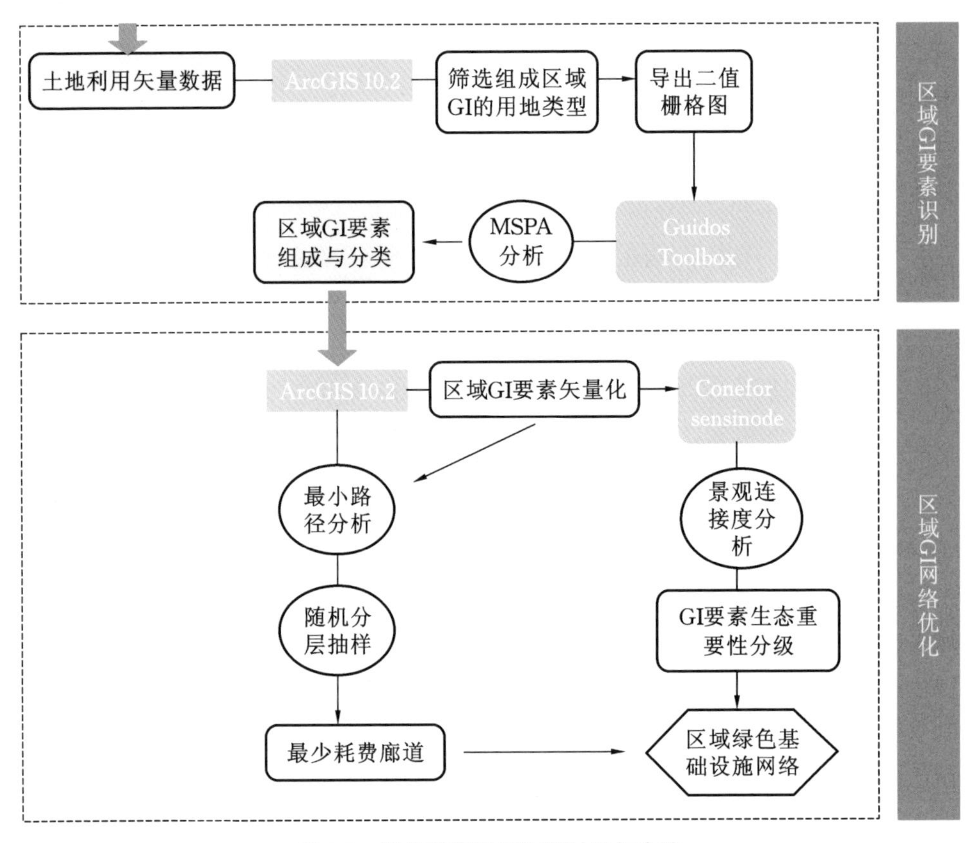

图 3-5　绿色基础设施构建过程与方法

（图片来源：刘颂，何蓓.基于 MSPA 的区域绿色基础设施构建——以苏锡常地区为例[J].风景园林，2017（8）：98-104.）

3.3　都市圈生态网络的组成与结构

生态网络是一种网络化的生态空间组织形态，是以生物保护为核心，以具有生态功能的绿地与人工空间为载体，组成的“生态源地—生态廊道—生态节点”网络结构体系。 它通过线性生态廊道将区域内点状、面状等各种类型的生态斑块（如森林、农田、公园、水域、湿地等） 纳入其中，构建一个自然、高效、多样且具有自身调节作用的网络结构体系，来维持研究区内生物多样性、景观完整性、生态系统动态性等。

当前，在国土空间规划体系改革的背景下，生态网络的构建需要具有层次，要求各生态空间系统具有明确的等级结构。 同时，国外生态网络城市实践的经验也是采用等级系统的方法，针对不同层级的特点，运用不同方法、按照不同深度分层次进行生态网络规划，从宏观到微观，不断落实、具体化，同时注重各层级之间的联系衔接。

因此，理想的都市圈生态网络，应该是空间上的一个多尺度、多层次、相互连接的绿色网络结构。 都市圈生态网络可以分为 2 个或 3 个层级。 例如，刘晓阳等在《闽三角城市群生态网络分析与构建》一文中，将生态源地、生态廊道分为三级，并根据生态网络体系中源地与廊道的分级设置，分别提出了不同的优化策略，即“严格保护Ⅰ级、Ⅱ级生态源地的完整性，优先建设Ⅰ级生态廊道，加强Ⅱ级廊道的保护，提升Ⅲ级廊道的连通度”。

不同尺度的生态网络在空间结构和功能上应该是镶嵌的、匹配的，这样才能真正保护生物多样性，改善区域生态环境，实现区域可持续发展。 在区域尺度层面上，生态网络是都市圈的生态屏障和自然生命支持系统，主要侧重于保护国土及区域生态格局，维护大尺度生态过程；在城市尺度层面上，生态网络是基础设施化的绿色空间网络，不同于传统的城市绿地系统，它具有广泛的缓解城市洪涝灾害、控制水质污染、恢复城市生境、缓解城市热岛效应等基础性生态服务功能，同时提供游憩、审美、文化与精神启发等层面的人居环境服务。

3.3.1　生态源地

生态源地是物种扩散和维持的景观斑块源点，源地的内部同质性和外部扩张性促成其作为物种扩散和维持的自然栖息地，对维持生态系统结构、功能、过程及给人类提供福祉具有重要作用。

生态源地在生态网络中具有多样的功能与作用，不仅可以为物种生存提供适宜的生境，成为该物种栖息、繁衍和交流的场所，而且栖息的物种或储存的物质和能量数量较大，若某一源地具有适宜的生境、地形地貌或物理环境条件，景观中的生物流和物质流就会向该处流动。同时由于生态源地的景观类型多为林地、草地和水域，因此生态源地发挥着生态系统主要的生态服务功能，例如减缓城市热岛效应、滞尘净气、净化水质污染、营造局部小型微气候等，也具备提供以自然为依靠的休闲场地、改善生活环境质量等社会价值。

都市圈生态网络层面的生态源地，往往是由都市圈内具有重要的生态服务功能、生态敏感性较高且连续分布的面积较大的自然生态开敞区组成，例如大型山体的森林覆盖区、大型湖泊水面、城市郊野大型自然保护区、风景名胜区、郊野公园、生态恢复绿地、防护绿地等，一般位于城市建成区的外围、边缘的大型生态空间，对区域生态系统的稳定起决定性作用（表 3-1）。例如，李欣鹏等（2020）在《区域生态网络精细化空间模拟及廊道优化研究——以汾河流域为例》一文中，就参考了《山西省主体功能区规划》《山西省森林资源地图集》等专题资料提取的自然保护区、风景名胜区、森林公园、地质公园、湿地保护区及生态保护红线的空间分布范围，最后将自然保护区、森林公园、地质公园、湿地保护区、风景名胜区及生态红线范围等区域确认为源地，最终得到 117 个源地；丁宇等（2019）在《粤港澳大湾区生态功能网络构建及对策》一文中，结合生态格局特征，将自然保护区、省级以上风景名胜区、森林公园、地质公园和香港郊野公园等关键生态要素作为生态源地。

表 3-1　都市圈生态源地类型

名称	用地分类
超大型生态空间	国家公园、自然保护区、风景名胜区、地质公园、水库、河流、湖泊、滩涂等，以及湿地保护区、水源涵养林、生态公益林、水土保持林、防风固沙林、生态修复绿地、生产绿地等
大型城郊生态空间	郊野公园、森林公园、湿地公园、野生动植物园、各类防护绿地、旅游景区、文化遗产地等
大型城市生态空间	各类大型公园绿地、滨河公园、绿化隔离带

生态源地的特点是较脆弱、敏感，它是面状的空间实体，一般包含核心（保护）区和缓冲区。世界自然保护联盟曾将缓冲区定义为国家公园或保护区以外的地区，在那里资源利用受到限制，政府采取特殊的开发措施来提高地区的保护价值。缓冲区可以通过塑造渐变的自然环境，控制和维持核心区域周围的景观要素和生态过程，避免邻近地区的人类活动对核心区内受保护的动物和植物群落造成一系列的非生物和生物干扰。生态源地的核心区等级越高，周边人为活动越多，需划定的缓冲区面积也就越大。

从生态网络角度的结构属性来看，生态源地的面积、形状、空间格局对维持区域生态过程与功能具有决定性作用，其中生态源地的面积是根本性指标。Linehan等的研究把目标种的最小生境面积作为生境斑块保护的临界值；而 Hinsley 等则确定生境面积0.1 km^2是野生动物保护的临界值，认为斑块面积大于0.1 km^2时内部物种才能受到很好的保护，生境斑块面积越大，越有利于陆生物种的生存。从都市圈的角度来说，生态源地是区域范围内物质、能量甚至功能服务的源头。生态源地的最小阈值应能保证现有动植物种群自我维持以及生态系统保持完整，同时能够为动物迁徙提供足够的栖息地和食物。因此，都市圈生态源地的面积应控制在1 km^2以上。

生态源地形状是另一个重要指标，从景观生态学角度理解，相同面积的斑块，圆形斑块与正方形斑块比矩形斑块的内部边缘面积比大，而狭长斑块则有较小的内部面积和较长的边缘。一般可以通过计算生态源地形状指数（landscape shape index，LSI），即生态源地的周长与面积之比，来定量描述，该指数主要反映现状生态源地对区域景观中物质扩散、能量流动和物质转移等生态过程的影响。指数越大，表示生态源地形状越复杂，与外界联系越密切，内部生境越稳定。

3.3.2 生态廊道

在生态网络中，生态廊道能够将不同生态源地相连，是网络中重要组成部分，发挥着维护生态网络稳定性的作用。最初，美国保护管理协会从生物保护的角度出发，提出“生态廊道”的定义是“供野生动物使用的狭带状植被，通常能促进两地间生物因素运动”。潘竟虎等（2015）认为，廊道是与两侧的生态系统变化有显著区别的线状或带状生态单元，具有通道和阻隔的双重作用，强烈影响景观生态过程。在2022年7月发布的《国土空间生态保护修复工程实施方案编制规程》（TD/T 1068—2022）中，生态廊道被定义为“为保持或恢复有效的生态连通性，长期治理和管理、明确界定的地理空间”。

在景观生态学意义上，廊道的功能主要有作为生境和传输通道，以及起过滤和阻抑、源或汇的作用。而在生态网络中，生态廊道则是生态网络的骨架，是生态源地之间的连接，是能量和物质流动的载体，是保持生态流、生态过程、生态功能、能量在区域内连续和连通的关键生态用地，具有保护生物多样性、过滤污染物、防止水土流失、防风固沙、调控洪水、固碳释氧等生态服务功能，同时有的生态廊道还兼具历史文化价值和游憩价值，为人们提供娱乐休闲空间，助力旅游。

在形态上，生态廊道是指不同于其周围景观基质的线性或带状景观，一般是由植被、水体等生态性结构要素构成。生态廊道一方面作为障碍物隔开景观的不同部分，另一方面作为通道将景观中不同部分连接起来，有利于物种在“源”间及基质间流动，其结构特征对一个景观的生态过程有着强烈影响。因此，可以说连通作用是生态廊道最主要的特征，生态廊道不仅加强了生态网络整体的协调性、统一性，也提高了系统的稳定性和抗干扰能力，使得生态网络各个组成部分共同分担风险，从而有效保障生态安全和改善生态环境。

在类型方面，朱强等（2005）根据生态廊道的不同功能及景观结构的差异，将其划分为线状生态廊道、带状生态廊道和河流廊道三种类型，线状生态廊道是指全部由边缘种占优势的狭长条带，带状生态廊道是指有较丰富内部种的较宽条带，河流廊道是指河流两侧与环境基质相区别的带状植被；车生泉（2001）依据城市绿色廊道的特征和作用，将其划分为绿带廊道、绿色道路廊道和绿色河流廊道；宗跃光（1999）将城市景观廊道划分为人工廊道和自然廊道，其中人工廊道主要是指高速公路、轻轨铁路和地铁干线等交通道路，自然廊道是指自然或人为形成的河流、植被景观带等；李静等（2006）从功能方面将生态廊道划分为自然型生态廊道、娱乐型生态廊道和文化型生态廊道三类；王越等（2017）、张远景等（2016）认为，生态廊道可以分为显性和隐性两类，显性生态廊道包括在地表景观中常见的河流、水系、道路绿带、林带等生态用地，隐性生态廊道不能直接识别，是信息交流、物种迁移的潜在生态廊道；郑好等（2019）将生态廊道划分为生物多样性保护型廊道、水资源保护型廊道和景观建设型廊道。

在生态网络的结构中，生态廊道通常是人类干预自然的结果，如带状公园、滨河绿道、道路附属绿地、防护林等，天然廊道较少。生态廊道按照生态功能和作用的不同，分为道路型、河流型和绿带型（表 3-2）较为合理，实用性强。

表 3-2 生态廊道分类

类型	特征
道路型廊道	一种人工廊道，是指在铁路、高速公路、轨道交通、国道、省道、城市快速路等道路两侧建设的防护绿地。其给人类活动带来便利的同时，也造成了生境破碎、阻碍生物流等生态问题
河流型廊道	由河流及河流两侧一定范围内的生态空间构成，包括河道、河漫滩、滨河林地、堤坝、部分高地及河流的地下水系统，具有控制水流和营养流的功能
绿带型廊道	除去道路廊道和河流廊道，由自然或半自然的植被构成的带状结构，有促进野生动物迁徙和物种交流的生物廊道，也有各类保护带和防护隔离带，例如防风林带、高压走廊绿带、城市组团隔离带、通风廊道、卫生隔离带等

生态廊道本身具有宽度、曲度、长度和质量等属性。首先，宽度对廊道生态功能的发挥具有重要影响。生态廊道的宽度由保护目标、植被情况、廊道功能、周围土地利用、廊道长度等多个因素决定，合适的廊道宽度应该根据对廊道主要生态过程的研究来确定。常见的廊道宽度从几米到几百米不等，其中，3～12 m 宽的生态廊道只能基本满足保护无脊椎动物种群的需求，100～200 m 宽的生态廊道适宜保护鸟类、保护生物多样性，大于 600 m 的生态廊道可基本满足中等及大型哺乳动物的迁徙需求。根据相关文献研究，一般廊道宽度的临界值为 7～12 m。我国《城市绿地分类标准》（CJJ/T 85—2017）中提出，带状游园的宽度宜大于 12 m。一般认为，廊道宽度越大，环境异质性越强，生物物种多样性越丰富，因此廊道宽度越大越好。同时，生态廊道需要一定的缓冲区，其作用是限制廊道周边区域人类大型建设活动的干扰。例如，张桂红（2011）通过对河流生态廊道的曲度、宽度和连通性等方面进行研究，提出河流廊道河岸缓冲带宽度的最小阈值是 10 m。生态廊道的曲度对景观中的物流、能流起着重要作用。曲度常用廊道中两点间的实际距离与直线距离之比来表示，可以定量分析源地间廊道结构、物种移动速度和廊道合理性。一般来说，廊道越直，距离越短，物种移动速度越快。另外，廊道长度和质量是影响生态廊道有效性的重要因素。诸葛海锦等（2015）指出，过长的廊道（长度超过 100 km）若沿线及周边少有重要核心区辅助连接，则容易因距离阻力或人为干扰而与其他核心斑块分离，导致利用效率低下。

从生态网络的结构来看，生态廊道还涉及数量、连接度、闭合度、环度等描述网络复杂度的重要指标。在满足基本功能要求的基础上，生态廊道的数量通常被认为越多越好。连接度指斑块通过廊道、网格连接在一起的程度，其用生态网络中连接廊道数与最大可能连接廊道数的比值来表示。从生态安全的角度来说，连接度高的廊道比连接度低的廊道生态系统更稳定。闭合度指生态网络回路出现的程度，反映了物种在穿越生态网络时扩散路径的可选择程度。环度是指生态网络中独立环路的实际数与生态网络中存在的最大可能环路数的比值。

在尺度方面，国际上绿色生态廊道的空间尺度呈现出层级特征，发生了从微观的具体设计到宏观的战略规划，从地方、区域到国家甚至洲际尺度的变化。如 Ahern（1995）根据空间尺度将生态廊道划分为市级廊道、省级廊道、地区级廊道、国家级廊道。在我国生态廊道的实践中，逐渐开始了从城市尺度的生态廊道升级为区域尺度的生态廊道。区域生态廊道依附于道路绿化、带状公园或者防护林等形成，通过连接区域内部大面积的绿地或生态斑块，重组破碎的自然空间，实现城乡景观一体化。

3.3.3 生态节点

生态节点是指在生态网络发挥生态效应的过程中起关键作用的节点，一般是生态功能最薄弱处，对控制景观生态流具有至关重要的意义。根据生态节点在生态网络中的位置、功能等，可以把生态节点分为生态战略点、生态断裂点和踏脚石（表 3-3）。

生态战略点分两种：一种是生态廊道间的交汇点；另一种是生态廊道上生态功能最薄弱处，即在构建生态源地综合阻力面时，最小路径与最大路径的交点，此处是生态环境建设中应重点建设的关键位置，对强化生态廊道意义重大。

纵横交错的道路网会将景观格局切割成破碎的生境斑块，阻碍物种在生态源地间的迁移和交流，使得连续的廊道网络产生一定的生态间隙，不利于物种的交流扩散，因此形成了生态断裂点，即生态廊道与研究区的主要交通道路网的交叉点。

踏脚石是物种在迁移过程中临时栖息的小生境斑块。距离较长的廊道和不相连的生境斑块之间，以及破碎度高的景观内部，需要一定面积的踏脚石斑块作为短暂栖息场所。增加踏脚石的数量并利用踏脚石来降低斑块间的距离，有利于提高物种在迁移过程中的频率和成功率。

表 3-3 生态节点类型

类型	位置	特征
生态战略点	生态廊道间的交汇点	此类区域为多种生态信息交汇处，生物种群丰富，又能为长距离迁移的物种提供良好的暂栖地
	生态廊道与最大成本路径的交汇点	处于生态环境脆弱的地区，且容易遭到破坏，对于源地之间的连通性以及流动程度具有决定意义
生态断裂点	生态廊道与主要交通道路网的交叉点	生态廊道中人类活动较频繁、机动车流通较多的地段，在生物迁移的过程中造成阻碍，使景观功能受损
踏脚石	位于距离较长的廊道和不相连的生境斑块之间，以及破碎度高的景观内部	供物种迁移过程中临时栖息的小生境斑块，可以作为生物迁移的中间站和休憩地，能有效提高栖息地间物种的扩散交流能力

在组成上，生态节点可以是具体的景观斑块或类似功能斑块的中心。例如，刘照程等（2017）将生态节点分为园地、耕地、水域、林地、建设用地等类型。李延顺等（2020）将生态节点分为养殖池、建筑、林地、水域和耕地等类型。

生态节点具有和生态源地类似的空间形态；在规模和形状方面也具有与生态源地类似的要求；在规模上，如果面积太小则不足以发挥生态效应，无法作为独立的景观单元。战略型生态节点的规模由产生节点的廊道宽度所决定，廊道越宽，节点面积越大，生态节点的连接效应越强。因此，生态战略点往往具有最大的影响范围，由核心区和缓冲区组成，某种程度上起到生态源地的作用；生态断裂点和踏脚石规模较小，但是仍然具有一定影响范围，前者以疏通生态廊道、保护生态网络为目的，后者以提升生态流传递效率为目的。

生态节点的数量、质量及分布状况都影响着整个生态网络的循环运转，可以通过生态节点密度定量评价节点分布状况。生态斑块的密度反映了某一分级的生态节点在单位面积中的生态斑块数量（个/km^2），指数越大，代表节点密度越高，生态网络连接效应越强。

生态节点连接的生态源地、生态廊道的功能和等级不同，会导致生态节点对生态网络的重要性程度存在一定的差异。按照生态廊道的等级划分生态节点的等级，常常分为重要节点和一般节点，生态节点的等级越高，越有助于其生态效应的发挥。

4

都市圈生态网络的构建方法

4.1 生态网络的构建原则

生态网络的构建是保障城市生态空间安全的重要措施，对维持城市生态系统正常运转和生物多样性的保护具有重要意义。生态网络的规划与建设在空间规划中日益得到认可。欧洲生态网络曾经提出了构建生态网络的五项基本原则：网络必须包括对与生物或景观相关的多样性的保护具有重要意义的场所；网络必须确保生态过程的持续和领土的连续性；保护网络必须包含在土地规划中；保护网络必须促进可持续发展；为确保保护网络的有效性，需要一个合适的法律框架作为支撑。这五项基本原则对生态网络的内容、作用、规划地位及法律保障等进行了明确的界定，也为生态网络在欧洲多个国家的规划和实施制定了参照准则。汲取国外生态网络的实践经验，针对我国都市圈的情况，在生态网络的构建中，应遵循科学性、协同性、系统性、连续性、结构性、实效性等原则，实现都市圈内各生态要素在时间、空间上的高度融合与功能、效益上的有机联动。

4.1.1 科学性原则

构建一个理想的生态网络是一项精细复杂的工作，它需要整合圈内较大面积范围内的各类生态资源，统筹社会经济发展、土地、资源、生态保护及城乡发展需要，构建结构合理、功能完善、系统稳定的城市生态空间格局。因此，都市圈生态网络需要摆脱以往靠经验或定性分析进行规划的方式，在定性研究与定量分析的基础上，根据都市圈立地和自然条件的特殊性，融合景观生态学、保护生物学、风景园林学、城乡规划学、生态学、林学和地理学等多学科的理论方法。首先要收集系统、全面、准确、科学的资料，保证数据的真实可靠。其次，在进行现状分析时，应科学、客观地评价生态要素的优势与限制因素。最后，在构建过程中，通过 3S 技术构建数学模型，进行地理、地质、生态、植被、水文和文化资源等方面的定量分析，为生态网络规划提供科学支撑。

4.1.2 协同性原则

一直以来，强化区域生态环境共保共治，共同维护区域生态基底，是都市圈生态建设的主要宗旨。都市圈是一个经济活动高度密集的区域，会对城市外围的生态环境产生高强度干扰，从而引发跨城市、跨区域的生态环境问题。因此，合理布局生态空间，将城市内外部地区零散的、自然的、半自然的及人工建设的生态空间进行连通，提高区域生态环境质量，进行城乡一体化协同建设，这些将成为都市圈经济社会可持续发展的重要支撑。

在构建生态网络时，要立足于城市非建设用地下的广域生态视角，整合区域各种自然、人文资源，加强城乡联系，促进生态网络与城乡空间结构相匹配，重视城市外围大范围自然生态系统的保护和完善，不断优化城市内部绿地格局，从而构建一个有利于维系区域生态平衡的城乡一体化生态网络。从生态机能的角度，各生态要素的关联引导着城乡间的生态流通与交换，共同维系着城乡生命系统、抵抗着生态风险且维持着动态平衡。

4.1.3 系统性原则

我国的各类城市规划与建设大多按照行政边界划分，这使得各地的生态空间往往很孤立，没有形成网络系统，影响了区域整体生态功能的发挥。一个区域的生态功能能否发挥最大效能，取决于其是否具有完整的自然生态系统，而且这个自然生态系统内部的物质代谢、能量流动和信息传递关系，也不是简单的链或者环，而是一个环环相扣的网，其中源地、廊道、节点各司其能、各得其所。

因此，需要从系统整体性的思维出发，统筹“山水林田湖”各要素，营建“点—线—面—网”的生态网络体系，注重整体性和内部子系统间的协调性，以结构的完整性促进功能的完整性，最终形成相互串联、相互支撑的脉络体系，维持城市生态系统功能与服务的完整性，构建人与自然和谐共生的现代化都市圈生命有机体。

4.1.4 连续性原则

都市圈建设用地的蔓延扩展导致城乡之间自然生态区域被开发建设所蚕食，生态绿色空间的孤岛现象较为严重。而生态网络由生态空间及其之间的连线组成，这些连线系统将破碎的自然系统和景观部分连接起来。这种连续的自然生态空间能够容纳更加多样的生物并因生物之间的交流作用保持生态活力，是一种解决物种和栖息地保护问题的可行性措施，对于维持生态系统稳定性和完整性具有重要意义。

因此，强化都市圈生态网络的连续性应是生态网络规划建设最基本的前提，是实现区域生态持续健康发展的保障。都市圈生态网络在构建时，应注重自然要素之间的有机联系，以生态廊道为纽带，将碎化、隔离、零散的自然资源和生态斑块整合为相对完整的绿色空间系统，进而建立生态功能的有机联系，以提升生态空间的整体生态效益。

4.1.5 结构性原则

生态网络具备功能-结构双重复合的系统特性。目前，构建多层级的绿地生态网络成为大多数都市圈生态规划的目标。区域绿地的多样性特点决定了生态网络的复杂性，不同等级的生态要素对于城乡生态网络功能的实现和影响差异很大，所以应重视生态网络规划时绿地空间的结构和布局。

首先，应在都市圈原有生态空间现状的基础上，统筹全要素，因地制宜地植入“带”“环”“心”“楔”和“网”等形态，生成最适合的生态网络结构模式；其次，充分重视城乡生态网络的层级性，形成覆盖全域的“区域—市域—县域”三个层级，三个层级的生态廊道互相连通，共同形成立体化的生态网络；最后，要注重和加强生态网络各个层级的衔接性，以消除生态网络中各个层级之间的不统一，使其保持最大限度的协调与一致。

4.1.6 实效性原则

实效性原则主要是要求加强可操作性，逐步提升城乡生态网络在城市总体规划和城市景观塑造中的地位及作用。满足实效性首先应做到因地制宜，生态网络的构建应结合都市圈自身的生态条件，充分考虑历史、水文、气候、物种、植被及人文等各种因素，尊重现存的自然生态特征，以河流、湖泊、山脉、防护林带等为规划起点，尽可能地通过网络化发展将线性要素和自然区域连接起来，并建立在多种需求的基础上。其次，应保证生态网络规划的前瞻性，结合上位规划、国土空间规划、自然资源利用规划等城市发展要求，使得整个系统能够与城市的社会、经济发展相统一，发挥对城市建设边界的控制作用、重点区域的生态修复指导作用、生态敏感区域的保护保育作用等。最后，倡导部门协作和较为广泛的公众参与，协同全社会各行业、各部门、各阶层共同参与，合理采纳意见，真正推动生态网络规划的科学编制与有效实施。

4.2 生态网络数据的分析与评价

4.2.1 数据来源

构建生态网络需要的数据从不同的角度可以分为遥感数据、栅格数据、矢量数据、位图数据和其他数据，也可以分为自然数据、生态数据、经济数据等，或分为影像数据、大地信息、矢量与其他数据等大类，具体包括表 4-1 中的详细数据。

表 4-1 生态网络常见数据来源表

数据名称	数据来源
行政区划图	国家基础地理信息中心官网、各市自然资源和规划局官网、地理国情监测云平台
土地利用/土地覆盖变化数据	地理空间数据云官网、美国地质勘探局官网、地理国情监测云平台、中国科学院资源环境科学与数据中心官网
高程数据	地理空间数据云官网
交通数据	OpenStreetMap 官网、全国地理信息资源目录服务系统官网、国家基础地理信息中心官网
水系数据	国家基础地理信息中心官网、国家地理信息公共服务平台官网
归一化植被指数（NDVI）	中国科学院资源环境科学与数据中心官网
VIIRS/DNB 夜间灯光数据	NOAA 官网、中国科学院资源环境科学与数据中心官网、中国科学院遥感与数字地球研究所官网
自然保护区、风景名胜区数据	中国生态系统评估与生态安全格局数据库官网、《全国自然保护区名录》、《中国湿地保护行动计划》
气象数据	国家气象科学数据中心官网、中国科学院资源环境科学与数据中心官网
土壤数据	世界土壤数据库官网、中国科学院资源环境科学与数据中心官网
不透水表面指数	中国科学院资源环境科学与数据中心官网
上位规划数据	自然资源部官网、各市自然资源和规划局官网
社会经济数据	各类统计年鉴

以上数据大多需要进行预处理。比如，在地理空间数据云网站获取的 Landsat

OLI 影像，需要利用遥感图像处理软件 ENVI 对影像进行波段合成、图像增强和几何校正处理，选择最大似然监督分类法对遥感影像进行目视解译。而夜间灯光数据，需要剔除云层反光和暂时性光源（火灾、闪电等）的干扰，经校正处理重采样为 30 m 栅格数据。经过预处理的数据可以用来推演用地类型，为 MSPA 提供作图基础，推演地形、坡度等信息，为 MCR 模型提供阻力材料等。

4.2.2 土地利用分析

土地利用/土地覆盖变化（LUCC）是地表系统最突出的景观之一，是当前土地变化科学和景观生态学研究的热点和前沿问题，并被广泛认为是全球生态环境变化的主要原因之一。土地利用是人类依据一定的社会经济目的，改造和利用土地资源以获取生产生活资料的活动。人类各种社会活动的加剧对土地覆盖和景观格局产生了剧烈的影响。随着城镇化进程的加快，土地利用形式渐趋复杂。都市圈建设最显著的特征之一就是建设用地的扩张与蔓延，与此同时，灰色基础设施的大规模建设使得城市景观格局破碎化、区域生物多样性降低和生物物种灭绝，导致生态日益恶化、生态系统价值不断降低和城市的可持续性下降。因此，深入研究土地利用及其格局变化的特征、时空规律等，对构建生态网络、促进土地资源的合理利用、保障区域生态安全等方面的研究均具有重要意义。

基于网络开源数据，可以获得土地利用不同时期的遥感影像图，通过 ENVI 软件对遥感图像进行预处理，包括遥感影像的校正、拼接和裁剪。一般图像分类采用监督分类与目视解译相结合的方法，在分类方面根据研究目的不同而不同。例如，朱凤等（2020）将徐州市中心城区土地利用类型分为耕地、林地、河流湖泊、坑塘沟渠、湿地、绿地、建设用地、交通用地和其他用地九类，同时，结合实地踏勘并对照 Google Earth 高分影像进行精度检验。李晟等（2020）将洞庭湖区划分为林地、灌丛、园地、草地、水田、旱地、水域、建设用地、未利用地。

进行都市圈的土地利用分析，有利于摸底生态资源，为后期生态源地的识别、生态格局优化策略的制定提供依据。例如，汤姚楠等（2020）经过土地利用状况分析，发现徐州市的大片森林、城市绿地、城郊湿地、废弃矿区宕口生态修复的大型山水绿地与不少采煤塌陷的湖泊湿地，以及河湖水域，不仅使得生态系统服务价值明显增长，也为徐州作为徐州都市圈核心城市、淮海经济区中心城市，以及大都市的绿地生态网络建设奠定了高起点、高标准的发展基础。齐松等（2020）发现袁州区土地利用类型中，水域和草地在全区中所占比重较小，林地资源总量最高，且集中分布在袁州区的南、西、北三面；耕地分布较为零散；建设用地相对集中分布，各乡镇的建设用地布局小且分散；未利用地占比很小，表明袁州区土地资源具有较高利用程度，但后备土地资源不足。

4.2.3 景观格局演变分析

目前我国都市圈的建设进程中，各类城市扩张所引起的土地利用/土地覆盖变化方式的改变，引发景观格局的强烈变动，生物生境也因城镇化而呈现高度的破碎化，进而影响生物多样性格局和生态系统服务。因此，都市圈生态网络的建设有必要进行景观格局演变分析，这样不仅可以揭示都市圈景观演化规律，而且可以为后续制定城市生态网络优化策略提供科学依据。

景观格局分析是运用数学、景观图论和地理学方法对景观特征进行定量测量的一种方法，通常采用计算景观格局指数的方法来定量评价景观格局演变的时空规律。景观格局指数是指能够体现出景观格局的空间配置和结构等基本信息的定量指标，选择合适的景观格局指数可以描述景观的空间构成、景观过程和功能之间的关系，分析景观的变化趋势。

景观格局指数可以分为单一斑块指数、斑块类型指数和景观指数三大类（表 4-2）。单一斑块指数是计算其他景观指数的基础，但它对了解整个景观结构的意义不大；斑块类型指数与斑块密度和空间相对位置有关，对描述和理解景观中不同类型斑块的格局特征具有较重要的意义；而景观指数对理解和评价整个景观结构的意义很大。

表 4-2　常见景观格局指数及其生态学意义

景观格局指数	缩写	生态学意义
斑块密度	PD	表征研究区域内各类斑块的数量，其值越大，景观破碎化越严重
斑块类型指数	PLAND	某一斑块类型的总面积占整个景观面积的百分比，通常可帮助确定景观中的优势元素
最大斑块指数	LPI	最大斑块面积占整个景观面积的比例，可综合反映景观中斑块的集中程度和优势类型
斑块聚合度指数	AI	表征了斑块之间的连接性，其值越大，表明斑块内部的连接度、聚合度越高

续表

景观格局指数	缩写	生态学意义
景观形状指数	LSI	反映斑块形状的复杂性和规则性，一般来说其值越大，说明斑块与外界进行能量交换的面积越大
蔓延度	CONTAG	描述景观中不同斑块类型的聚集程度，其值小，则斑块面积小，离散程度高
香农多样性指数	SHDI	表示景观复杂程度，其值大，说明景观类型呈均衡化分布

景观格局指数常常采用 Fragstats 软件进行计算。景观格局指数可表征区域景观斑块的复杂程度及异质性，能够较为全面地描述区域生态安全格局的规模、破碎度及分布情况。而学者们经常根据研究目的的不同选择不同的景观格局指数，如表 4-3 所示。

表 4-3　景观格局指数的应用范例汇总

《基于景观分析的西安市生态网络构建与优化》（梁艳艳等，2020）	斑块类型指数、斑块密度、景观形状指数、斑块聚合度指数、香农多样性指数、景观均匀度指数、分离度指数、景观连接度指数
《闽三角地区城镇空间扩张对区域生态安全格局的影响》（张瑾青等，2020）	斑块类型指数、斑块密度、最大斑块指数、景观形状指数、斑块聚合度
《长三角城市群景观格局变化分析——以上海市、苏州市、杭州市为例》（邓倩等，2019）	斑块类型指数、斑块密度、边缘密度、香农多样性指数、景观均匀度指数
《长株潭城市群景观格局时空变化分析》（李博等，2018）	斑块类型指数、斑块密度、景观形状指数、景观平均最小距离、香农多样性指数、斑块聚合度指数
《快速城市化背景下广西典型城市景观空间格局动态比较研究》（梁保平等，2018）	斑块密度、最大斑块指数、斑块类型指数、斑块聚合度指数、斑块分形指数
《北京市近二十年景观破碎化格局的时空变化》（付刚等，2016）	斑块个数、斑块面积、景观形状指数、景观连接度指数、分维度指数、斑块聚合度指数、景观均匀度指数

因此，在生态网络构建中，对研究区域进行景观格局演变分析不仅可以定量分析现状问题，而且可以为后续的生态源地、生态廊道和生态节点的建设提供参考。例如，梁艳艳、赵银娣（2020）通过计算景观格局指数，发现西安市的建设用地、草地、未利用地破碎度相对较高，林地、耕地景观破碎度较小，聚合度较高，西安市北部连接度低于南部连接度，进而提出通过新增生态源地、踏脚石建设及断裂点修复对生态网络进行优化。

4.3 生态源地的识别方法

国外学者多以具体目标物种为基础搭建生态网络，而我国学者主要是基于“识别源地—构建阻力面—提取廊道”研究范式来构建生态网络。因此，生态源地的提取是构建生态网络的基础和关键。在具体操作层面上，生态源地的筛选方法有很多种，存在较大差别，但大致可以归纳为四类，即直接认定法、形态学空间格局分析法、指标评价法和综合识别法（表 4-4）。

表 4-4 生态源地识别方法汇总表

名称	识别方法
直接认定法	根据研究区的自然生态特征，选取自然保护区、风景名胜区、森林公园、大型湿地等重要生态空间，再依据面积、物种丰富度、生态红线等提取
形态学空间格局分析（MSPA）法	通过腐蚀、膨胀、开闭运算等识别出区域内的核心区、孤岛、孔隙区、边缘区、桥接区、环道与支线共七类景观，将核心区作为生态源地
指标评价法	以生态系统服务价值、生态敏感性、生态系统服务重要性等作为依据，构建综合评价指标体系，选取符合条件的重要生态用地作为生态源地
综合识别法	从景观连通性、生态系统服务功能及生境质量等方面综合分析，通过景观格局指数、空间聚类分析、空间叠加分析等方法识别具有重要生态功能的斑块作为生态源地

直接认定法，一般会选取现有的生态服务价值较好的绿地、风景名胜区、水域、林地或自然保护区作为生态源地，也包含城市周边生境较好的自然斑块，以及植物园、大型公园等城镇绿地。由于生态源地应具有一定的规模，才能保证生态功能的稳定发挥，因此生态源地的筛选会根据研究范围的大小限定生态源地的面积阈值。例如，尹海伟等（2011）根据研究区的自然生态特点，将自然保护区、森林公园、湿地公园、地质公园、大型湿地、大型林地等确定为重要生境斑块。然后根据重要生境斑块的面积大小、物种多样性丰富程度、稀有保护物种的种类与丰富程度、空间格局分布，选取16个大型生境斑块作为区域生物多样性的源地。李富笙等（2018）选择面积在0.5 km^2以上的城市绿地、湿地、风景名胜区、林地和河流水体等作为研究区的生态源地。不过，直接认定法虽然较为简单，但是存在一定程度上的主观性。

近年来，MSPA法被广泛用来识别生态网络中的生态源地。此方法是基于土地利用栅格数据，在进行土地利用重分类后提取林地、湿地、水域等自然生态要素作为前景，其他用地类型作为背景，然后导入Guidos Toolbox软件中，通过腐蚀、膨胀、开启、闭合等数学形态学的运算序列，将前景按形态分为互不重叠的七类（即核心区、桥接区、环道区、支线、边缘区、孔隙和岛状斑块），从像元层面识别出景观连通性高的生态区域作为生态源地，是定量识别生态源地的一种方法，使得生态源地的选取更具科学性。例如，沈钦炜等（2021）依据MSPA法识别、筛选出10个核心区作为生态源地。

为了避免提取生态源地时存在主观性，当前使用MSPA法识别生态源地的同时，往往引入景观连通性指数。景观连通性指数是描述廊道、网络或基质在空间上如何连接和延续的一种测定指标。在操作中，一般通过Conefor软件计算可能连通性指数（PC）、整体连通性指数（IIC）、斑块重要性指数（dPC）等，可以获得更为准确的生态源地重要性程度，也可以由此判定生态源地的等级。例如，郑群明等（2021）选用PC和dPC两个景观指数筛选生态源地，最终获得50个生态源地，并将生态源地分为3个层次，即dPC≥6为一级生态源地，1≤dPC<6为二级生态源地，0.1≤dPC<1为三级生态源地。在计算景观连通性指数时，如何确定最佳距离阈值，跟研究对象的尺度有很大关系。例如，梁艳艳、赵银娣（2020）选取面积大于0.3 km^2的核心区斑块作为景观连通性评价对象，连接性阈值为1 000 m，连通概率为0.5，进行景观连接性评价，最终选择面积大于1 km^2且dPC>0.5的斑块作为生态源地。

指标评价法主要是以生态系统服务价值、生态敏感性、生态系统服务重要性等作为依据，构建综合评价指标体系。由于生态源地一般是区域中具有较高生态系统服务价值的斑块，是生态系统服务流动和传递的源头，因此基于生态系统服务的重要性分析及生态环境敏感性评价也是识别关键生态源地的常用方法。生态系统服务重要性评价选取有关土壤保持、水源涵养、生物多样性维持、固碳释氧、防风固沙、水土流失等方面的指标，而生态环境敏感性评价多选取植被覆盖度、高程、坡度、土地利用类型、土壤侵蚀强度等指标作为评价因子。例如，周小丹等（2020）首先将《江苏省生态红线区域保护规划》中的生态红线区域作为重要生态源地；其次，通过测算研究区生态敏感性与生态服务功能重要性评价确定源地区域，从水体质量退化、土壤环境破坏、大气环境敏感、生态用地减少、建设用地胁迫角度选取了 15 个三级评价指标，通过层次分析法和专家打分法综合确定指标权重，进行生态敏感性评价。其中，生态服务功能重要性评价参考谢高地等学者提出的“中国陆地生态系统单位面积生态服务价值当量表”，分别对不同生态系统的气体调节、水源涵养等生态功能进行评估，在 ArcGIS 中分别选取生态敏感性与重要性均在江苏省前 5% 的区域，作为生态源地补充。

通过构建综合指标体系识别生态源地是当前研究的新趋势，很多学者综合上述多种方法进行新的探索。李晟等（2020）从生态系统服务功能、潜在生物多样性、形态空间格局的角度综合评价和识别生态源地。其中，生态系统服务功能包含土壤保持、洪水调蓄、气候调节、固碳释氧、水源涵养、水质净化等六项功能。利用综合指数法对潜在生物多样性进行评价，并借助形态学空间格局分析法对斑块重要性进行评价，最终将累积值占区域内所有栅格评价累计总值 20% 的生态系统服务重要区、潜在生物多样性保护热点区、形态空间格局重要区进行融合处理，得出研究区绿地生态网络的源地。

总体来说，生态源地的识别目前还缺乏统一标准。从一开始较为简单的直接认定法发展到构建复杂的评价体系，评价体系的组成大多由各研究者根据自己的研究目标来设定不同的筛选标准。而且，生态源地的识别越来越重视景观连通性，从生态网络的角度来讲，良好的连通性有利于生物多样性的保护和生态系统稳定性、整体性的维护。

4.4 潜在生态廊道的提取方法

生态廊道是生态流在生态源地间运行的高速通道，生态廊道的构建有利于将各类生态源地纳入生态网络，对维持生态系统的稳定性和保障生态安全至关重要。生态廊道分为现状廊道和潜在生态廊道。现状廊道是依托现状河流、铁路和各级道路的植被带构建的线性生态空间，其发挥了减缓水土流失、提高生物丰富度、去掉污染物、调控自然生境等生态服务功能。潜在生态廊道是区域内能发挥生态功能、提供生态系统服务的潜在区域，其对生物流、能量流、信息流的扩散过程具有重要作用。对潜在生态廊道的提取是构建生态网络的重要内容。潜在生态廊道的提取方法众多，常见的有网络分析法、适宜性评价、电路理论和 MCR 模型等，其中，以源于图论的 MCR 模型应用最为广泛。

MCR 模型是计算物种从生态源地运动到目的地的过程中耗费最小代价路径（least cost path，LCP）的模型，它最早由荷兰生态学家 Knaapen 等于 1992 年提出并用于景观格局优化，后经俞孔坚修改得到式（4-1）：

$$\mathrm{MCR} = f_{\min} \sum_{j=n}^{i=m} (D_{ij} \times R_i) \tag{4-1}$$

式（4-1）中，MCR 表示最小累积阻力值；$f_{\min}$表示区域中任一点的最小阻力与从该点到所有生态源地的距离和景观单元阻力值的正相关关系；D_{ij}表示关键种从生态源地 j 到空间某一点所穿越的某景观单元 i 的空间距离；R_i表示景观单元 i 对关键种运动的阻力系数。虽然函数通常是未知的，但（$D_{ij} \times R_i$）的累积值可以作为衡量关键种从生态源地到空间某一点的易达性程度的指标。

MCR 模型可以有效计算生态流在不同阻力面之间流通所需克服的阻力，阻力面的阻力越大，生态能量流通的难度就越大，将相邻生态源地连接的累积阻力最小的路径提取出来即为潜在生态廊道。MCR 模型是基于 GIS 平台，运用 ArcGIS 软件中最小代价路径模块以及空间数据多层叠加法，综合地形地貌、人类活动等多种因素模拟源地之间的最小成本路径，具有数据需求量少、数据结构简洁、要素拓展性强、运算快速、可以达到空间上的可视化等特点。而且，采用 MCR 模型生成潜在生态廊道还具有生态源地间的生成廊道不会穿过其他生态源地和所有的生成廊道不会交叉两个特点，因此，在构建生态网络上具有很大优势，应用广泛。

MCR 模型构建的一般步骤：选取生态源地—构建阻力面体系（包含阻力因子、赋值、权重）—生成最小成本路径—获得潜在生态廊道。由此可见，阻力表面的确定是 MCR 模型建立的关键。阻力面的设定常常根据研究对象、研究目的和研究区生态格局实际情况选取不同的阻力因子。由于物种在水平空间运动时需要克服不同景观表面的阻力，而不同用地类型对物种水平空间运动的促进或阻碍程度各不相同，因此用地类型是最常用的阻力因子，其他常见的阻力因子还有高程、坡度、距水域的距离、植被因子（NDVI）等。当前，更多的学者考虑了人类活动对阻力值的影响，加入了距道路的距离、距建设用地的距离等人为因子。例如，汪金梅等（2020）选取了土地利用类型、海拔、坡度、距建设用地和矿区的距离、距生态源地的距离、归一化植被指数作为阻力面层，并按照 1、3、5、7、9 分为五级进行赋值。侯宏冰等（2020）根据地形因子（高程、坡度）、植被因子（NDVI）、水文因子（MNDWI）、景观格局分布、密度因子（居民点、道路、水网）8 个要素构建阻力面体系。

合理设置景观阻力值是判断模型优劣的关键。不同阻力值赋值方案会对生态廊道模拟结果产生重要影响。目前，由于各阻力因子间的关系较为复杂，难以定量评价，因此国内外关于阻力值的确定还没有统一的方法。当前主流的方法是根据专家经验进行阻力赋值，具有一定主观性。阻力值不是绝对值，只反映阻力的相对大小、物质能量和信息向外扩散的难易程度。取值范围也根据研究目的的不同而不同，取值范围有 1～9、1～100 或 1～500。一般采用五级制阻力分值。分值越高，表示物种在扩散过程中受到的阻力越大，物种穿越所需成本越高；阻力值越低，越有利于物种的移动穿越，物种往往会选择阻力小的表面进行移动穿越。阻力值最大的往往是建设用地等用地类型。

对阻力因子进行赋值以后需要进行加权叠加计算。权重的确定方法有层次分析法、熵权法、经验赋值法、空间主成分分析法等。经过加权叠加得到的最终综合阻力面往往按自然断裂法进行判别分析和类型划分，通常划为 5 个等级，即低阻力区、较低阻力区、中等阻力区、较高阻力区、高阻力区。

由于土地用途的多样性及生态过程的复杂性，近年来，应用不透水表面指数或夜间灯光数据对 MCR 模型进行修正成为重要趋势。其中，不透水表面指数能够对城市生态状况和总体建设格局进行有效度量。夜间灯光数据可以较好地表征城镇化水平、经济状况、人口密度、能源消耗等人类活动因子，能够真实地反映人类活动对生态阻力造成的干扰，经常被用来修正 MCR 模型。例如，刘晓阳等（2021）为了有效提升廊道模拟的准确性与合理性，首先根据经验值获取基本阻力面；其次选取夜间灯光数据用以表征人类干扰程度，并使用此数据对基本阻力面进行修正；再次借助 ArcGIS 空间分析中的 Distance 模块，通过 Model Builder 建模后进行迭代运算，依次模拟两两源地之间所有的最小成本路径，共获取 1 980 条潜在廊道；最后将所有廊道进行空间叠加合并，去除重合度达 95% 以上的重复路径，最终模拟的潜在生态廊道共计 990 条。

生态廊道是不同层级和尺度的带状生态空间。MCR 模型能够科学地判定生态廊道的位置，但是无法辨别出生态廊道的重要性和等级。因此，有学者结合重力模型对廊道的重要性进行定量分析，原理是利用重力模型计算生态源地间的相互作用矩阵，从而定量评价生态廊道间的相互作用强度，用式（4-2）表达：

$$G_{ij}=\frac{N_iN_j}{D_{ij}^2}=\frac{\left[\frac{1}{P_i}\times\ln(S_i)\right]\left[\frac{1}{P_j}\times\ln(S_j)\right]}{\left(\frac{L_{ij}}{L_{max}}\right)^2}=\frac{L_{max}^2\ln(S_iS_j)}{L_{ij}^2P_iP_j} \tag{4-2}$$

式（4-2）中，G_{ij}为斑块 i 与斑块 j 之间的相互吸引力；N_i与 N_j分别为斑块 i 与斑块 j 的权重值；D_{ij}为斑块 i 与斑块 j 之间潜在廊道阻力的标准化值；P_i和 P_j分别为斑块 i 和斑块 j 的阻力值；S_i和 S_j分别为斑块 i 和斑块 j 的面积；L_{ij}为斑块 i 与斑块 j 之间潜在廊道的累积阻力值；L_{max}为研究区内所有廊道累积阻力最大值。

当源地间的相互作用越大时，表征源地间物质、能量、信息等交流的阻力越小，该源地所起到的作用越大，且与其直接相连的生态廊道也越重要。另外，基于重力模型，还可以消除潜在生态廊道的冗余性，剔除相互作用较弱的重复廊道，选取相互作用较强的重要廊道，为后续生态廊道的保护与建设提供更切实可行的方案。例如，陈德超等（2020）基于重力模型计算生态源地间的相互作用矩阵，剔除重复廊道，最终得到 105 条潜在廊道，并将相互作用强度大于 100 的廊道作为极重要廊道，相互作用强度为 20～100 的作为重要廊道，相互作用强度小于 20 的作为一般廊道。郭家新等（2021）基于重力模型对生态廊道进行分级，并将生态引力大于 150 的廊道作为一级廊道，共计 59 条；将生态引力为 10～150 的廊道作为二级廊道，共计 161 条；其他廊道作为三级廊道，共计 215 条。

近年来，电路理论被逐步运用于生态网络的识别。电路理论于 2006 年由

Mc Rae 提出，该方法把景观看作一个导电表面，把复杂景观中的物种或生态流看作一个随机游走者，利用电阻、电流和电压来分析整个生态过程，电流的强弱表示物种或生态流到达目标斑块时通过某条路径的概率。相比于 MCR 模型，电路理论结合了随机游走理论，可以显示廊道冗余度，可以通过电流的强弱判断生态源地和廊道的相对重要程度等信息，因此逐渐被应用到国内外生态网络的构建中。例如，宁琦等（2021）基于电路理论，先借助 Circuitscape 软件对南宁市 3 个年份的生态网络进行构建与重要性计算，输出代表景观连通性程度的电流密度图。后运用 Linkage Mapper 中的 Linkage Pathways 功能生成源地之间承载生态流与能量流的低阻力生态通道，形成潜在的总体生态网络格局。电路理论可以较好地表现生态流的随机游走特点，因此适用于具有随机迁移习性的物种。另外，电路理论虽然能够评价研究区的生态流动状态，但是由于计算量巨大，只适用于小尺度的生态廊道模拟。

总体来说，MCR 模型由于能较好地模拟地物景观对水平空间运动进程的阻碍作用，并且具有构建方法简单和要素可拓性强等优势，已经被大量学者用于潜在生态廊道提取、生态安全格局构建、土地适宜性评价、城市扩展边界划定、生态红线界定等方面的研究，并且其在阻力因子的选取、阻力值与权重的确定等细节方面也已经日趋成熟。

4.5 生态节点的判定方法

在生态节点判定上，依据生态节点的不同内涵和作用，有着不同的识别方法。生态战略点是对景观生态过程起到关键性作用的地段，一般位于生态廊道的相交点或转折点。位于生态廊道相交点的生态战略点比较容易识别，属于“廊道—廊道”型节点；位于生态功能较脆弱的区域，基于 MCR 模型中的累积阻力面进行，利用水文学分析方法提取累积阻力面中的山脊线，山脊线与生态廊道的交点即廊道中生态阻力最大处为生态战略点，属于“廊道—山脊”型节点。例如，王雪然等（2022）将最小路径交叉处和最大路径与重要生态廊道交叉处均作为重要生态节点，在 ArcGIS 中通过对阻力面进行“山脊线”和“山谷线”的分析，提取重要生态节点 79 个，一般生态节点 22 个。

由于生物在迁移过程中受到铁路、道路的影响，即生态廊道与路网的交点会出现生态断裂区，局部生物流动过程受到影响，阻碍生物的迁移过程，降低生物迁移的存活率。因此，生态断裂点的判定往往通过选取铁路、高速公路和国道等道路矢量数据与潜在廊道网络相叠加，其交叉点即为生态断裂点。例如，李欣鹏等（2020）通过分析最小成本距离与国道、省道、铁路之间的交点，识别生态断裂点，为生态廊道修复和道路建设提供参考依据。陈小平、陈文波（2016）结合研究区建设用地分布图和高速公路、铁路及国道等交通道路分布图，识别研究区生态网络中存在的断裂点，共识别了区域中 26 个生态断裂点，并提出通过一些工程措施加以改善，如建立地下通道、天桥等，以减小动物迁徙过程中的死亡率。

踏脚石虽然是小生境斑块，但其作用不可估量，其数量、质量以及分布都将影响物种迁移过程。踏脚石的选取方法较多，往往会综合考虑生态源地的空间分布特征、生态廊道的密度和长度等因素(表 4-5)。

表 4-5　踏脚石选取方法汇总

文献来源	选取方法
《佛山市生态网络构建及优化》（沈钦炜等，2021）	对于廊道较长、形成断头路、廊道交点处生物迁移量较大的问题，在潜在廊道交点处、辐射道和规划廊道连接处增设踏脚石斑块 13 个
《贵阳市生态网络分析》（李富笙等，2018）	在距离较远且单一生态源地搭建生态踏脚石等，使其能够与其他生态源地连接起来，对于一些原有的自然生态用地构建隔离带加以保护
《基于景观格局和连接度评价的生态网络方法优化与应用》（刘骏杰等，2019）	在目标种栖息地相距较远的情形下，通过观测山体植被特征、岩洞分布和石壁上粪便痕迹的方法，有针对性地筛选出 12 块岩溶石山作为该生态网络连接的踏脚石
《基于形态学空间格局分析法和 MCR 模型的乌鲁木齐市生态网络构建》（哈力木拉提·阿布来提等，2021）	在生态源地断层区域设置踏脚石，可以增加源地及物种之间的能量流通，消除断层带来的负面影响，从而促进生态系统良好发展

近年来，伴随着电路理论被逐步运用于生态廊道的提取，生态夹点（pinch point）的概念代替了生态节点，其表示生态廊道上的“瓶颈点”。电路理论借鉴物

理学电路原理，将研究区视作电阻/电导值空间分异的导电表面，生物在研究区内的流动被视作电荷在导电体表面的随机游走，其定向游走产生电流，而生态夹点就是廊道中电流高度密集的区域。一般利用 Circuitscape 软件的 Pinchpoint Mapper 模块，选择“all to one”模式迭代运算，得到廊道电流强度并提取研究区生态夹点。例如，宁琦等（2021）借助 Circuitscape 软件生成电流密度，赋予每个源地节点 1 A 的电流值并设置廊道成本加权宽度为 10 000 m，最后遴选电流密度大、处于廊道瓶颈点与窄点地带且具有较强不可替代性的斑块作为生态夹点。生态夹点区域是对水平生态过程起关键作用的景观组分，其替代路径极少或不存在，因此，需要优先考虑生境保护或修复。

由于生态网络是一个复杂的多层级体系，因此生态节点重要性的判定也是非常重要的中间环节，其不仅可以提升节点覆盖率和网络连通度等，也有利于后期优化措施的制定。例如，陈小平、陈文波（2016）将研究区生态节点划分为两个等级：一级生态节点为一级生态廊道与一级、二级生态廊道的交点，二级生态节点为二级生态廊道与二级生态廊道的交点及二级生态廊道的重要转折点。刘祥平等（2021）通过节点中心度和聚集度来综合反映节点的重要程度，利用层次分析法和熵权法将节点的重要性值分为 4 级，其中，1 级节点和 2 级节点被认为是网络的高重要性节点。节点的重要度越高说明该节点在网络中与其他节点之间的联系越紧密，网络中重要度高的节点的数量越多，说明网络本身的拓扑结构越好。

总体来说，目前生态节点识别方法较多，其中，位于生态廊道薄弱处的节点获得了较多的关注。

4.6 规划步骤

目前我国构建生态网络，主要是采用基于格局与景观连接度指数结合模型进行模拟的方法，即利用景观生态学和形态学空间格局分析来识别生态源地，以 ArcGIS 为技术支撑，采用 MCR 模型提取区域生态源地间的潜在生态廊道，结合重力模型对生态网络内斑块的重要性进行分级，从而构建区域的生态网络空间，以此来反映和分析生态网络中景观格局、空间特征、结构模式等问题。

生态网络构建的经典路线可以概括为三个步骤（图 4-1）：首先，基于目标源数据，利用景观格局指数分析区域生态用地空间特征，进而分析生态用地存在的问题，并评估区域生态用地景观指数综合分值；其次，基于形态学空间格局分析识别生态源地，基于构建土地利用、高程、交通等阻力因子的源地扩散最小累积阻力面，利用成本路径分析得到区域潜在生态廊道、识别生态节点，采用重力模型对廊道进行排序，生成区域生态网络；最后，基于景观格局分析及生态网络优化结果，综合构建目标区域的生态安全网络。因此，生态网络构建可以总结为三个阶段（图 4-2），即数据处理阶段、分步构建阶段、优化分析阶段。

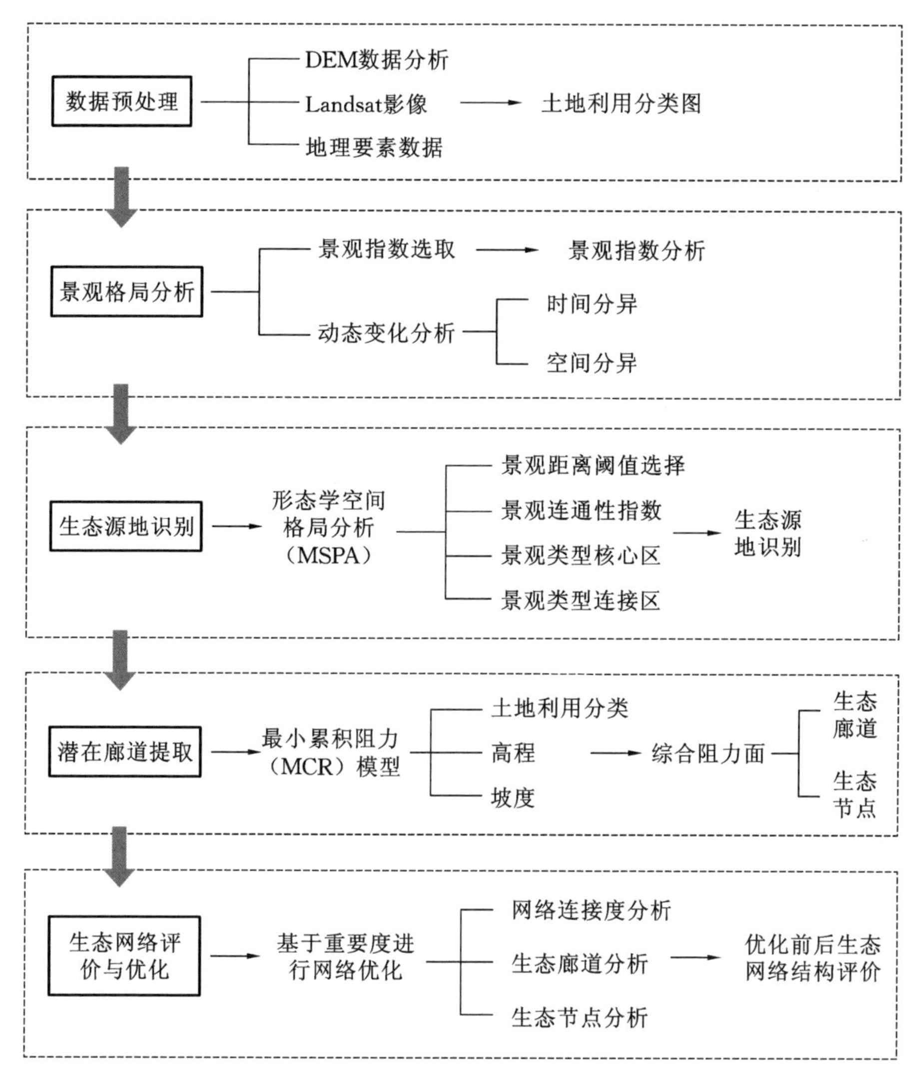

图 4-1　生态网络构建经典步骤

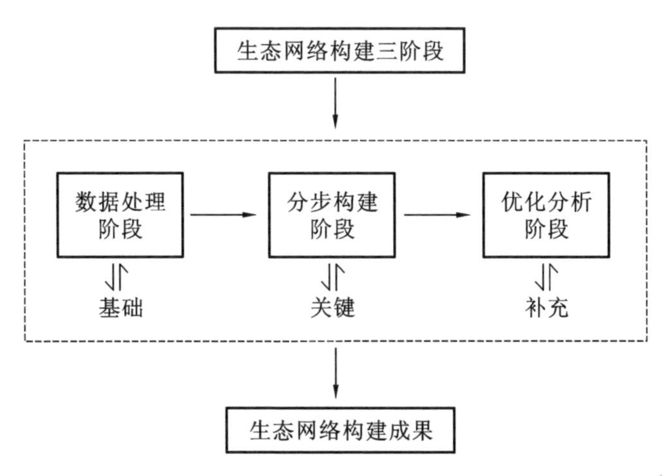

图 4-2　生态网络构建三个阶段

4.6.1　数据处理阶段

数据处理是生态网络构建的基础，利用 ENVI 5.3 软件将 TM 遥感影像数据进行多光谱融合，然后将融合后的遥感数据进行几何校准、大气校准，并对其拼接、裁剪得到完整的研究区范围影像，采用支持向量机的方法进行监督分类得到土地利用现状图，结合高分辨率的谷歌地球影像以及城市总体规划中的用地利用现状图，并结合实地考察进行精度检验，解译精度达到需要值，结果基本满足研究需要。根据研究区的实际情况和研究目的的需要，将区域土地利用类型划分为六类，即林地、耕地、草地、水域、建设用地和未利用地。

该阶段运用到的软件包括 ENVI、Guidos Toolbox、ArcGIS、Conefor Sensinode 等，所需数据一览表见表 4-6。

表 4-6　基础数据一览表

数据名称	数据来源	数据格式
土地利用数据	地理空间数据云 Landsat TM 卫星影像	矢量数据
高程 DEM（30 m 分辨率）	地理空间数据云	矢量数据
地理要素数据	地理空间数据云	栅格数据

续表

数据名称	数据来源	数据格式
社会经济统计数据	人民政府网	文本数据
城市规划文本	人民政府网	文本信息

4.6.2 分步构建阶段

分步构建阶段是生态网络构建的核心阶段，包括景观格局提取、生态源地选取和景观连通性评价、生态阻力面构建、潜在生态廊道构建、重要生态廊道提取等。目前构建“斑块—廊道”模式的区域生态网络已经较为成熟。

1. 基于 MSPA 的景观格局提取

由于研究区域范围大小的差异，选择合适的生态源地对于生态网络的合理构建具有重要意义，在现阶段的许多研究中，基于生态指标体系选择源地时，都会较为直接地将生态环境品质较高的自然保护区或风景林地识别出来作为生态源地，这种直接确定的方式存在较大的主观性，往往忽略了斑块间的连通性、小型生态斑块以及线性程度等。MSPA 法（图 4-3）基于形态学图像处理，即把网络开运算、闭运算、腐蚀、膨胀等原理作为根基来识别，分割和度量栅格图像空间格局的表现，进行图像处理，使景观的结构和类型能够更加准确地被辨识出来。国内外许多学者利用这一技术方法进行生态网络的前期研究，如许峰等（2015）利用 MSPA 法构建巴中西部新城的生态网络。

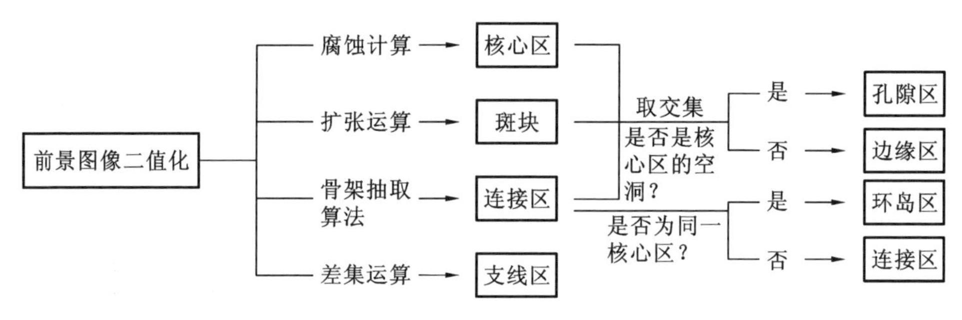

图 4-3 MSPA 法计算流程图

2. 生态源地的选取和景观连通性评价

生态源地是物种与周围环境进行物质能量交换的起点，生态源地的选取是构建生态网络中最为重要的一环。景观连通性是指景观要素在空间单元之间的相互连通性，景观连通性指数能够定量地表达要素在生态源地间的物质能量交换以及迁移的难易程度。当前 MSPA 法常用的景观连通性指数包括整体连通性指数（IIC）、可能连通性指数（PC）、斑块重要性指数（dPC）等。多数研究采用可能连通性指数（PC），选取核心区中面积较大的斑块，基于 Conefor 2.6 软件将斑块连通阈值设置为 500 m，连通概率设为 0.5，对区域进行景观连通性评价。

3. 生态阻力面的构建

构建生态阻力面最重要的就是区域阻力值的确定，一般参考单位面积生态系统服务价值当量表，以及调查研究的资料数据，同时进行专家咨询去分析结果，确定符合目标区域的景观发展现状的阻力值，制定相应的研究区阻力因子权重及赋值表。研究区阻力因子权重及赋值主要依据 MSPA 法和景观连接度评价结果，根据土地利用类型、高程、坡度等方面选取生态阻力因子构建阻力体系，阻力值的选取范围未形成科学的定义，阻力值范围设置有 100～500、1～5 等，最后在 ArcGIS 10.2 中基于栅格计算器，通过选取 30 m×30 m 的栅格单元获取综合阻力面来表示目标区域 MCR 模型的成本数据。

4. 基于 MCR 模型的潜在生态廊道构建

最小累积阻力（MCR）模型是用来模拟物种从生态源地转移到其他地区所消耗成本路径的模型，将其与 GIS 内的相关成本距离问题有效结合，可以区别关键区域和关键节点。由于这一特性，MCR 模型被广泛应用于生态网络构建的相关研究中。该模型最早在 1992 年由荷兰生态学家 Knaapen 等提出，后被我国学者俞孔坚教授提出用于生态安全格局构建中，现已广泛应用于景观生态学及物种保护等领域。最小成本距离模型是 MCR 模型中一个很重要的分支，其主要是模拟并展现出从生态源地到目标源地的最低成本路径。最小成本距离模型的作用就是有效避免外界环境的干扰，同时保证物种能顺利完成迁移，核心任务就是保护生物多样性。

5. 基于重力模型的重要生态廊道提取

重力模型源于牛顿的万有引力定律，通过研究引力、质量与距离三者之间的关系发现，物体间的引力作用力在实验条件下，与距离的平方呈反比，与质量呈正比。重力模型被大量应用于识别相互作用强度的分析中，20 世纪 40 年代，Zipf 和 Stewar 建立并利用重力模型对两地空间作用力进行类比，在此之后出现了大量关于距离和空间作用力大小的研究。除此之外，重力模型还大量地应用于优化景观生态组的分布等方面。通过对廊道相对重要性程度的识别即定量分析廊道的相对重要性，可以明确生态廊道的先后保护顺序。因此将重力模型的甄别作用与生态廊道构建过程相关联，用重力模型研究作用力大小，得出二者之间的关系，作用力越大则廊道越重要，这个结论可以帮助评价生态廊道的相对重要性。

4.6.3 优化分析阶段

利用生态网络结构指数对区域数据定量地对比评估，可以使得网络结构更加清晰、完整。采用生态网络连通度指数（γ）、生态网络闭合指数（α）、生态网络连接度指数（β）对生态廊道进行评价分析，一般反映网络结构中生态源地或者生态节点的廊道数量情况，为区域生态网络构建与下一步优化提供参考依据。

以上即生态网络构建的各个步骤，生态网络强调结构性与功能性，构建生态网络是为了物种迁移、扩散，实现物种多样性的目标，故学者们在构建过程中会基于经典技术路线（图 4-4）进行构建方法的研究。例如，在生态源地选取过程中，采用 MSPA 法的研究主要集中在景观结构要素的识别及其时空格局的演变，弱化了生境中能量流、物质流等生态功能流通性的辨识；而电路理论虽在物种迁移廊道设计和景观遗传学研究中被广泛运用，但其往往仅能考虑单一类型生境的连通性；因此部分研究采用 MSPA 与电路理论相结合的方法，定量评价并科学确定生态源地。

综上可知，基于“源地—廊道”的生态网络构建方法较为典型，主要体现在城市群、市级区域、县级区域等尺度范围，并且“源地筛选—阻力面—廊道提取”模式的应用已经较为普遍。由于研究区自然、人为等因素的不同，在落实生态网络实践时，应根据实际现状进行规划方法的完善与优化。

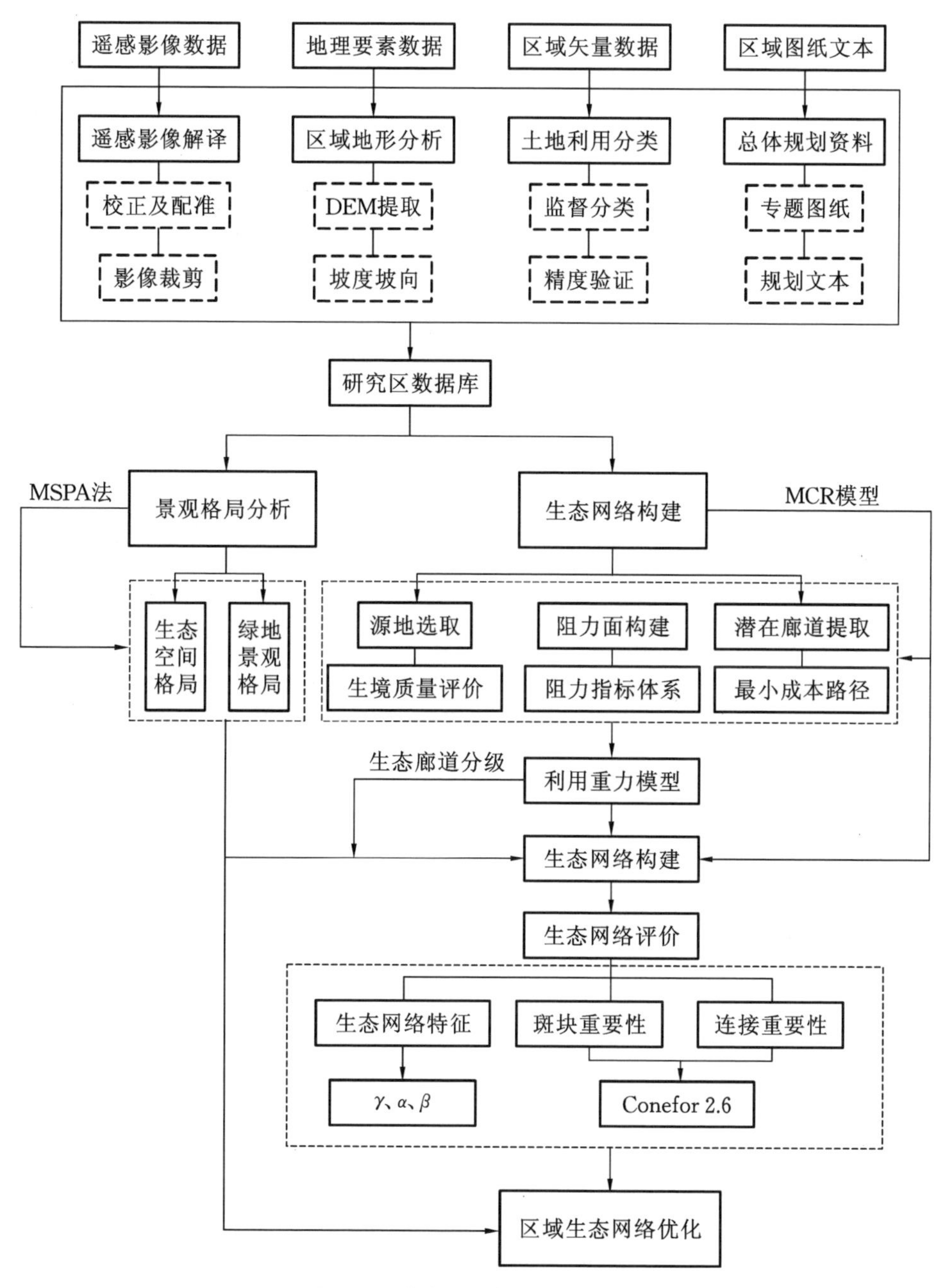

图 4-4　生态网络构建经典路线

5

都市圈生态网络的优化策略

5.1 优 化 原 则

5.1.1 生态性原则

相对于中心城区，都市圈城郊地区不仅存在较多的自然保护区域，而且存在大量的农林用地。由于城郊绿地与各类人工设施的镶嵌程度更高，因此更容易受到人类活动的干扰与蚕食。构建都市圈生态网络的目的就是保护城郊绿地的自然资源与生物资源，强调环境和生态过程的保护及恢复，通过生态网络连接城市内外有价值的生态空间，恢复由于城市的不合理开发而遭受破坏的自然景观，并将其组织成具有较大生态功效的空间体系。因此，基于生态网络的格局优化策略，应将生态优先作为最高指导性原则，通过网络化的空间配置与系统整合，强化都市圈的生态稳定性与物种多样性，进而提升生态空间的各项自然生态功能，如大气环境与水环境的改善、雨洪管理能力的升级、地表与地下水资源的改善、气候的调节、沙尘的防治，等等，从而保障区域和城市生态安全。

5.1.2 多样性原则

在景观生态学理论中，景观异质性程度高有利于物种共生，其决定着景观的整体生产力、承载力、抗干扰能力、恢复能力、系统稳定性、生物多样性等。因此，在都市圈生态网络格局优化时坚持多样性原则，通过一定的人为措施有意识地增加和维持景观异质性是必要的。在生态网络构建过程中，注重景观布局的多样性，尽可能地保护多样化的生境类型，以此来保护生物的多样性。在生态源地的选择上，既要重视大型斑块也要重视小型斑块，斑块的分布方面既要形成局部集聚也要注重总体的均衡分布；在廊道的构建中，既要注重其内部组成上的多样性，也要关注空间结构上的多样性，注重宽窄廊道相结合等。总体来说，通过结构补充、生态修复等手段，提高都市圈生态绿地、绿廊和节点组成及布局的数量与质量，促进城乡绿地生态的稳定性。

5.1.3 均衡性原则

生态网络的诸多概念一致强调“连接”“体系”与“相互关系”，是一种网络化的生态空间组织形态，在结构特征上呈现为以网状廊道为路径，以大小绿色斑块为网眼，在区域生态基底上镶嵌一个连续而完整的自然骨架。理想的城市绿色空间网络结构，并非形成均质化网络，而是在均衡性原则的基础上，结合空间分析及发展需求，通过调整并优化生态空间集散程度与疏密关系，形成密度均衡的都市圈生态空间体系，促进生态空间合理分布。在空间布局上，应充分考虑大小绿地斑块、廊道等各种景观要素的形式及组合，按照集中与分散相结合、镶嵌结合、宽窄廊道相结合等原则进行合理布置，全面提升生态系统服务能力，促进生态空间面向都市圈及区域发挥更强的影响效益与辐射效益。

5.1.4 精细化原则

生态网络的优化是基于景观生态学及景观格局优化理论中“斑块—廊道—基质”规划设计原理，找出关键优化的重点，对研究区内部由生态源地、生态廊道、生态节点构成的生态网络，以及由其他各类景观组成的生态基质的数量和空间格局进行优化。不同区域、不同生态系统的景观具有不同的结构、功能和生态过程，为了增加可操作性和落地性，应从实际生态问题及应对措施出发，按照精细化原则，分类分级细化和落实源地、廊道、节点的空间布局与规划建设要求，提出不同保护策略与路径指引，深化各子系统的结构布局，从而为都市圈提供更高的生态服务绩效。首先，应厘清生产、生态、生活空间关系，划定各类、各级保护区边界，重建系统完备、生态盈余的自然资源空间管制新格局。其次，应分类管控生态空间，相应提出禁止建设区域和在一定条件下允许建设项目的类型，同时从规模、数量、形态、区位、关联性、质量管控等多个维度，针对矿山、河流、森林、农田、湖泊、草地等生态空间进行精细化管控。

5.1.5 地方性原则

地方性原则强调的是都市圈生态网络体系的个性。由于各地地貌、气候、水文和文化等存在差异，在进行优化时，首先要充分分析和挖掘当地具体的景观地域特征和生态内涵，尊重原有地形地貌、绿地现状和基底。按照保护优先的原则，努力维持现状的原生态状态，大力加强对原生环境和历史人文资源的恢复、维护及保育，并避免地形地貌、地带性植物、水体、土壤等自然要素的人为剧烈改变。其次，由于生态网络的前瞻性，还应与当地的人口数量分布、周边各类用地性质、国土空间规划、交通规划、绿地系统规划、生态控制红线等相关上位规划进行衔接，也要与周边环境相融合，与道路建设、园林绿化、排水防涝、水系保护与生态修复，以及环境治理等相关工程相协调。

5.1.6 功能性原则

功能复合是生态系统可持续发展的重要条件。生态网络建设在对城乡绿色空间进行保护和生态恢复的同时，还应兼顾一定的社会职责和功能。在进行优化时，寻求多功能的优化。不能简单、片面地追求生态价值或环境效应的最大化，而是应根据土地的不同性质、地段及其所具有的内涵进行适宜的利用，既要充分发挥其气候调节、环境净化、雨洪调节、灾害避难等生态系统服务功能，也要关注它的景观功能、使用功能、经济功能等，增强各类生态绿地的参与性、体验性和科普性，满足市民对绿色空间的多元需求，提高土地资源的利用率并能引导城市空间合理发展，最终实现区域绿地的生态、景观、经济等多重效益的综合彰显。

5.2 生态网络评价

“网络”是由相关的点和线相互连接所形成的，可抽象表征复杂的相互关系及空间结构。网络的意义在于它能够使连接起来的点和线产生单个点或线所不能具备的功能。在生态学领域，生态网络是反映生态系统中通过物质、能量交换发生相互作用的结构形式，生态网络分析理论强调通过对相互作用的定量研究来理解生态系统的整体性和复杂性形成的机制。生态网络设计的关键在于网络的组成模式。国外生态网络有关城市实践的主要经验是注重规划的评价反馈，通过分析生态网络的潜能、制约因素及相关指标，判断生态网络规划是否使城市的空间结构得到了有效优化，并不断进行结构和功能的改进及完善。

网络分析是运筹学的一个分支，主要运用图论方法研究各类网络的结构及其优化问题。网络分析法是通过网络测度来表示一个生态网络的连通程度以及复杂状况，是生态网络连通性评价的常用方法。在一系列评价指标中，生态网络闭合指数（α）、生态网络连接度指数（β）和生态网络连通度指数（γ）常用于评价生态网络的连接度和有效性。α、β 和 γ 是以拓扑空间为基础产生的，是一种非常有用的抽象概念，主要揭示节点和连接数的关系，反映网络的复杂程度。

α 是生态网络闭合指数，可以量化生态网络的复杂程度和环通度，表征在生态网络结构中连接各个节点的环路所存在的程度。α 的取值区间为[0，1]，$\alpha=0$ 代表生态网络中没有形成环路，只有尽端形式枝状廊道存在，$\alpha=1$ 代表生态网络中具有最大可能的环路数量。β 是生态网络连接度指数，用于表示生态网络中生态廊道和节点之间互相联系的难易程度大小。 $\beta<1$ 表示形成树状格局；$\beta=1$ 表示形成单一回路；$\beta>1$ 表示有更复杂的连接度水平。 γ 是生态网络连通度指数，用来描述网络中所有节点被连接的程度，即一个网络中连接廊道数与最大可能连接廊道数之比。γ 取值为[0，1]，$\gamma=0$ 表示生态廊道网络中各个节点之间没有连接，$\gamma=1$ 表示所形成的生态廊道网络中各个节点之间两两互相连接。 具体公式如表 5-1 所示。

表 5-1　指数公式表

名称	α	β	γ
公式	$\alpha=\frac{L-V+1}{2V-5}$	$\beta=\frac{L}{V}$	$\gamma=\frac{L}{3(V-2)}$
指数含义	生态景观空间结构中环通路的量度，又称环度，是连接结构中现有生态源和生态节点的环路存在的程度	度量一个生态源地或生态节点与其他生态源地或生态节点联系的难易程度	城市生态景观空间结构中生态廊道数目与该结构中最大可能的生态廊道数目之比

注：L 为廊道数，V 为节点数。

网络分析法通过 α、β 和 γ 对生态网络的特征进行定量评价，为合理地优化和调整生态网络提供了科学依据。 但是还需要将最终评价成果与研究区现有的生态网络进行对比，分别对网络的连通性、环度进行对比，这样不仅可以帮助规划人员发现现状生态网络建设的不足，还能够让规划人员通过网络指数特征的对比分析，量化规划方案的合理性，以验证本次研究方法是否具备科学性、合理性与可靠性。 例如，陈南南等（2021）采用图论和网络分析法对秦岭生态网络进行连通性评价，探究其内部结构的有效性。 其中，$\alpha=0.11$，表明构建的秦岭生态网络连通性较低，物种迁移与扩散的路径较少；$\beta=1.18$（>1），表明秦岭生态网络中生态廊道的连通性较好；$\gamma=0.42$，说明秦岭生态网络中生态节点的连通性较好。 总体来看，秦岭生态网络潜在生态廊道和生态节点的连通性较好，而源地间的连通程度低，导致构建秦岭生态网络的成本较高，可能原因是研究的空间范围跨度大，生态网络结构呈现复杂化，因而提议优先考虑对重要廊道进行建设。 沈钦伟等（2021）针对佛山市现状生态网络存在的问题，提出新增 7 个生态源地、17 条规划廊道、13 个踏脚石斑块、80 个生态断裂点，为了验证生态网络优化是否达到预期目标，通过网络评价法进行计算，得到 α、β 和 γ 增长为 0.59、1.94、0.73，可以判定经过优化之后佛山市生态网络结构更加复杂，各种生态流回路增加，对区域能量流动与物质循环有积极影响。

网络分析法可以定量考察生态网络的组合方式，以及廊道的密度、连通性等重要信息，其评价结果是对生态网络空间进行增补和修复的依据。但是，α、β和γ并不能反映实际距离、线性程度、连接线的方向及节点的确切位置，尽管这些因素对景观中的某些流也具有十分重要的影响。因此，为了增加可操作性，都市圈生态网络的优化还应结合上位规划、国土空间规划、自然资源利用规划等城市发展需求，确保优化措施具有前瞻性，使得整个生态网络能够与城市的社会、经济发展相统一，发挥其对城市建设边界的控制作用、重点区域的生态修复指导作用、生态敏感区域的保护保育作用等。

5.3 优化策略

格局优化从本质上说是利用景观生态学原理解决土地合理利用的问题，通过调查研究取得自然与社会数据，并分析相应的景观类型空间合理的分布格局，调节景观组分在空间和数量上的分布，对景观格局进行动态分析和功能分化，使景观综合价值达到最大化。在生态文明背景下，对国土空间的生态保护提出了新的更高的要求。基于此，在国土空间规划背景下，探索能够落实生态网络的措施更为重要。许多城市和区域已经进行了生态网络建设的研究和实践，如湖南省、江苏省、闽三角城市群、武汉城市圈以及秦岭、汾河流域、大别山等生态屏障地区，分别提出了相应的优化措施，优化措施主要集中在规划生态功能区，以及对生态源地、生态廊道和生态节点提出相应的保护与整治措施（表 5-2）。

表 5-2　优化策略汇总表

文献出处	优化策略
《基于 MSPA 和 MCR 模型的湖南省生态网络构建》（郑群明等，2021）	保护重要生态源地和廊道；规划踏脚石的建设
《基于 MSPA 和 MCR 模型的秦岭（陕西段）山地生态网络构建》（陈南南等，2021）	保护生态源地是研究区连通性较高的斑块；优先构建并保护重要生态廊道及生态节点
《基于生态网络的江苏省生态空间连通性变化研究》（张启舜等，2021）	生态源地的保护与恢复建议；新增节点及踏脚石规划；生态廊道维护与疏通建议

续表

文献出处	优化策略
《闽三角城市群生态网络分析与构建》（刘晓阳等，2021）	加强对核心生态源地的保护力度；增加自然、人工廊道的连通性；提升生态廊道规划的合理性
《武汉城市圈生态网络时空演变及管控分析》（李红波等，2021）	修复生态断裂点，加强景观连通性；建设踏脚石，增强廊道的稳定性；生态廊道差异化保护，提升生态网络服务水平
《基于MSPA与MCR模型的生态网络构建方法研究——以南充市为例》（刘一丁等，2021）	生态源地的维护和新增；踏脚石的建设；生态断裂点的修复
《基于形态学空间格局分析法和MCR模型的乌鲁木齐市生态网络构建》（哈力木拉提·阿布来提等，2021）	保护核心生态源地；通过建设踏脚石修复断层；规划新源地和廊道
《区域生态网络精细化空间模拟及廊道优化研究——以汾河流域为例》（李欣鹏等，2020）	生态廊道优化；生态廊道战略点优化；跨城、绕城生态廊道规划
《基于MSPA模型的北京市延庆区城乡生态网络构建》（孔阳、王思元，2020）	保护区域内重要的核心斑块和廊道；识别和规划区域内的踏脚石斑块；修复生态断裂点
《基于生态保护红线和生态网络的县域生态安全格局构建》（汤峰等，2020）	红线保护区的划定及保护措施；生物迁徙休憩区的划定及保护措施；生物迁徙通道区的划定及保护措施
《基于MCR模型的大别山核心区生态安全格局异质性及优化》（黄木易等，2019）	加强一、二级生态廊道的保护，提升一般生态廊道的连接度；进一步完善生态网络结构；加强生物物种与所选择生态源斑块之间的适宜性分析
《基于MSPA和MCR模型的江苏省生态网络构建与优化》（王玉莹等，2019）	保护核心斑块；规划踏脚石斑块
《基于MSPA分析方法的市域尺度绿色网络体系构建路径优化研究——以招远市为例》（高宇等，2019）	增补关键点，改善网络连接的有效性；疏通生态廊道，保障网络连接的可行性
《闽南沿海景观生态安全网络空间重构策略——以厦门市集美区为例》（梁发超等，2018）	景观生态安全网络空间重构策略；构筑景观生态安全网络骨架；提升生态源地质量；强化战略节点和主要生态廊道
《青海省保护地生态网络构建与优化》（史娜娜等，2018）	保护核心生态源地；修复生态断裂点；建设踏脚石

由于都市圈的生态网络具有空间大、分布广、功能复合多样、现状建设权属复杂及管理归属部门繁多等特征，因此需要在分区、分级、分类管控的基础上提出优化措施。

首先，实施分区管控。根据生态网络构成要素，结合现状，细化分区，划分生态保护区、生态保育区、生态修复区等功能区。对于生态源地等重要生态空间应实行优先管控举措，划定生态保护红线，严守自然生态安全边界。2014 年我国环境保护部发布的《国家生态保护红线——生态功能基线划定技术指南（试行）》文件中指出，生态保护红线具体包括生态功能红线、环境质量红线和资源利用红线。其中，生态功能红线是指对维护自然生态系统服务，保障国家和区域生态安全具有关键作用，在重要生态功能区、生态敏感区、脆弱区等区域划定的最小生态保护空间，也是我们日常所说的生态红线。对应于生态网络，即指生态源地，因为都市圈生态网络中的生态源地，往往是由都市圈内生态服务功能重要、生态敏感性较高，并且连续分布的面积较大的自然生态开敞区组成，一般包括一级水源保护区、自然保护区、风景名胜区、森林公园、重要生态廊道等。通过生态保护红线的划定，将最需要进行保护的重要生态区域纳入控制线范围，以确保保护边界清晰，保证一定规模的面积、数量，并且具有固定的区位，不可随意变更，是一项精明保护策略。在保护区内，实行最严格的生态空间准入管理制度，建立生态保护红线生态破坏问题监管机制，及时发现和遏止各类破坏生态的行为。

其次，在划定生态保护红线的基础上，实施分级、分类管控，明确管控重点，包括生态网络构成要素的规模、功能和布局等方面，从而实现对生态空间的保护和生态功能的提升。在实施引导和空间政策上，应针对不同功能类型的区域绿地分别进行制定。同时，强调刚性与弹性的结合，通过控制性指标与引导性指标，建立管控指标体系。控制性指标是针对各类用途生态空间进行强制性规定，确保其生态主体性质不变。常见的控制性指标包括植被覆盖率、林地覆盖率、林地郁闭度、植被连通性、河岸缓冲带宽度、滨水绿带宽度、堤防保护线比例、生态驳岸比例、滨水绿化覆盖率、土壤入渗率等。引导性指标考虑各类用途空间的生态功能定位、关键生态物种、空间布局要求及产业发展方向等，保证生态结构的完整性和生态效益的最大化。引导性指标主要包括植被群落结构、生境类型丰富度、土壤环境质量、大气环境质量等。管控指标可依据实际情况适当增加，特定条件下引导性内容可上升为强制性内容。

最后，为了实现保护与开发之间的平衡，优化策略应细化生态保护、游憩利用、景观塑造、宣教展示和基础设施建设等专项内容，并对接相关领域的规划建设方案，同时提出实施项目库和分期建设时序。

5.3.1 生态功能分区

都市圈生态网络规划不仅要强调生态过程与空间结构，而且应从可实施性和管理的可控性角度提出优化策略。由于生态网络构成要素中，不同区位上生态源地、生态廊道和生态节点的价值不一、功能各异，因此，管控方式不应均质化，应根据它们在生态结构中的功能重要性、生态敏感程度和人类使用需求进行针对性管理，采取差异化的“发展、控制与引导”策略，即通过划分生态功能区来指导优化措施。

划分生态功能区是为了保证引导合理优化。2011 年 6 月，《全国主体功能区规划》将国土空间分为优化开发、重点开发、限制开发、禁止开发区域等，明确提出禁止开发区域是依法设立的各级各类自然文化资源保护区域，以及其他禁止进行工业化城镇化开发、需要特殊保护的重点生态功能区，体现出政策所赋予的管控要求。其中，城市的禁限建区涵盖了农田、矿产、水系、绿地、文化遗产等资源保护内容和自然灾害风险、重要基础设施防护等风险避让内容。但是我国的禁限建区规划是作为一种控制城市蔓延和保护土地资源的综合途径，对景观格局的连通性重视不够，难以解决景观破碎化问题和保护生物多样性。2020 年 9 月，自然资源部发布的《市级国土空间总体规划编制指南（试行）》中指出，规划分区应科学、简明、可操作，遵循全域全覆盖、不交叉、不重叠的原则。在生态方面，生态功能区划分为生态保护区和生态控制区。生态保护区是指具有特殊重要生态功能或生态敏感脆弱、必须强制性严格保护的陆地和海洋自然区域，包括陆域生态保护红线、海洋生态保护红线集中划定的区域。生态控制区是指生态红线外，需要予以保留原貌、强化生态保育和生态建设、限制开发建设的陆地和海洋自然区域。由于划分过于简单，因此，其对于生态网络功能分区的参考性较低。

总结相关文献，发现基于格局优化的生态功能区划分，往往结合现有生态空间区域的分类属性和实际问题（表 5-3）。例如，宁琦等（2021）将南宁市生态网络划分为源区、生境维育区、自然拓展区、缓冲交错区、外围发展区和集中建设区六类主要区域。其中，源区是生态网络格局的核心区域，可以单独提取作为国土空间开发保护格局规划的生态基底图层；生境维育区是环绕源区对其进行生境保护和生态维育的缓冲带；自然拓展区是代表物种自由迁徙的最外围区域，是保障高质量生境区域内物质和能量流稳定流通的保障区；缓冲交错区代表生境区和建设区的隔离，是城镇外围发展区和集中建设区的外围自然缓冲带，也是国土空间开发保护格局中的留白地带。

表 5-3　格局优化策略之生态功能分区汇总

代表文献	优化策略
《南方丘陵山区生态安全格局构建与优化修复——以瑞金市为例》（邬志龙等，2022）	划分生态修复核心区、生态监测预警区、生态保护缓冲区和生态保护重点区
《太湖流域生态安全格局构建与调控——基于空间形态学—最小累积阻力模型》（王雪然等，2022）	划分重要生态保育区、生态保护修复区、生态修复区、生态重点管控区、生态廊道建设区
《山水资源型城市景观生态风险评价及生态安全格局构建——以张家界市为例》（于婧等，2022）	划分生态保育区、生态过渡区、生态重建区
《基于生态安全格局的喀斯特地区自然资源空间精准分区与管制方法研究——以广西壮族自治区柳州市为例》（李思旗等，2021）	划分为禁止开发建设、限制开发建设、允许开发建设、优先开发建设四个管控区
《山东省自然生态空间系统化识别与差异化管控研究》（吕彦莹等，2021）	原生态保护区、生态保育区，其他生态用地、非生态用地
《基于 MSPA 和电路理论的南宁市国土空间生态网络优化研究》（宁琦等，2021）	划分源区（生态源地和关键走廊）、生境维育区、自然拓展区、缓冲交错区、外围发展区和集中建设区六类主要区域
《基于生态安全格局的山地丘陵区自然资源空间精准识别与管制方法》（杜腾飞等，2020）	划定禁止建设区、限制建设区、条件建设区与优先建设区
《滨海地区生态网络构建及其评估——以广西北海市为例》（李延顺等，2020）	划分生态缓冲区、保护利用区、重点保护区、用途管制区、限制开发区
《城市生态保护红线效应评价与优化策略》（鄢吴景等，2019）	划分北部横岗山水土涵养区、西部生态林保育区、西南部仙姑山水土保持区、东部太白湖湿地保护区、北部生态农业发展区、东部生态农业发展区

借鉴以上文献，都市圈的生态功能区划分，首先依据自然地貌特征，改善生态系统、水系网络的整体性、连通性，明确生态格局。其次，应确定生态格局构成要素的边界，除去生态红线，还应包含所有生态源地、生态廊道、生态节点的缓冲区范围。最后，依据现状、生态保护重要性高低、生态空间的发展定位及发展方向划分为生态保育区、生态保护修复区、生态廊道建设带等。

生态保育区是指重要的生态源地，其生态阻力低，生境质量高，因此该区应严禁人为因素对自然生态的干扰，禁止一切与生态保护无关的开发活动，避免对生物生存环境造成影响；生态保护修复区一般是指分布有水域和森林的源地，但由于存在人类活动的干扰，生态环境已经受到较为不利的影响，因此此类地区应修复受到破坏的生态系统，避免生境质量进一步退化；生态廊道建设带，包括新增的生态廊道和现状生态廊道，应建设生态防护林，构筑滨水生态缓冲带，促进生态源地连通。

生态网络的建设不可能一蹴而就，需要综合权衡社会经济、生态要求及土地利用的现实情况，合理设定生态用地的保护优先权。为判断优先保护地区，可以选取若干标准进行评价，然后根据一定的阈值来判断。政府等实施机构按照从高到低的优先权顺序逐步落实生态网络规划。

5.3.2 生态源地优化

生态源地应具有适宜尺度和质量的栖息地斑块，其为支持整个生态网络及相关生态功能提供环境条件。有些生态源地已经纳入国家法定保护性用地体系，如自然保护区、风景名胜区、森林公园、国家地质公园、水利风景区、水产种质资源保护区等。有些生态源地没有纳入国家法定保护性用地体系，例如大型湖泊湿地、大型植被覆盖地、大面积动物栖息地等，这一部分亟须进行保护和管控。

生态源地的优化应按照分级、分类进行。分级控制是指按照各类生态源地在整个生态网络系统结构中的生态重要性对其进行分级管控，按照功能引导、控用结合、刚弹结合原则，确定控制指标体系，提出相应的生态治理措施与生态建设指引，提出保护、规划、建设和管控的精细化要求与具体措施、途径。重要生态源地指对维护都市圈生态系统良性运转和形成生态网络结构具有重要意义的地区，该地区应尽量保持环境的原真性，不应缩小已有的规模和范围；应以保护和优化为主，不应降低已有的生态质量和生态效益，应培育和修复生态脆弱区、生态退化区的生态功能；同时，应参照生态保护红线相关技术规范中的管控要求进行建设控制。一般生态源地指对提高都市圈生态系统良性运转效率和形成生态网络整体结构具有重要意义的地区，该地区以控制与恢复为主，强调对原生生态环境进行有目的的修复，可以适当引导人类活动，使其相对集中并降低干扰。

分类优化时根据生态源地的属性和特点，对于生态质量较好的区域，应以保护为主，特别应重视缓冲区的设置。生态源地通常由核心区和缓冲区构成。核心区一般包括生态保护红线范围内区域、城市绿线范围内区域，以及对生态网络功能及结构均具有核心意义的生态化区域，核心区以自然保育、生态系统服务为主导功能。而缓冲区位于核心区外围区域，起到过滤外来影响的作用。通常缓冲区可允许各种土地利用方式共存，允许容纳适度的人类活动，并且能够在一定程度上缓和边缘效应，缓冲区的合理规划建设对于充分开发和利用土地资源，发挥生态网络社会效益具有重要意义。缓冲区的技术关键在于宽度的设置，可以根据生态源地重要性等级，设置不同宽度的缓冲区。例如，鄢吴景（2018）依据等级，对武穴市生态源地分别设置 500 m、300 m 和 200 m 的缓冲区作为生态预留空间，禁止一切与生态无关的建设。对于生态质量较差生态源地，以生态修复为主，以退耕还草、退草还林为基本构建思路，通过运用乡土树种、驯化成熟树种、改善人工次生植被的群落结构等办法，减少虫灾、火灾等灾害的发生，增强生态稳定性。

在做好生态源地存量优化的同时，可以有序开发新的生态源地。《国家新型城镇化规划（2014—2020 年）》第十八章提出：合理划定生态保护红线，扩大城市生态空间，增加森林、湖泊、湿地面积，将农村废弃地、其他污染土地、工矿用地转化为生态用地，在城镇化地区合理建设绿色生态廊道。因此，新增生态源地应尽量利用和发掘现有土地资源，例如废矿山弃地、垃圾填埋场等，通过修复和进一步改造，增加大型生态斑块。沈钦伟等（2021）发现佛山市东部地区网络连接较少，生态网络分布不均衡，在现状生态网络的基础上，参考《佛山市国家生态文明建设示范市规划（2016—2025 年）》，依据核心区斑块的空间分布规律，增加白藤岗、南国桃园、佛山农业公园、滨江湿地公园、仙湖度假区、花语湖、文华公园 7 个生态源地，并通过 MCR 模型构建 17 条规划生态廊道，将新增源地与现有源地进行连接，在后期城市规划过程中对新增源地和规划廊道进行重点建设，使周边区域较强的生态流流入中部地区，实现生态系统的循环流动，增加中部城区的生物多样性。

5.3.3 生态廊道优化

生态廊道是为了提高生态源地之间的连接程度而形成的一个空间完整、结构良好的网络系统。都市圈生态廊道主要起到内联外通的作用，内部联系各个城乡生态开敞空间，外部与省域或区域生态构架形成连通体系，对维护都市圈生态系统的稳定和健康起着重要的作用。

生态廊道的优化主要是对生态廊道的分级、分类管控与规划引导。生态廊道的分级一般是按照所连接的生态源地的重要程度进行划分。一级廊道连接度高，串联了重要核心生态源地，二、三级廊道连接度中等，串联的是次要生态源地。生态廊道等级的划分也会参考其他因素，例如程帆等（2018）将合肥市现有结构性廊道与一级网络中心间的潜在廊道列为一级廊道，二级网络中心间的潜在廊道和一级、二级网络中心间的潜在廊道列为二级廊道，三级网络中心与其他网络中心的潜在廊道列为三级廊道；又从区域平衡角度出发，对构建的廊道体系进行优化，将区域连通性较强的三级廊道提升为二级廊道，构建较为均衡、完整的绿色基础设施廊道体系。不同等级的生态廊道应实施有差别性的保护措施，对生态廊道的生态特征、控制要素、建设发展模式与要点、用地性质、可调整范围等一系列要素提出具体的控制指引，强调生态空间规划的可实施性。尤其是一级生态廊道，其属于区域内最敏感的连续带状空间，在规划时应进行严格保护和“刚性控制”，作为各个城市总体规划的禁建区来划定和管理，严格控制新增建设用地和其他各类建设活动。

生态廊道作为区域的生态联系通道，应保证具有一定的宽度才能发挥其生态效益。廊道宽度值是国内外研究热点，目前还无法给出一个精确的值。廊道的宽度可以根据廊道等级、目标物种、保护前提、规划目标而定。例如，陈德超等（2020）将苏州环太湖地区生态网络中极重要、重要、一般廊道的宽度设定为200 m、100 m和60 m。一般来说，廊道宽度总体上越宽越好。但是在实践中，受土地使用状况和两侧环境条件限制，植被带不可能也不必保持均质等宽，应依据地形起伏变化和坡度灵活调整宽度，也可根据两侧土地使用剧烈程度来确定宽度。例如，汤峰等（2020）以河北省青龙县构建的生态廊道为基线，分别对其进行廊道宽度为100 m、200 m、400 m、600 m、800 m、1 000 m、1 200 m的缓冲区分析，并对不同宽度内各土地利用类型面积进行统计分析以确定研究区的最佳廊道宽度。最终发现，在200～400 m的宽度范围内，建设用地和耕地占比最小，受人类活动干扰较小，而林地和水域等重要生态用地占比最大，这为未来廊道内部景观建设奠定一定基础，因此确定青龙县廊道最佳宽度为200～400 m。总之，生态廊道宽度要落实到生态网络优化策略中，明确廊道的控制范围、发展导向和管控要求。

生态廊道优化的另一个主要目标是完善网络连接度。生态廊道作为自然界普遍存在的景观结构，广泛分布于城市边缘区的乡村田野中。另外，城乡之间复杂的交通网络也极大地扩展了人工廊道的规模和影响范围。在自然条件允许的情况下，尽量做到结构性连接，优先完善现有廊道（如水系廊道、道路廊道等）系统，提升其完整性和连续性。由于都市圈面积较大，因此生态廊道可以说是一个较长的巨型廊道，廊道的沿线往往存在着山地、丘陵、平原等不同地形与不同生境，同一条生态廊道穿越乡村与城镇时，其周边土地承载着差异化的用地功能。在优化时，应尽量保持自然本底和乡土特性，避免过于人工化的设计手法；对于道路交通导致的生态廊道断裂的情况，应设置动物迁徙专门通道、隧道或天桥；对于穿过乡镇建设用地的绿地，可通过设置缓冲区来提升廊道的稳定性。

现有区域结构性廊道对于维护生态格局具有重要意义，而潜在生态廊道的构建是对生态网络的增益性补充，有利于增加区域廊道密度，增强生态系统的稳定性，发挥生态系统的弹性特质。潜在生态廊道属于人为规划构建并为物种利用的植被带，其在构建时尽可能利用自然资源，降低获取土地的难度；在植物选择上多以乡土自然植被为主，推行近自然地带性森林群落建设模式；在易受干扰的生态敏感区，需要根据实际情况进行廊道改线或设置动物迁徙通道；按照相关法规管理控制廊道宽度。

5.3.4 生态节点优化

生态节点一般指生态网络中具有重要生态学意义或者生态敏感性较高的点位。生态节点作为生态网络的重要组成部分，其影响范围和空间分布对生态网络覆盖度、整体连通性、稳定性等均产生较大影响。相关研究表明，在总面积相同的情况下，网状分布的绿色空间相较于块状集中的绿地，具有绿化覆盖面大、生态流动性强、城市适应性好等优点。因此，生态节点优化应通过优化生态节点布局、合理选择新增节点位置、保护重要战略型节点、修复生态断裂点等方式，提升生态网络连通性和效用。

开展生态节点优化旨在消除生态盲区、减少资源浪费。研究表明，生态盲区是指因受距离过长、阻力较大影响，物种在迁移过程中无法到达目标地点，以图论方法抽象为研究区范围内未被生态节点影响范围所覆盖的区域。通过增加生态节点和设立缓冲距离的方法，可以大大减少区域生态盲区，该方法操作简便，可快速实现生态网络优化目的。例如，朱凤等（2020）根据 GIS 缓冲区分析结果，发现研究区徐州市中心城区的生态盲区主要分布于生态环境较差的城中村、旧工业用地和建筑密集区。为减少生态盲区，他们依据泰森多边形法则，增添面积不小于 0.5 hm^2的生态斑块作为踏脚石，共添加 70 个踏脚石，使得优化后的生态网络分布更均匀，回路缺失区域大幅减少，网络通达性进一步提高。因此，对于生态廊道过长、廊道密度低或廊道等级低的区域，应增加踏脚石来强化连接性。较长的生态廊道比较容易受到外界干扰而降低稳定性，尤其是在人类活动强度和综合阻力值较高的区域，为避免生态廊道发生断裂，需要建设新的踏脚石斑块。在连接度较低的生态廊道区域，通过构建踏脚石斑块和加强自身生态建设，可以降低生态连接阻力，提高生境适宜性，以此强化与其他生态廊道的对接和联结。新增的生态节点要考虑地貌、气候等自然条件，在条件差的地区适度增加生态节点面积才能保护同等数量的物种。

生态战略点是对景观生态过程起到关键性作用的地段，应合理确定该节点的数量、位置、规模及边界，进行重点维护和修复。对于基础条件好的、位于林地或水域斑块上的生态战略点，应坚持保护为主，尽可能扩大面积，通过增加植被覆盖率来提升生态节点的质量，还可以引入一些小型生物，维持地区生态平衡。从建设顺序和规模角度出发，生态战略点应优先建设、重点建设。对于在生态廊道与交通线路交汇区域形成的生态断裂点，需要及时进行修复来保障动物的迁徙和交流。常见的做法是建设地下通道、天桥等加以修复和改善，或者对断裂点的不合理建设进行拆除和重新规划，建设绿地，尽量避免对生态系统的连续性和完整性的破坏。

6

郑州都市圈生态网络规划

随着城镇化进程的加快，城市扩张的速度也日趋加快，大量的生态空间被建设空间侵占，致使生态空间逐渐萎缩，生态环境遭到破坏。都市圈作为区域城市系统组织的高级阶段，是国家新一轮区域发展规划的战略重点，都市圈的发展助推城镇化的同时，伴随着资源大量消耗、生境破坏、景观格局破碎化、景观连通性薄弱、“孤岛”化等问题。城市建设活动可能引起区域景观的破碎化，削弱区域生态系统的支撑能力和自我修复功能，城市的脆弱性不断加强。构建城市生态网络是一种直接、科学、合理的生态战略，城市生态网络是一种高度连接与融合交叉的网状生态空间体系，对于保障城市生态安全、维护生物多样性、优化城市景观格局、提升城市生态环境品质具有重要意义。

都市圈时代的到来，意味着中国的城市发展模式已经从过去的“单打独斗”进入“抱团取暖”的阶段，未来将以区域合作、区域竞争、合作共生的新理念共商城市发展，共享城市美好。同时“十四五”规划中指出，要优化国土空间布局，推进区域协调发展；要推动绿色发展，提升生态系统的质量和稳定性，促进人与自然和谐共生。故都市圈生态网络的构建应放在与区域发展同等重要的位置，避免再次出现“先规划再治理”的老路。

郑州都市圈发展经历了几个重要的阶段。2016年，国家发展和改革委员会发布的《中原城市群发展规划》明确提出，支持郑州建设国家中心城市，协同开封、新乡、焦作、许昌四市，实现“1+4”的融合发展；2019年，《郑州大都市区空间规划（2018—2035年）》明确了郑州都市圈的基本框架；2021年，中国共产党河南省第十一次代表大会明确指出，“加快郑州都市圈一体化发展，全面推进郑开同城化，并将兰考纳入郑开同城化进程，加快许昌、新乡、焦作、平顶山、漯河与郑州融合发展步伐”；2022年，《河南省新型城镇化规划（2021—2035年）》中提出，要推动郑州都市圈扩容提质，优化重塑郑州都市圈“1+8”空间格局。推进郑州与开封、新乡、焦作、许昌、洛阳、平顶山、漯河、济源加速融合发展，着力构建“一核一副一带多点”的空间格局。“一核”即以郑州国家中心城市为引领，以郑开同城化、郑许一体化为支撑，将兰考纳入郑开同城化进程，打造郑汴许核心引擎。“一副”即推动洛阳、济源深度融合，形成都市圈西部板块强支撑。“一带”即落实郑洛西高质量发展合作带国家战略部署，以郑开科创走廊为主轴、郑新和郑焦方向为重要分支，打造以创新为引领的城镇和产业密集发展带。“多点”主要包括新乡、焦作、平顶山、漯河等新兴增长中心。

郑州都市圈绿地生态网络规划是以郑州都市圈核心区（即郑州、开封、许昌）为研究对象，运用MSPA识别生态源地，利用MCR模型综合考虑人为要素、自然要素等，确定源与目标之间的最小成本路径，通过构建区域累积阻力面来提取生态廊道，需要利用重力模型判断廊道的相对等级，生态源地的选择是MCR模型的关键。最终通过对重要的生态斑块与生态廊道进行评价优化，识别生态战略点、生态踏脚石，从而对生态网络进行优化，进而为构建区域完整的生态网络提供规划参考。

6.1 研究区域概况

6.1.1 地理位置概况

1. 地理位置

研究区域范围与郑州都市圈核心区空间范围保持一致，包括郑州、开封、许昌，总面积约 18 000 km²，约占郑州都市圈面积的 30%。郑州都市圈核心区地处河南腹地，地理位置优越（图 6-1）。

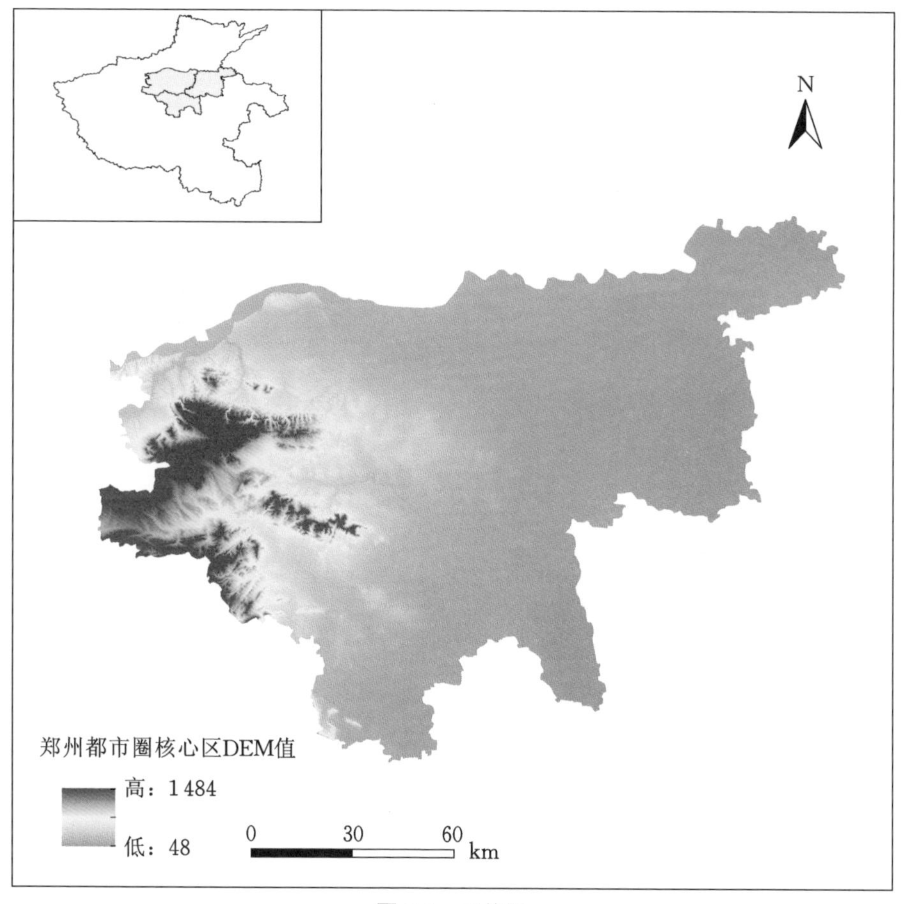

图 6-1 区位图

2. 气候条件

郑州都市圈核心区属温带大陆性季风气候，冷暖气团交替频繁，春夏秋冬四季分明。春季干燥少雨多春旱，冷暖多变大风多；夏季比较炎热，降水高度集中；秋季气候凉爽，时间短促；冬季漫长而干冷，雨雪稀少。全年平均气温 15.6 ℃；8 月份最热，月平均气温 25.9 ℃；1 月份最冷，月平均气温 2.15 ℃。全年平均降雨 542.15 mm，无霜期 209 天。全年日照时间约 1 869.7 小时。

3. 地质地貌

郑州都市圈核心区地形以平原和低山丘陵为主（图 6-2、图 6-3），郑州市域横跨中国二、三级地貌台阶，西南部嵩山属第二级地貌台阶前缘，东部平原为第三级地貌台阶的组成部分，山地与平原之间是低山丘陵地带。郑州最高点位于登封市的少室山，连天峰海拔约 1 512.4 m；最低点位于中牟县韩寺镇胡辛庄，海拔 73 m。许昌市域属伏牛山余脉向豫东平原的过渡带，地势由西向东倾斜。西部为伏牛山余脉的中低山丘陵地带，最高海拔 1 150.6 m，东部为基底构造缓慢上升和遭受剥蚀而形

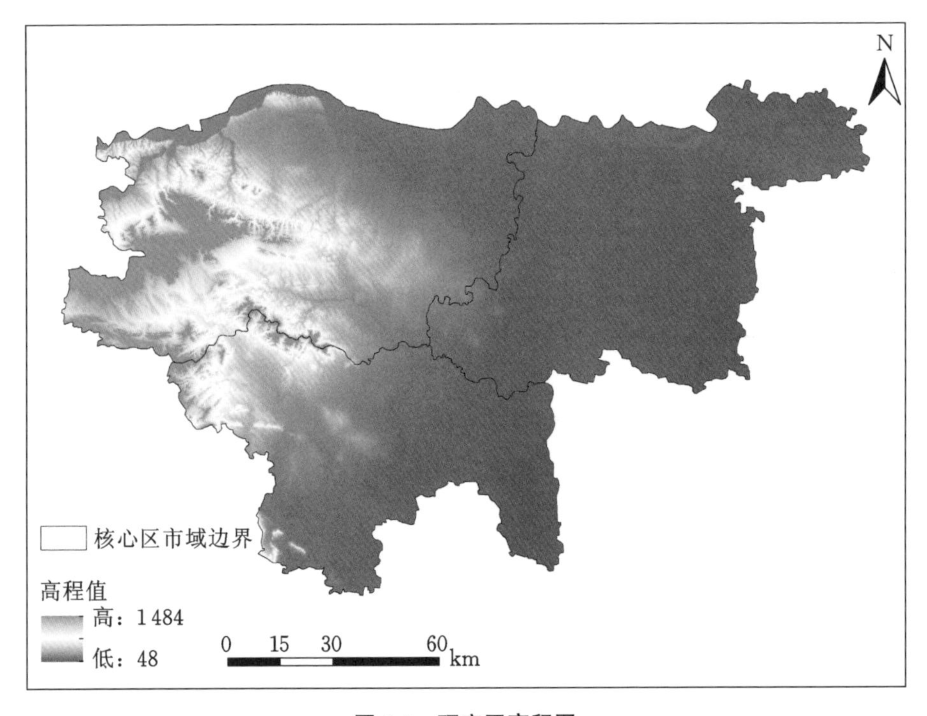

图 6-2　研究区高程图

成的岗区，中东部均为黄淮冲积平原，最低海拔 50.4 m。开封市域地势较为平坦，其位于黄河冲积平原的尖端，海拔 68～78 m。

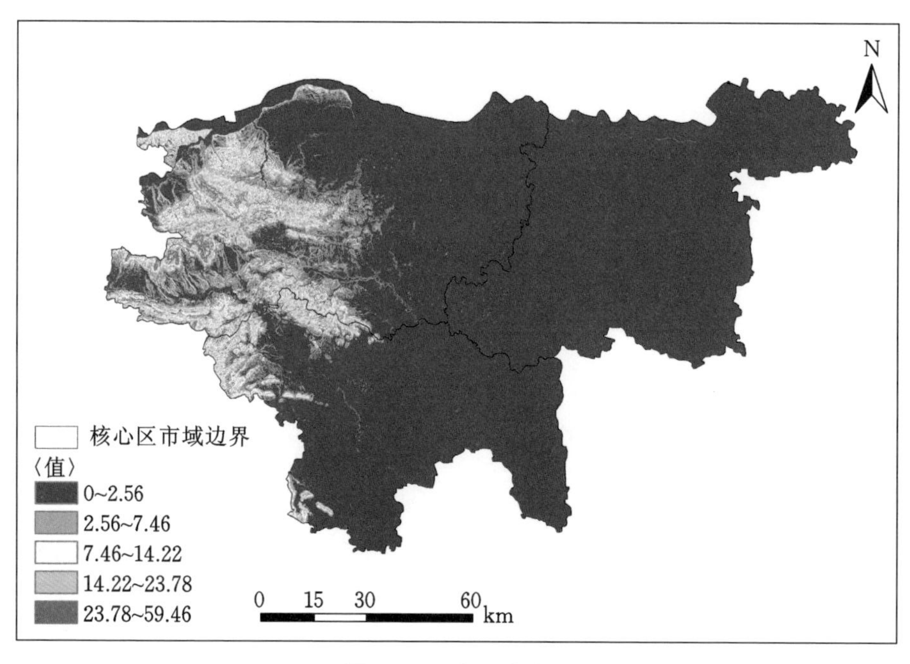

图 6-3 研究区坡度图

6.1.2 自然资源概况

郑州都市圈核心区的自然资源较为丰富，包括水资源（图 6-4）、矿产资源、土地资源、植物资源、动物资源等。研究区地处黄土高原与黄淮平原交界地带，地跨黄河、淮河与海河三大流域，黄河、南水北调中线工程在郑州形成十字交叉。

1. 郑州

郑州市有大小河流 124 条，其中流域面积较大的河流有 29 条，分属于黄河和淮河两大水系。郑州市自然资源丰富，有煤、铝矾土、耐火黏土、油石等 36 种矿藏。市域范围内有典型的河流湿地生态系统，动植物资源丰富，每年数量巨大的候鸟在此停歇、越冬或繁殖。

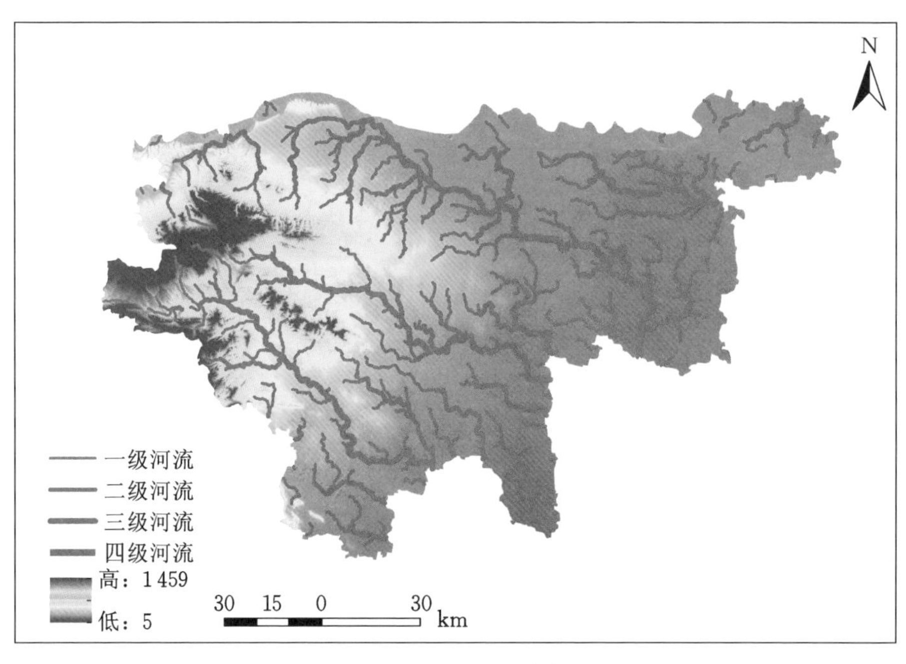

图 6-4 研究区流域分布图

2. 开封

开封境内河流众多，分属两大水系。黄河大堤以北滩区为黄河水系，流域面积 281 km²；黄河大堤以南属淮河水系，主要河道有惠济河、马家河、黄汴河、贾鲁河、涡河等，流域面积 5 985 km²。开封市植物资源丰富，陆生植物和水生植物有 800 余种；已探明的地下资源有石油、天然气等。

3. 许昌

许昌市降水量充沛，地表水主要来源于天然降水。许昌市境内已知矿藏主要有煤、铝矾土、铁等。许昌市森林资源丰富，全市森林覆盖率达 33.5%，城市建成区绿化覆盖率达 42.68%，城市郊区森林覆盖率达 26.48%，基本形成了以 400 km² 花卉苗木为基础，以 2 000 km 通道绿化为骨架，以 2 800 km² 农田林网为脉络，以沟、河、路、渠、村庄“四旁”和宜林荒山绿化为重点的林网化、水网化的森林城市框架，呈现出“城区绿岛、城郊林带、城外林网”的城市森林景观。

6.1.3 社会经济概况

郑州都市圈具备发展成为国家级、具有世界影响的大都市圈的潜力，人口规模将达到 2 000 万～3 000 万，其中郑汴许金三角区域是郑州都市圈实力最强、人口集聚最多、发展潜力最大的区域，人口规模已超过 2 000 万人（表 6-1）。郑州都市圈是河南省乃至中部地区承接发达国家及中国东部地区产业转移、西部资源输出的枢纽和核心区域之一。伴随着城市体制和机制的改革，以及全域资源整合力度和结构优化格局的不断升级，郑州都市圈经济、社会、环境协调发展，并逐步从非均衡发展阶段向相对均衡发展阶段迈进。以郑州为主核、洛阳为副核，联动开封、新乡、许昌、焦作、漯河、平顶山、济源的郑州都市圈，经济总量占河南省的三分之一以上。从《河南统计年鉴 2021》数据来看，2020 年郑州都市圈核心区家庭人均收入为 2.89 万元、家庭人均消费为 1.87 万元（表 6-2），是郑州都市圈经济实力最强、发展速度最快的地区之一。

表 6-1　2020 年郑州都市圈核心区各市人口和面积情况

省辖市	郑州	开封	许昌	郑州都市圈核心区合计
人口/万人	1 262	483	438	2 183
面积/km^2	7 567	6 118	4 879	18 564

表 6-2　2020 年郑州都市圈各市居民人均收支情况

省辖市	郑州	开封	许昌	郑州都市圈核心区
人均收入/万元	3.73	2.26	2.69	2.89
人均消费/万元	2.30	1.69	1.63	1.87

注：数据来自《河南统计年鉴 2021》。

6.1.4 空间结构概况

郑州都市圈已初步形成“米”字形的交通线路（图 6-5）。郑州都市圈的北部有新乡和焦作两座城市，它们与郑州之间的联系日益密切，南部则有许昌，这样的交通线路可以提升周边城市的带动功效，推动各级城市明确分工和协同发展，帮助打造城市特色鲜明、布局规划合理的现代化产业区和密集的城镇带。郑州都市圈内，作为“一带一路”建设的重要连接城市节点，郑州与开封之间的联系已经非常密切，要着力巩固推进郑州与洛阳之间的联系。位于郑州北部的新乡已经开始规划建设平原一体化，焦作也已经开通到郑州的城际铁路，实现郑州都市圈各城市间的协同发展。在郑州都市圈综合交通运输方面，形成以轨道交通为骨干、快速路为基础的交通格局（图 6-6）。郑州有三个主要的交通枢纽站，即郑州站、郑州东站和郑州新郑国际机场，其他城市也会发展综合性枢纽，如在许昌建设区域性枢纽，在新乡建设地区性枢纽，实现都市圈内现代化交通体系的建设，以确保郑州都市圈内外的交通更加畅通。

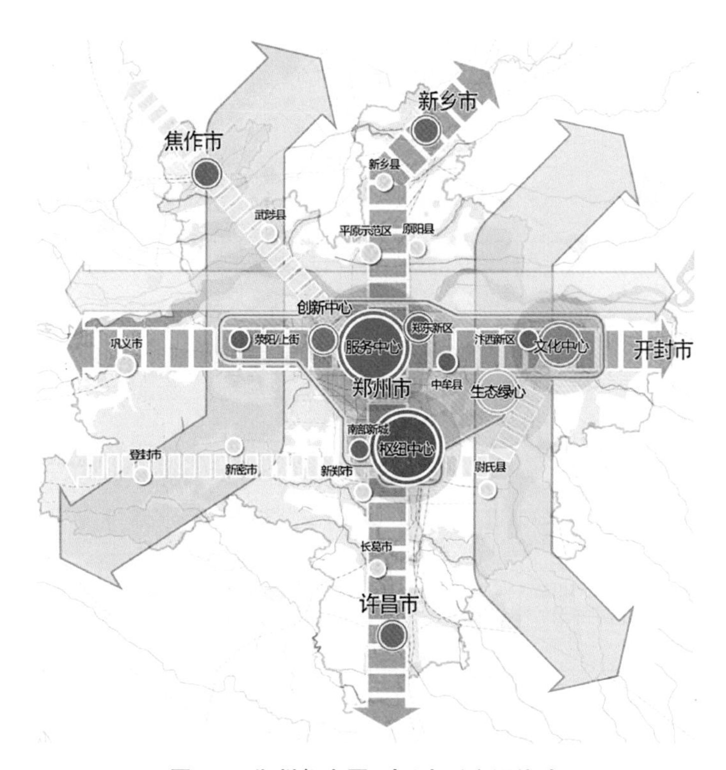

图 6-5　郑州都市圈“米”字形交通线路

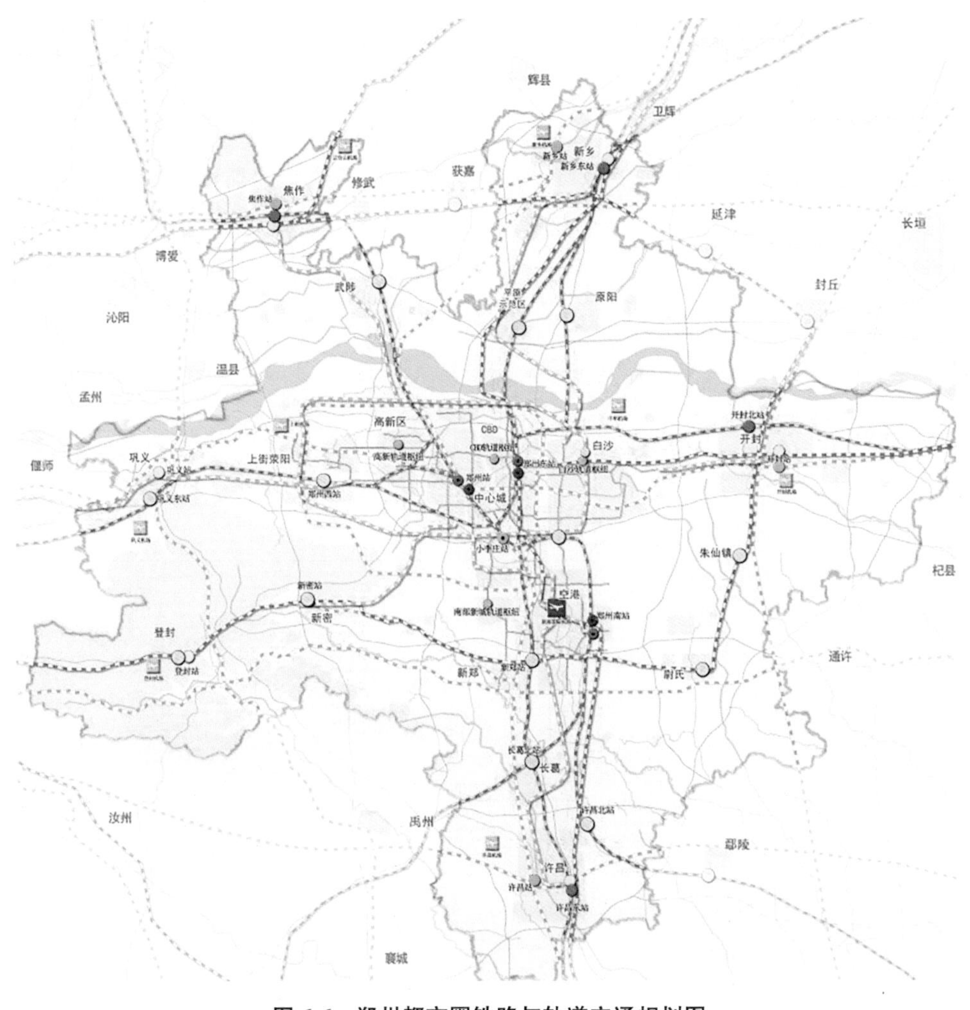

图 6-6　郑州都市圈铁路与轨道交通规划图

（图片来源：《郑州大都市区空间规划（2018—2035 年）》）

6.1.5　生态环境概况

1. 生态环境状况

郑州都市圈生态本底较好，生态系统类型多样，植被覆盖率较高，区域内自然资源和生物资源丰富，西南部以山、林为主，北部以水、田为主，西北部森林覆盖率和植被覆盖率明显高于东南部（图 6-7）。但城市与外围生态体系未形成有效互动，城市与生态融合度不高，城镇空间中只有少量的生态空间穿插其中，甚至在组团与组团之间也缺少生态空间的隔离。尤其以郑州市区、新乡市区、许昌市区城市生态融合度较低。郑州都市圈地处黄土高原与黄淮平原交界地带，地跨黄河、淮河与海河三大流域，地形以平原和低山丘陵为主，气候温和，四季分明，雨热同期，光热资源丰富，动植物种类繁多，黄河、南水北调中线工程在郑州形成十字交叉，西北部南太行和西南部嵩山—伏羲山生态屏障功能显著，区域周边太行山国家级猕猴自然保护区、云台山国家森林公园等生态功能区分布广泛，具有较好的生态建设与保护基础。郑州都市圈核心区即郑州、开封、许昌三市，生态资源分布不均，主要分布在区域的西部（图 6-8）。

随着"实施国土绿化提速行动，建设森林河南"的逐步推进，各地市积极创建国家级生态文明城市、森林城市等行动的加快，郑州都市圈内人工生态系统的数量

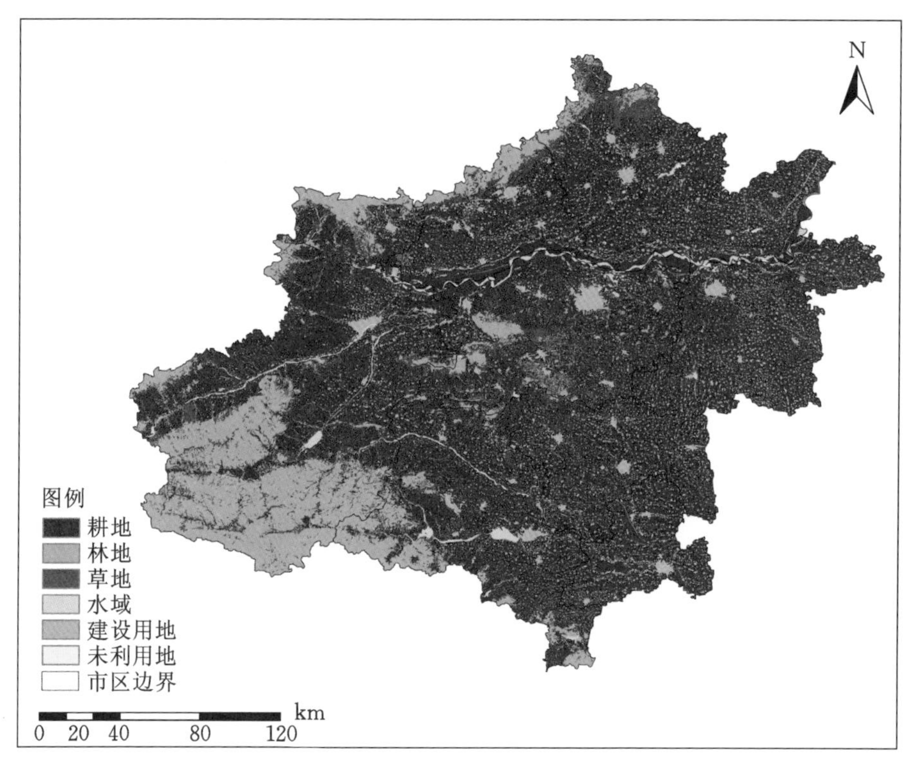

图 6-7 郑州都市圈生态空间现状图

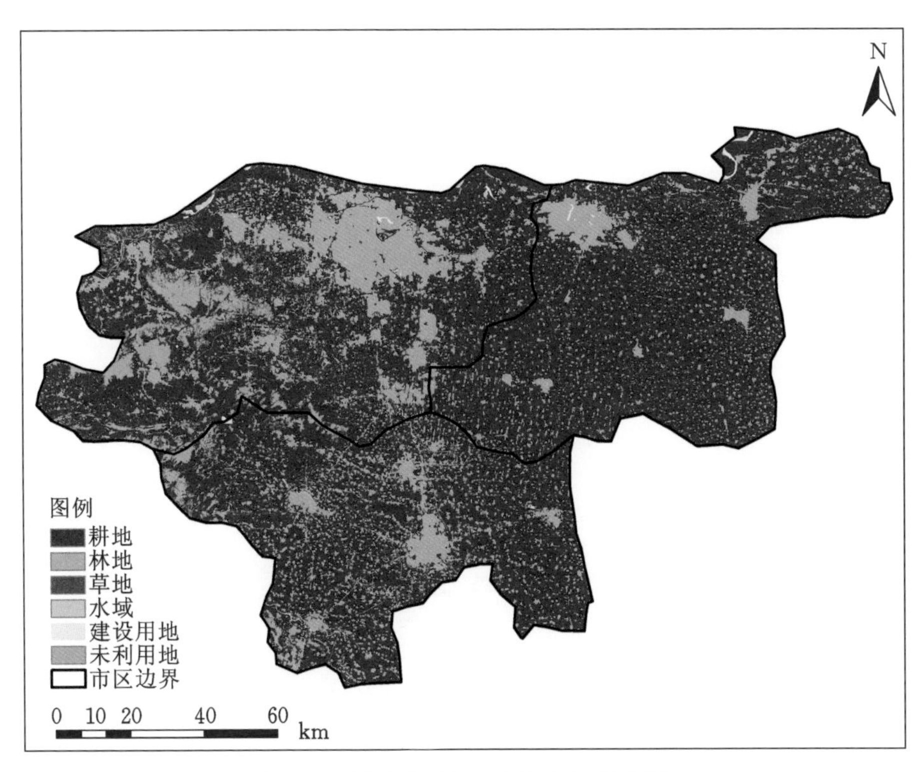

图 6-8　郑州都市圈核心区生态空间现状图

大幅度增加，都市圈核心区的 3 个城市均为国家级森林城市，还有 1 个省级森林城市、1 个省级森林小镇、4 个国家级森林公园、2 个国家级湿地公图、15 个省级森林公园；建有省级湿地自然保护区 2 处（表 6-3）。并且郑州都市圈统筹区域一体化，联合推动区域森林、湿地、流域、农田及城市五大生态系统建设，以此加快推进自然保护地整合优化，提升都市圈核心区生态系统的稳定性，维护生物多样性，全面增强区域生态服务功能。同时，为了贯彻习近平总书记关于黄河流域生态保护和高质量发展的指示精神，河南省发展和改革委员会发布《2021 年郑州都市圈一体化发展工作要点和重大项目》，有关都市圈生态网络建设规划了不同方面的措施，包括沿黄生态带建设、河流综合整治及生态功能区建设，对郑州都市圈核心区生态网络的建设具有积极意义。

表 6-3　郑州都市圈核心区生态建设一览表

建设项目	地区和名称	项目数量/个
国家级森林城市	郑州市、开封市、许昌市	3
国家级森林公园	登封市嵩山国家森林公园、开封市开封国家森林公园、新郑市始祖山国家森林公园、新郑市国家古枣林公园	4
国家级湿地公园	长葛市双洎河国家湿地公园、河南郑州黄河国家湿地公园	2
省级森林城市	登封市	1
省级森林小镇	登封市大熊山森林旅游小镇	1
省级森林公园	郑州市森林公园、郑州市黄河大观森林公园、郑州市黄河森林公园、中牟县中牟森林公园、荥阳市桃花峪森林公园、荥阳市环翠峪森林公园、巩义市嵩北森林公园、巩义市青龙山森林公园、巩义市南河渡森林公园、登封市大熊山森林公园、登封市香山森林公园、新密市神仙洞森林公园、新密市新密森林公园、长葛市森林公园、尉氏县贾鲁河森林公园	15
省级湿地自然保护区	开封市柳园口省级湿地自然保护区、郑州黄河湿地自然保护区	2

2. 生态环境挑战

郑州都市圈核心区包含郑州、开封、许昌 3 个城市，它们是整个区域的核心引擎。城镇化和工业化的加剧导致区域内人口、资源压力等问题严重，城市扩张导致生态景观发生质的变化，生境斑块不断地被侵占，生态廊道（包括结构性廊道、功能性廊道）被隔断，景观连通性降低，城镇化与生态环境之间的冲突愈演愈烈，生态环境问题给城市可持续发展带来了巨大的挑战，涉及生态功能、生物多样性、水土流失等方面。郑州都市圈核心区是郑州国家中心城市的动力所在，建设用地供需矛盾更加突出。长期以来过度开发，环境受到严重污染，森林生态系统日益脆弱，生物栖息地被道路、农田、居住区等分割成生态孤岛，重要生态用地如林地、水域等都出现破碎化现象，导致生态用地质量不断降低，生物多样性受到严重破坏。

6.2　研究方法、研究内容与技术路线

6.2.1　研究方法

生态网络构建经典路线可以概括为三个步骤：首先，基于目标源数据，利用景

观格局指数分析区域生态用地空间特征，进而识别生态用地存在的问题，并评估区域生态用地景观指数综合分值；其次，基于 MCR 模型识别生态源地，构建基于土地利用、高程、交通等阻力因子的源地扩散最小累积阻力面，利用成本路径分析得到区域潜在生态廊道，识别生态节点，并采用重力模型对其进行优化，生成区域生态网络；最后，基于景观格局分析及生态网络优化结果，综合构建目标区域的生态安全网络。因此，生态网络构建可以总结为三个阶段，即数据处理阶段、分步构建阶段、优化分析阶段。

本书将以郑州都市圈核心区为研究区，基于 MSPA 法识别并提取出研究区域内生态功能最好的核心区景观类型。根据景观指数中的整体连通性（IIC）、可能连通性（PC）、斑块重要性（dPC）三个指标对核心区斑块进行定量评价，从而选取研究区内的生态源地；通过 MCR 模型使用最小成本路径方法生成生态廊道，并基于重力模型判定廊道的相对重要性；再通过中介中心度识别中介作用较好的斑块作为踏脚石，并规划研究区内潜在廊道，从而构建生态网络。

6.2.2 研究内容

1. 郑州都市圈核心区城乡区域土地利用变化与景观格局演变分析

通过解译 2000 年、2020 年的遥感影像，得出研究区内城乡部分空间近二十年土地利用变化图集，分析土地类型面积变化、土地类型转移矩阵等，对郑州都市圈核心区土地及生态空间价值进行分析评价，分析该区域在城镇化进程中土地的主要变化。通过 Fragstats 软件对研究区域内城乡 2000—2020 年景观格局演变进行计算，得出斑块数量、最大斑块指数、斑块聚合度指数、分维度指数、斑块聚合度等相关景观格局演变量化结果，分析研究区内城乡各类生态要素格局演变机制，为后续研究提供数据基础。

通过前期对土地利用与景观格局动态数据的归纳整理，得出研究区域内城乡空间近二十年各类生态要素（如水域斑块、草地斑块、林地斑块）的动态变化。精准定位城镇化进程对郑州都市圈城乡生态空间造成的负面影响，量化城乡生态环境恶化及生态要素斑块破碎化结果，分析总结城乡不同空间中不同生态要素的变化规律，为生态网络的建设与优化提供借鉴。

2. 郑州都市圈核心区城乡区域生态网络核心生态源地的确定

通过 MSPA 法与实地调研情况，客观识别都市圈核心区城乡空间生态源地。在前期数据处理的基础上，结合 Guidos Toolbox 软件识别出七种景观类型，即核心区（core）、桥接区（bridge）、岛状斑块（islet）、环道区（loop）、边缘区（edge）、支线（branch）、孔隙（perforation），并分析计算各景观类型的综合要素特征。应用Conefor 2.6软件，输入斑块连通距离阈值和连通概率，计算得出斑块的景观连通性等相关指数，选取区域景观要素中重要度指数较高的动植物栖息地斑块，并根据核心区的评价结果得出最终的生态源地，用于后续的分析计算。

3. 郑州都市圈核心区城乡区域生态网络模型的构建

通过分级评价并基于MSPA的景观类型，将核心区、桥接区、岛状斑块的物种迁移阻力予以重点考虑，结合人工干扰较大的耕地区域、建设用地区域及未利用地区域，合理设置景观阻力面。基于MCR模型和研究区域景观阻力面，计算得出研究区城乡生态廊道的分布位置，即生态网络布局。基于重力模型得出廊道重要性分级评价，通过潜在的生态网络表征核心区的城乡生态空间发展潜力，为后续网络结构优化策略的制定提供现实基础。

4. 郑州都市圈核心区城乡区域生态网络分区优化策略

根据初步构建的生态网络布局现状，在生态网络分布密度较低的地区和过长的廊道部分重新选取具有重要生态价值的踏脚石斑块作为补充生态源地，基于前期研究步骤补充计算出潜在的生态廊道。廊道网络结构分析中的生态网络闭合指数（α）、生态网络连接度指数（β）、生态网络连通度指数（γ）能够有效量化生态网络优化结果，对比分析优化前与优化后的网络指数，表征出生态网络的优化程度。结合研究区内城乡空间现状与上位实际规划需要，并根据前期生态要素变化的分析结果，在研究区内城市中心区、城乡交错区、市郊、乡村等自然保护区分别提出廊道的优化建设措施，包括森林生态系统、湿地生态系统、流域保护系统等。

6.2.3 技术路线

郑州都市圈核心区生态网络规划的技术路线大致分为四个部分：①数据阶段，获取遥感数据、高程数据、坡度数据等地理要素数据，通过对遥感数据进行解译等方式，处理数据用于研究；②识别生态源地，利用MSPA法定量识别生态源地的分布，通过景观连通性分析选取景观指数较高的斑块作为目标生态源地；③提取生态廊道，选取土地利用类型、高程、人为影响等因子构建研究区阻力因子指标体系并构建阻力面，利用MCR模型提取区域的潜在廊道，利用重力模型进行廊道重要性排序；④优化生态网络，通过增加生态节点、生态廊道、生态源地等方式提升生态网络指数，进而对生态网络进行优化（图6-9）。

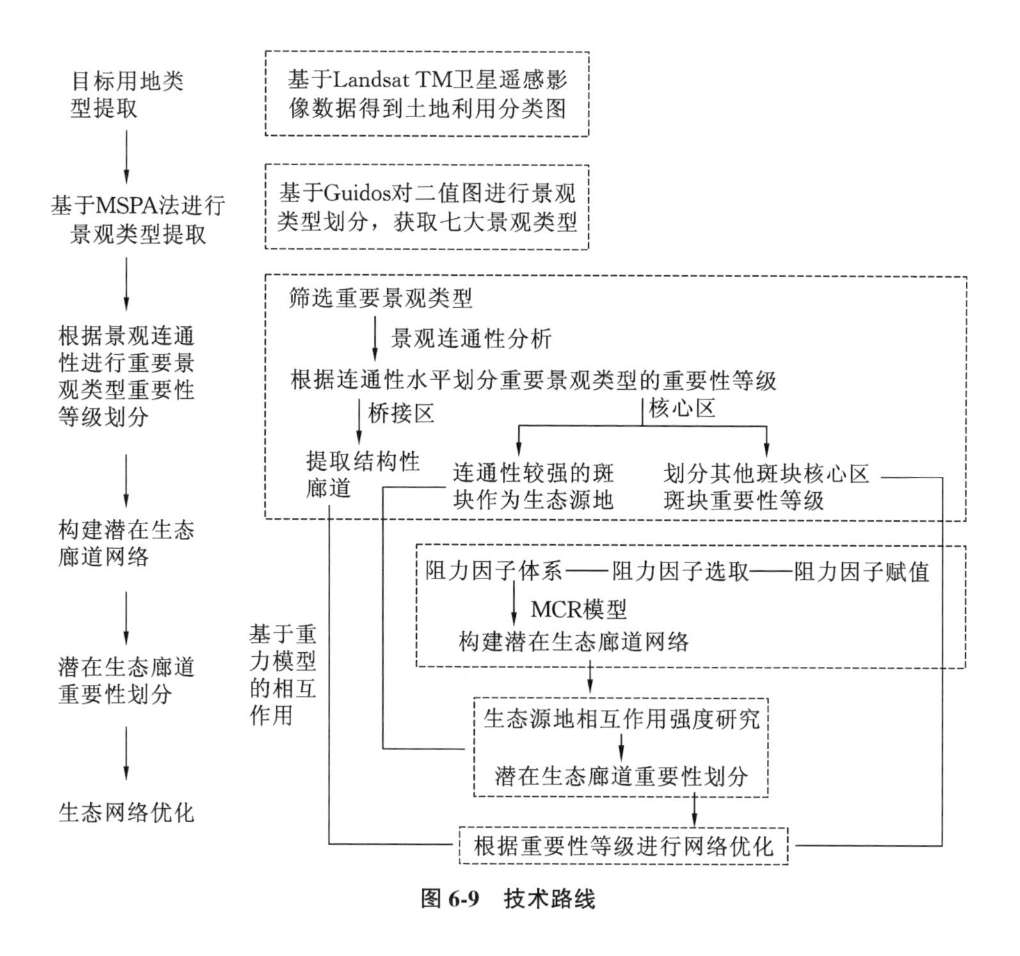

图 6-9　技术路线

6.3　数据来源与数据处理

6.3.1　数据来源

首先，以 2020 年郑州都市圈核心区土地利用数据为基础，划分出耕地、森林、草地、灌木丛、湿地、水域、建设用地等景观类型数据。从景观类型数据提取并导出森林、草地、灌木丛、湿地、水域为前景类型，纳入生境斑块，作为生态源地的备选图斑。

其次，选取 2020 年夏季少云天气的 Landsat 影像，利用 ENVI 软件对影像进行大气校正、几何校正、图像拼接等操作，提取相应波段，得到研究区完整的影像。

最后，从土地利用变更数据库提取铁路、公路、农村道路等道路图层数据，为后期构建阻力面提供基础数据。

本书运用的软件包括 ENVI、Fragstats 4.2、Guidos Toolbox、ArcGIS 10.2、Conefor Sensinode 等软件，所需基础数据一览见表 6-4。

表 6-4　基础数据一览

数据名称	数据来源	数据格式
土地利用数据	地理空间数据云	矢量数据
DEM 数据（30 分辨率）	地理空间数据云	矢量数据
地理要素数据	地理空间数据云	栅格数据
社会经济统计数据	人民政府网	文本数据
城市规划文本	人民政府网	文本信息

6.3.2　数据处理

数据处理是生态网络构建的基础。利用 ENVI 5.3 软件将 TM 遥感影像数据进行多光谱融合，然后将融合后的遥感影像数据进行大气校正、几何校正，并对其进行拼接、裁剪，得到完整的研究区影像。采用支持向量机的方法进行监督分类，得到土地利用现状图，结合高分辨率的谷歌地球影像以及城市总体规划中的用地利用现状图，并结合实地考察进行精度检验，解译精度达到需要值，结果基本满足研究需要即可。

遥感影像在获取中会产生一定程度的变形，导致其与真实数值之间存在一定程度的误差，故基于 ENVI 平台对影像进行预处理来减少误差，其主要步骤为：辐射校正→选择训练样本→可分离度验证→分类器选择→分类后处理→精度验证。最后将影像图转为 TIF 图像文件格式，利用 ArcGIS 10.2 出图。其中辐射校正包含辐射定标和大气校正两部分，分类后处理时，是将合并后的小斑块采取聚类分析或主次分析等方式进行处理。通过进行精度检验，解译精度达到 98.8%，Kappa 系数为 0.984，结果满足研究需要。根据研究区的实际情况和研究目的的需要，将郑州都市圈核心区土地利用类型划分为 6 类，即耕地、林地、草地、水域、建设用地和湿地。

6.4 都市圈生态用地演变

6.4.1 土地利用变化

随着城镇化的推进，城市建设用地的不断扩张，生态用地被侵占、环境污染引发的水资源枯竭等问题凸显。在某种程度上可以通过土地利用强度的变化来反映一定时期内各类用地类型在规模上的变化。通过分析郑州都市圈在 2000 年和 2018 年各用地类型的用途转变、规模及占比情况，可以了解土地利用强度。郑州都市圈在 2000—2018 年土地利用结构发生了较大的变化，表现为耕地占比减少 4.79%，约 1 482.1 km^2，建设用地占比增加 6.46%，约 1 993.74 km^2，但耕地依然是郑州都市圈占比最多的土地利用类型。从各类用地面积大小变化可看出，草地占比减少 0.98%，林地占比减少 0.91%，水域占比增加 0.31%。综上，郑州都市圈快速城镇化过程中土地利用演变主要表现为耕地的减少和建设用地的急速增加（表 6-5、表 6-6）。

表 6-5 郑州都市圈土地利用变化数据(2000—2018 年)

土地类型		2000 年		2018 年		2000—2018 年		
		规模 /km^2	占比 /（%）	规模 /km^2	占比 /（%）	变化强度 /km^2	年均变化强度/km^2	变化速率 /（%）
生态用地	草地	1 670.720	5.41%	1 367.970	4.43%	−302.75	16.819	0.05%
	林地	1 802.020	5.84%	1 522.870	4.93%	−279.15	15.508	0.05%
	水域	667.266	2.16%	761.863	2.47%	94.59	5.255	0.02%
耕地		22 523.700	72.94%	21 041.600	68.15%	−1 482.1	82.339	0.27%
建设用地		4 172.320	13.51%	6 166.060	19.97%	1 993.74	110.763	0.36%
未利用地		43.246	0.14%	14.135	0.05%	−29.111	1.617	0.01%
合计		30 879.272	100%	30 874.498	100%	—	—	—

表 6-6 郑州都市圈核心区各城市建成区扩张情况(1997—2012 年)

城市	1997—2002 年		2002—2007 年		2007—2012 年	
	增加面积 /km^2	变化速率 /(%)	增加面积 /km^2	变化速率 /(%)	增加面积 /km^2	变化速率 /(%)
郑州	56	9.5	161	18.6	66	3.9
开封	22	8.6	13	3.5	8	1.8
许昌	6	5.2	35	24.1	17	5.3

选取 2000 年、2020 年的土地利用数据，将用地类型分为草地、林地、水域、耕地、建设用地及未利用地 6 种类型，生成 20 年内郑州都市圈核心区的土地利用转移矩阵，该矩阵可以清楚反映前后两个时间段土地利用结构转换关系，展现建设用地和生态用地的变化趋势，为构建生态网络提供依据。

利用 ArcGIS 10.2 计算得出土地利用转换矩阵（表 6-7），可以看出，郑州都市圈核心区在 2000—2020 年各用地之间都发生了不同程度的转化，2000 年耕地与林地的面积总和占土地总面积的比例超过 80%，2020 年则约为 75%，说明出现了小面积的水土流失与土地退化现象，部分自然生态预留用地经过开发改造转化为其他类型；耕地是城市建设用地主要的转化类型。 总体上看，郑州都市圈核心区在近 20 年的发展中，空间扩张较为明显，城镇化进程显著，其中建设用地面积增长显著，其他各个方面都有一定程度的波动（图 6-10）。

表 6-7 郑州都市圈核心区土地利用转换矩阵(2000—2020 年)

2000 年土地分类	2020 年土地分类					
	草地	耕地	建设用地	林地	水域	总计
草地	56.43	478.82	71.24	209.96	2.87	819.32
耕地	40.74	10 963.53	2 246.81	128.69	44.76	13 424.53
建设用地	5.12	636.83	1 845.68	6.10	5.27	2 499.00
林地	18.91	405.51	79.64	402.73	3.51	910.30
水域	1.72	153.55	38.22	0.25	50.79	244.53
未利用地	0.32	4.66	0.60	1.09	0.75	7.42
总计	123.24	12 642.90	4 282.19	748.82	107.95	17 905.10

注：单位为 km^2。

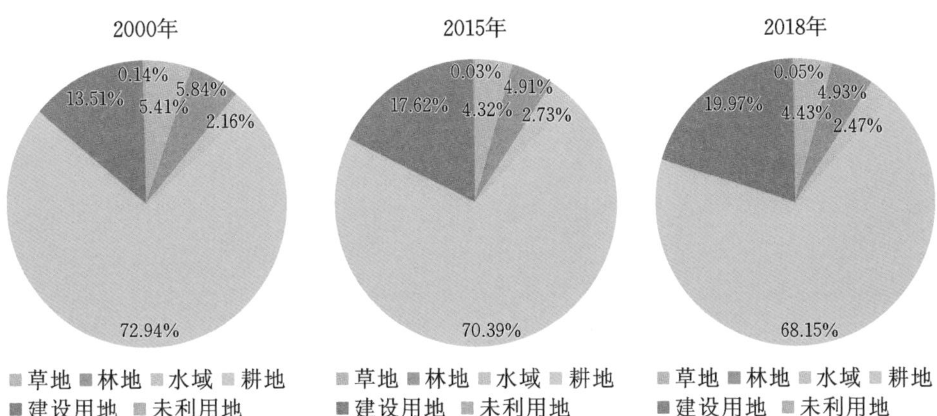

图 6-10　土地利用类型变化图

综上各土地利用量化数据，可根据以下因素定性分析其演变历程。

1. 现行政策因素

2003 年《河南省全面建设小康社会规划纲要》提出建设中原城市群，形成以郑州为中心的“集合城市”的区域经济发展增长极；2006 年《中原城市群总体发展规划纲要》确立了中原城市群九个中心城市的空间格局。 2013 年国家发展和改革委员会印发《郑州航空港经济综合实验区发展规划（2013—2025 年）》，标志着全国首个国家级航空港经济实验区正式设立，以“建设大枢纽、发展大物流、培育大产业、塑造大都市”为发展思路，形成了机场枢纽与产业聚集互动发展的良好态势；2016 年国家发展和改革委员会发布《促进中部地区崛起“十三五”规划》，支持郑州建设国家中心城市。 在各个时代背景下，各种规划和政策为郑州的发展提供了良好的契机。 结合《国家发展改革委关于培育发展现代化都市圈的指导意见》，提出郑州都市圈建设以郑州为核心，包括郑州市域，开封、新乡、焦作、许昌四市中心城区，以及巩义市、武陟县、原阳县、新乡县、尉氏县、长葛市、平原城乡一体化示范区，占河南 30% 的经济总量，是中西部地区经济实力最强、发展速度最快的地区之一。

2019 年《郑许一体化发展规划（2019—2035 年）》批复，该规划提出，到 2025 年郑许一体化发展格局将基本成形；《郑新一体化发展规划（2019—2035 年）》较好地体现了国家有关区域协调发展、新型城镇化、经济发展转型等方面的战略要求，体现了河南省支持郑州建设国家中心城市，推进“1+4”郑州大都市区建设的战略部署。 2020 年《关于郑州市国土空间总体规划情况的报告》提出，向东加快郑州与开封的“同城发展”，实现郑开同城化，从郑汴一体化到郑汴同城化的转变。 2021 年《郑焦一体化发展规划（2020—2035 年）》赋予焦作建设郑州大都市区门户城市的新定位。

现行政策基于要素间的发展需要，通过城市之间的空间联系来实现资源上的互联互通，进而实现要素间的全域发展。 空间联系通过道路系统、园区建设等方式，使建设用地的面积增加；空间的扩张在无形中侵占了部分耕地、林地、水域等，这直接导致了这部分用地骤减且破坏原有的生态网络。

2. 政治经济因素

城市经济快速发展，大量人口迁入导致用于生活、教育、医疗、交通等功能的建设用地增加，催生城市边缘逐渐向四周膨胀，接连吞并零散建设用地的同时占用耕地，将其转化为建设用地。 第三产业的蓬勃发展致使越来越多的人放弃传统农业生产业，大批乡村人口进入城市，乡村人口流失严重，耕地荒废。 正是这些人口与经济的综合作用，致使建设用地的占比增加，而耕地的占比骤减。

3. 农业结构调整因素

随着社会经济发展水平和农业生产技术的提高，温饱问题得到解决，粮食安全有了稳定的保障，人们对于农产品的种类有了更高的要求，促使农业从单一的种植粮食作物向果蔬、有机作物等多元发展，同时以旅游为主的特色小镇产业也正在蓬勃发展。 这些特色产业的发展占用了部分耕地，对耕地面积保护造成一定的压力。

6.4.2 景观格局演变

景观格局是指在一定的时间以及范围内，不同属性的斑块、大小及形态各异的景观要素特征在空间上的排列和组合。 景观格局演变和生态建设过程之间具有直接联系。 首先利用 2000 年、2020 年的遥感影像为数据源，在选取景观指标的基础上利用 ArcGIS 10.2 软件的栅格数据工具对土地利用景观矢量数据进行栅格化。 然后导入 Fragstats 4.2 软件中对景观指标（表 6-8）进行计算统计，在类型水平上选取最大斑块指数、斑块密度、斑块面积来表征景观破碎化状况，在景观水平上选取蔓延度、景观丰富度、均匀度指数来表征多样性。 最后得到研究区景观指数值（表 6-9），结果表明：2000—2020 年核心区斑块数量出现减少的情况，蔓延度降低说明景观出现了破碎化；均匀度指数较为稳定，涨幅不大；分离度指数有较小的提升，说明区域的生态建设有明显的成效；整体性指数基本保持不变，说明斑块间的连续性较强，生态系统较稳定。

表 6-8　景观格局指标及其意义

景观格局指标	意义
斑块密度	反映一定区域范围内景观破碎程度，斑块密度越小，破碎程度越高
斑块面积	景观的总面积，决定了景观的范围以及研究和分析的最大尺度
最大斑块指数	最大斑块面积占景观总面积的百分比，是斑块水平上优势度的度量
蔓延度	一定区域范围内景观中不同斑块类型的聚集程度，CONTAG 越高，斑块离散程度越低
景观丰富度	景观中所有斑块类型的总数，反映景观组分以及空间异质性
均匀度指数	测量一定区域范围内各类型景观占总面积的比例

表 6-9　核心区景观格局指数值变化统计(2000 年、2020 年)

年份	斑块个数/个	斑块面积/hm^2	斑块密度/(个/100 hm^2)	最大斑块指数/(%)	蔓延度/(%)	整体性指数	分离度指数	香农多样性指数	平均斑块大小
2000 年	8 310	1 894 032	0.438 7	72.061 5	59.231 1	99.646 6	1.922 6	0.478	227.92
2020 年	6 600	1 851 975	0.356 4	69.604 2	58.359 8	99.667 0	2.050 7	0.492 4	280.60

6.4.3　小结

根据前期对郑州都市圈核心区土地利用变化与景观格局演变分析，得到了研究区近二十年区域景观破碎化程度，2000—2020 年区域景观格局破碎化程度较高，分布不均衡。 2000—2020 年的斑块密度变化幅度较大，表征 2020 年斑块破碎化加快，破碎化现象较为严重；在最大斑块指数和景观聚集度指数空间尺度上，2000 年最大斑块指数值较高，表征研究区的核心区中面积较大的斑块变少，表明核心区斑块面积较大区域受斑块破碎化的影响较大；香农多样性指数变化趋势较为明显，这说明斑块形状复杂度较高，且高值主要分布在研究区东南、东北部沿黄地区，该区域也是 MSPA 景观类型中桥接区和支线等类型分布较多的区域，这说明桥接区、支线等 MSPA 景观类型形状不规则，破碎化严重，斑块以小型斑块为主。 可以得出以下结论。

①随着城镇化进程的推进，郑州都市圈核心区建设用地不断增加，核心区 3 个城市的中心绿地空间之间的连续性较差，零星分布在城市内部，城市内部的生态空间亟待改善与优化。

②城市生态空间占研究区总面积的 80%，构成研究区生态空间的主要景观类型为耕地景观、林地景观。 草地景观、林地景观的占比呈现部分下降，其景观格局和生境质量亟待提高。 因此以土地利用变化、生态要素转变的视角来归纳总结研究区的主要问题，从而对林地、草地、水域等进行更科学有效的管控，即制定更具有针对性的生态网络构建与优化策略。

③郑州都市圈核心区 3 个城市中心城区范围内，人口、建筑群密度大，绿地空间在总体绿地中所占面积比例非常低。 同时，中心城区绿地空间之间连续性差，与北部、西部山脉上的绿色空间在结构和功能上没能建立起有效的廊道连接，被建设道路分隔成绿色孤岛。 沿黄流域的开封、郑州，区位优势突出，因此要注重沿黄区域的植被保护，避免水土流失加剧。

6.5 生态源地识别与分析

6.5.1 基于 MSPA 的景观格局分析

形态学空间格局分析（MSPA）是一种偏向测度结构连接性的方法，是基于腐蚀、膨胀、开运算、闭运算等数学形态学原理而提出的图像处理方法，其依赖于土地利用数据，对土地利用重分类后提取林地、湿地、水域等自然生态要素作为前景，其他用地类型作为背景。 在利用 MSPA 对景观进行分类前，需要将四个关键参数进行定义，分别是像元大小、尺度参数、结构要素、边缘宽度（表 6-10）。 景观按形态分为互不重叠的七类，即核心区、孤岛、孔隙区、边缘区、环道、桥接区、分支（表 6-11），进而识别出对维持连通性具有重要意义的景观类型，增加生态源地和生态廊道选取的科学性。

表 6-10　MSPA 四个关键参数

关键参数	参数解释
像元大小	栅格图像的分辨率，不同的像元大小对结果有着不同的影响
尺度参数	基于目标景观范围的定义，包含研究区与范围以及比例尺，且其与边缘区和孔隙区的高度、核心类的面积、斑块的最大值都有联系
结构要素	在 MSPA 中分别有两种结构要素，即 4 邻域、8 邻域
边缘宽度	边缘宽度的选取与边缘效应成正相关，即边缘宽度与核心区数量有相关联系

表 6-11　MSPA 景观类型及生态学含义

景观类型	生态学含义
核心区	前景像元中较大的生境斑块，多为斑块面积较大的森林公园、大型林场，对生物多样性的保护具有重要意义，是生态网络中的生态源地
孤岛	相互独立且连接度较低的小型斑块，其内部物质、能量交流和传递的可能性比较小
孔隙区	核心区和非绿色景观斑块之间的过渡区域，作为一个过渡区域同样具有边缘效应
边缘区	核心区和主要非绿色景观区域之间的过渡区域
环道	连接同一核心区的廊道，是同一核心区内物种迁移的捷径
桥接区	连通核心区的狭长区域，代表生态网络中斑块连接的廊道，有利于物种迁移以及生境内景观的连接
分支	有一端与边缘区、桥接区、环道区或者孔隙区相连的区域

首先，基于研究区的土地利用现状图，提取林地、草地、灌木丛、水域、湿地为绿色基础设施要素并作为 MSPA 的前景，建设用地、耕地为非绿色基础设施要素并作为背景。其次，将矢量数据转为二值的 Geo Tif 数据文件，综合相关廊道理论、前人研究成果，将栅格数据大小设定为 30 m×30 m。最后，利用 Guidos Toolbox 分析软件，根据 8 邻域规则将边缘宽度设置为 1，运用 Guidos Toolbox 分析软件对栅格数据进行 MSPA，得到互不重叠的 7 种景观类型（图 6-11），并统计其分析结果（表 6-12）。

图 6-11 研究区景观格局

表 6-12 MSPA 法分类统计结果

景观类型	总面积/km^2	占全部景观类型的比例/（%）
核心区	913.34	83.66
孤岛	2.31	0.21
孔隙区	2.94	0.27
边缘区	152.36	13.96
环道	0.10	0.01
桥接区	2.62	0.24
分支	18.00	1.65

根据 MSPA 法，研究区各个不同生态功能斑块的分布以及占比情况如下。

①核心区面积有 913.34 km^2，占研究区景观总面积的 83.66%。从整个研究区的分布情况看，核心区位于北部、南部边缘以及西部，分布极其不均匀，空间上的连通性较差，在一定程度上阻碍了生物间的物质交流。

②边缘区面积为 152.36 km^2，占研究区景观总面积的 13.96%。边缘区的面积仅次于核心区，是不同斑块间交错、联系的重要组成部分，关乎斑块的生物多样性。

③桥接区是生物迁移最重要的途径，是生态廊道或潜在生态廊道的重要组成部分。研究区的桥接区较为缺失，景观连接度较弱，对生物扩散十分不利。

④孤岛即岛状斑块缺失，孤岛的重要作用就是作为生物在不同斑块间寻找栖息地、觅食等活动的踏脚石斑块，并且可以作为生态网络的生态战略点。

⑤分支面积为 18.00 km²，占研究区景观总面积的 1.65%。分支在景观中具有一定的连通性，是生物向外扩散的途径。分支作为连接核心区与非核心区的次级生态廊道，它的缺失会导致更多“孤岛”现象，使得生物迁移以及生物活动受到限制。

⑥环道表征的是同一核心区内物种迁移的捷径，研究区中环道面积极小，表明斑块内部的均质化严重，斑块内部的景观异质性较弱，这将直接导致研究区中物种丰富度下降。

通过对 MSPA 识别结果的总结可知，除了核心区占比较大，其他景观类型的占比均相对较小，面积过小且分布不均匀。这都表征郑州都市圈核心区景观存在均质化、破碎化等问题，同时表明建设、人为活动已经侵占了大面积的核心景观缓冲区域，使得生物迁移、能量传递、信息流动等方面都受到了一定的影响。

6.5.2 生态源地识别及重要性排序

对基于 MSPA 处理的数据进行提取，得到全部核心区生态源地为 2 045 个（图 6-12），同时参考前人研究成果（表 6-13），选取面积在 2.5 km²以上的 52 个生境斑块作为研究区的生态源地，共计 706.35 km²（图 6-13）。在生态源地确定后，需要对生态源地进行重要性排序，从而划分等级。

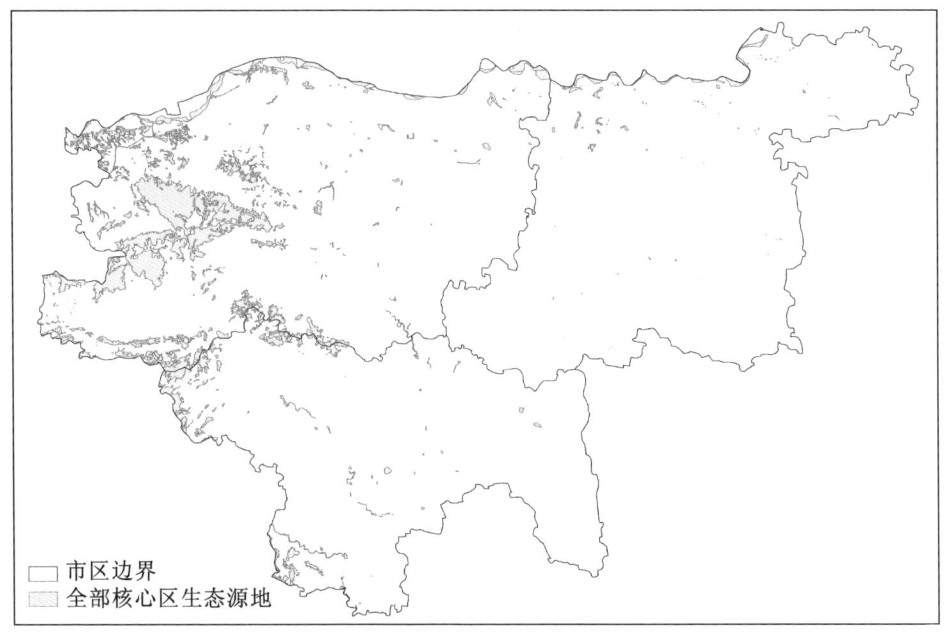

图 6-12 研究区核心区生态源地分布

表 6-13　生态源地数量选取实例参考

研究区面积/km²	生态源地面积/km²	生态源地数量/个	参考文献
8 034	≥0.5	8	《贵阳市生态网络分析》（李富笙等，2018）
25 300	10	45	《闽三角城市群生态网络分析与构建》（刘晓阳等，2021）
12 500	≥5	16	《基于 MSPA 与 MCR 模型的生态网络构建方法研究——以南充市为例》（刘一丁等，2021）
10 100	≥30	32	《基于景观分析的西安市生态网络构建与优化》（梁艳艳等，2021）
23 526.26	≥1	1 519	《江苏省土地生态网络规划中源地的选取研究》（周小丹等，2020）
45 330	≥1	32	《基于综合评价法的洞庭湖区绿地生态网络构建》（李晟等，2020）
13 500	≥3	34	《自然资源整合视角下泰山区域生态网络构建研究》（肖华斌等，2020）
218 000	10	217	《京津冀城市群生态网络构建与优化》（胡炳旭等，2018）
26 000	≥50	13	《基于 MSPA 和电路理论的南宁市国土空间生态网络优化研究》（宁琦等，2021）
179 700	26	92	《整合多重生态保护目标的广东省生态安全格局构建》（姜虹等，2022）

区域内景观连接度水平能够对某一景观类型是否适宜物种交流及迁移进行定量的表征，对于生物多样性的保护、生态系统的平衡，以及景观连通性都具有重要的意义。目前，在景观连通性评价方面，整体连通性指数（IIC）、可能连通性指数

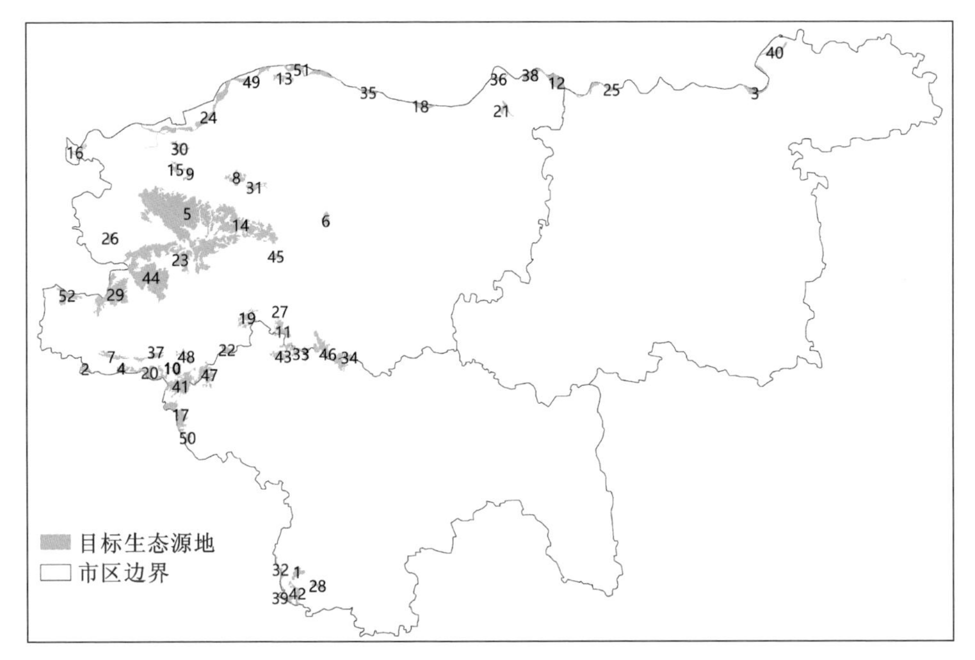

图 6-13　研究区面积在 2.5 km² 以上的生态源地分布

（PC）及斑块重要性指数（dPC）等是国内外常用的景观连接度评价指数，它们作为衡量景观格局与功能的重要指标，能够较好地反映出区域内核心斑块间的连接度水平。生态斑块连接指数越高，表征重要性越高，最终选择斑块重要性高的核心区作为生态网络的生态源地。

1. 整体连通性指数（IIC）

IIC 表示研究区内所有斑块的整体连通性，其计算式见式（6-1）。IIC 值在 0～1，数值越大，表明研究区内整体连通性越好。

$$\mathrm{IIC} = \frac{\sum_{i=1}^{n} \sum_{j=1}^{n} \frac{a_i a_j}{1 + nl_{ij}}}{A_{\mathrm{L}}^2} \tag{6-1}$$

式（6-1）中，n 表示研究区内斑块的数量，a_i 和 a_j 分别是斑块 i 和斑块 j 的面积，l_{ij} 表示斑块 i 与斑块 j 之间的距离，A_{L} 表示研究区内所有景观的总面积。

2. 可能连通性指数（PC）

PC 表示研究区内斑块之间的可能连通性，其计算式见式（6-2）。PC 值在 0～1。

$$\mathrm{PC}=\frac{\sum_{i=1}^{n}\sum_{j=1}^{n}a_i\cdot a_j\cdot p_{ij}^*}{A_L^2} \tag{6-2}$$

式（6-2）中，a_i和a_j分别为斑块i和斑块j的面积；p_{ij}^*为某生物物种直接在斑块i与斑块j之间迁移的最大可能性数值，A_L表示研究区内所有景观的总面积。

3. 斑块重要性指数（dPC）

dPC 表示斑块重要性，其计算式见式（6-3）。

$$\mathrm{dPC}=\frac{\mathrm{PC}-\mathrm{PC}_{\mathrm{remove}}}{\mathrm{PC}}\times 100\% \tag{6-3}$$

式（6-3）中，$\mathrm{PC}_{\mathrm{remove}}$表示将斑块从该研究区中除去后的景观连接度指数。

在进行景观连通性评价时，景观连接度阈值和连通概率的大小将直接影响从研究区内提取的数据的准确性，若距离阈值选取过大，则会导致大斑块割裂成小斑块，丢失某些重要的小斑块，所需要的斑块之间没有生态廊道连接。设置对比阈值区间分别为 100～500 m、500～1 000 m、1 000～1 500 m、1 500～2 000 m，通过比较分析得出，当阈值设置较小时才会有更多的小型斑块。因此，利用 Conefor 2.6 软件，将距离阈值设置为 500 m，连通概率设置为 0.5，选取斑块重要性指数（dPC）、可能连通性指数（PC）对研究区的景观核心区进行重要性评价，获取 dPC 数据作为参考，dPC≥0.5 的核心区（表 6-14）为一级生态源地（极重要），0.1≤dPC＜0.5 的核心区（表 6-15）为二级生态源地（重要），dPC＜0.1 的核心区（表 6-16）为三级生态源地（一般），从而对生态源地进行等级划分（图 6-14）。

表 6-14　一级生态源地景观连通性重要度排序

序号	生态源地编号	dPC	面积/km^2
1	1 288	79.67	175.51
2	1 188	33.24	63.50
3	1 370	32.36	91.22
4	1 286	28.72	11.78
5	1 411	1.38	37.43
6	1 790	1.19	22.31
7	420	1.10	26.47
8	1 762	0.76	13.31
9	1 701	0.52	19.97

表 6-15 二级生态源地景观连通性重要度排序

序号	生态源地编号	dPC	面积/km²
1	42	0.47	8.07
2	38	0.29	11.39
3	1 857	0.23	15.27
4	66	0.22	7.29
5	1 643	0.20	9.63
6	1 720	0.19	3.24
7	45	0.16	12.73
8	1 645	0.16	6.78
9	1 743	0.16	10.32
10	1 651	0.14	3.84
11	1 441	0.13	11.35

表 6-16 三级生态源地景观连通性重要度排序

序号	生态源地编号	dPC	面积/km²	序号	生态源地编号	dPC	面积/km²
1	2 017	0.096	5.59	17	890	0.022	4.70
2	1 378	0.095	9.79	18	178	0.019	4.30
3	1 978	0.072	5.19	19	201	0.015	3.90
4	848	0.068	8.28	20	1 124	0.015	3.87
5	1 506	0.066	4.69	21	104	0.013	3.68
6	1 694	0.061	3.24	22	551	0.013	3.66
7	1 459	0.058	4.30	23	1 996	0.013	3.58
8	108	0.057	7.60	24	1 592	0.013	3.56
9	134	0.054	7.40	25	724	0.012	3.53
10	2 013	0.041	3.02	26	805	0.009	2.94
11	1 636	0.036	6.00	27	1 186	0.008	2.89
12	1 650	0.035	5.99	28	1 991	0.008	2.85
13	510	0.027	5.18	29	1 698	0.007	2.67
14	7	0.025	5.06	30	1 248	0.007	2.57
15	1 659	0.025	4.98	31	1 872	0.006	2.56
16	44	0.023	4.84	32	40	0.006	2.51

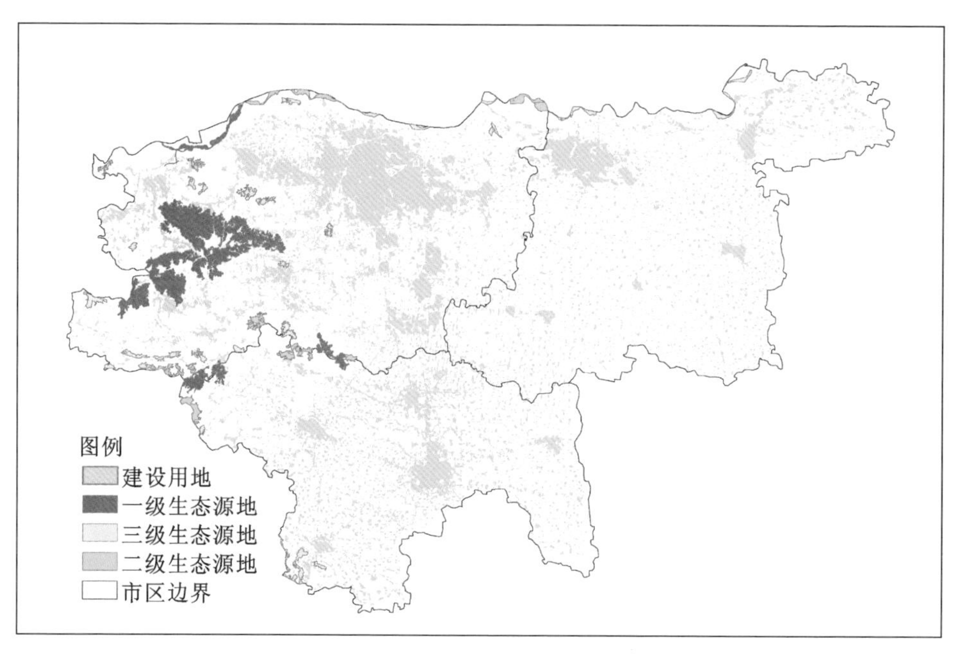

图 6-14 研究区生态源地分布

根据斑块重要性指数 dPC 的大小，在研究区中选定 52 个生态源地，这些生态源地几乎覆盖了研究区内所有重要的生态管控区和重点风景名胜保护区。一级生态源地就是核心生态源地，是生态网络上主要的节点，包括嵩山、伏羲山、长寿山、万山、黄河国家文化公园等；二级生态源地即一般重要生态源地，其生态意义为在生态网络中进一步保护并发展成为主要生态源地，主要分布在郑州市域北部沿黄流域，以及许昌市域的大鸿寨风景区、白石岩风景区和老君坑区域；三级生态源地可以称为踏脚石斑块，为生物提供临时栖息、觅食的场所。观察发现，区域内生态源地分布不均衡，大面积的生态源地主要位于研究区的西部和西北部，具体分布为许昌市域南部的湛北乡、郑州市域南部的白坪乡等乡镇，以及沿黄流域的黄河花园口、雁鸣湖镇等地。部分分布在开封市域北部沿黄流域的水稻乡、东坝头镇。郑州都市圈核心区三市中，郑州市的城市建设用地开发程度最高，建设用地的面积最大。

6.5.3 小结

本章主要是针对研究区景观格局的现状，通过 MSPA 法和连通性分析法确定了研究区的生态源地。在 MSPA 景观类型中，核心区是主要的景观类型，占总面积的 83.66%，是研究区最主要的栖息地区域，桥接区是互不相连的斑块，在核心区周围的桥接区的聚集性更高，核心区常作为生态网络中的“源地”。研究区的生态源地主要分布在西部、西北部，源地的面积大小差别大，以 dPC 为参考指标对研究区内具有重要作用的核心区进行景观连通性分析，选取 52 个目标源地，分为三级，为构建源地间生态廊道提供基础。

6.6 潜在生态廊道构建

6.6.1 生态阻力面构建分析

物种从源点到目标地迁移的过程中会经过不同类型的景观，会受到不同阻力的影响，物种在生态源地间进行物质交流、能量交流等需要克服不同的阻力，而阻力值则表征物种迁移的难易程度，其对生态网络规划具有重要意义。不同的土地利用类型有不同的阻力：建设用地由于受人为因素的影响较大，景观阻力指数也较大；生态功能较好的区域，如林地、草地等，景观阻力指数就较小。同时阻力因子的选取还要结合研究区自身的特征，如郑州都市圈核心区地形以平原为主，兼具部分丘陵，海拔最低处为 50.4 m，海拔最高处为 1 512.4 m，坡度的起伏变化不定，高程越高、坡度越大，其阻力值越大，越不利于物种迁移。因此，物种在迁移过程中，用地类型、坡度、高程都会对其产生干扰。

本书以 MSPA 和景观连接度评价结果为基础，从生态阻力的评价因子出发，搭建不同的评价指标体系。土地利用类型影响生态源地内部及生态源地之间的物质、能量及信息交流；高程、坡度影响土地资源在空间上的分布及利用方式；交通道路等指标因子主要对周边土地利用存在影响，会使土地利用结构及景观格局发生变化；居民点体现了城镇建设扩张的引力，城镇建设扩张的引力越大，越不利于生态源地的扩展；河流具有净化环境和改善生态的作用，距离河流越近，越有利于生态源地的扩展。

以研究区内的河流为例，以生态源地到水体的距离为约束因子，生态源地越靠近水源越有利于其扩展。郑州都市圈黄河生态带西至巩义市康店镇俩沟村，东至开封市柳园口乡刘庄村，全长约 180 km，宽 5～12 km。郑州都市圈黄河生态带是以滩区、沿黄生态林带等生态区块为基础，以郑州黄河国家湿地公园、花园口等一批现状湿地公园为核心，形成的沿黄河生态流域带；是南水北调中线干渠，从南至北依次经过长葛市、新郑市、郑州市区、荥阳市。郑州都市圈黄河生态带是一条相对较为完整的水系，采用专家打分法确定该因子的阻力分值，构建阻力体系。

选取土地利用类型、坡度、高程、距水体的距离、距道路的距离、距居民点的距离、距水体的距离，参考前人研究成果（表 6-17）并且根据相关文献和专家打分，构建阻力体系。阻力体系共分为五个阻力等级，将阻力值设定为 1～10，将土地利用类型、坡度、高程、距道路的距离、距居民点的距离、距水体的距离等的权重值分别确定为 0.3、0.1、0.1、0.25、0.15、0.1（表 6-18）。数值与阻力值成正比，数值越小，表明生态源地对物种的适宜度越高，物种迁移过程中的障碍越小，对于生态网络的构建越有利。最终采用 30 m×30 m 的栅格单元大小，在 ArcGIS 10.2 中利用栅格计算器得到各阻力因子阻力面（图 6-15），作为 MCR 模型的最小成本数据。

表 6-17　生态阻力面构建体系参考

研究区	阻力层	阻力值等级	权重值
西安市	土地利用类型	五级：1、3、5、7、9	0.2
	坡度		0.1
	距道路的距离		0.3
	距水体的距离		0.2
	距居民点的距离		0.2
乌鲁木齐市	土地利用类型	六级：1、10、50、100、150、200	0.6
	高程		0.1
	植被指数		0.3
湖南省	高程	五级：1、2、3、4、5	0.2
	坡度		0.2
	土地利用类型		0.3
	距道路的距离		0.3
闽三角城市群	土地利用类型	五级：1、3、5、7、9	0.216
	植被指数		0.123
	高程		0.103
	坡度		0.095
	距水源地的距离		0.134
	距建成区的距离		0.177
	距交通干线的距离		0.152

表 6-18　研究区阻力因子赋值及权重值

阻力因子	分级指标	阻力值	权重值
坡度/（°）	≤2.5	1	0.1
	2.5～7.5	3	
	7.5～14.0	5	
	14.0～24.0	7	
	≥24	9	
高程/m	≤48	1	0.1
	48～200	3	
	200～600	5	
	600～1 000	7	
	1 000～1 484	9	
土地利用类型	林地	1	0.3
	草地	3	
	水域	5	
	耕地	7	
	建设用地	9	
距道路的距离/m	≥2 000	1	0.25
	1 500～2 000	3	
	1 000～1 500	5	
	500～1 000	7	
	≤500	9	
距居民点的距离/m	≤500	1	0.15
	500～1 000	3	
	1 000～2 000	5	
	2 000～3 000	7	
	≥3 000	9	
距水体的距离/m	≤500	1	0.1
	500～1 000	3	
	1 000～2 000	5	
	2 000～3 000	7	
	≥3 000	9	

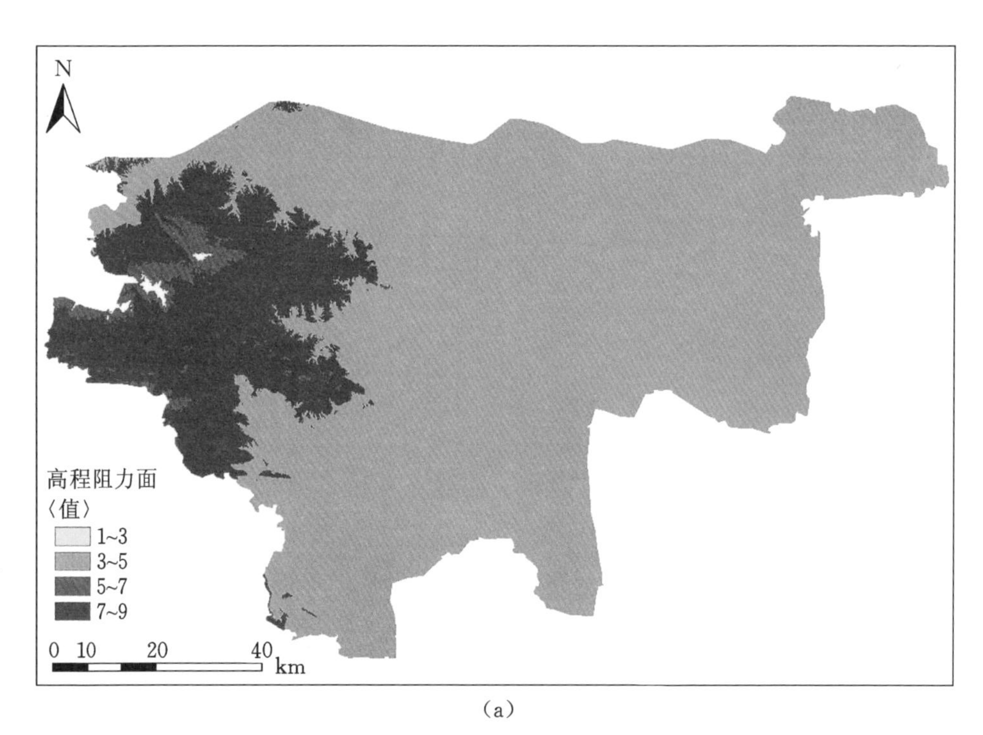

(a)

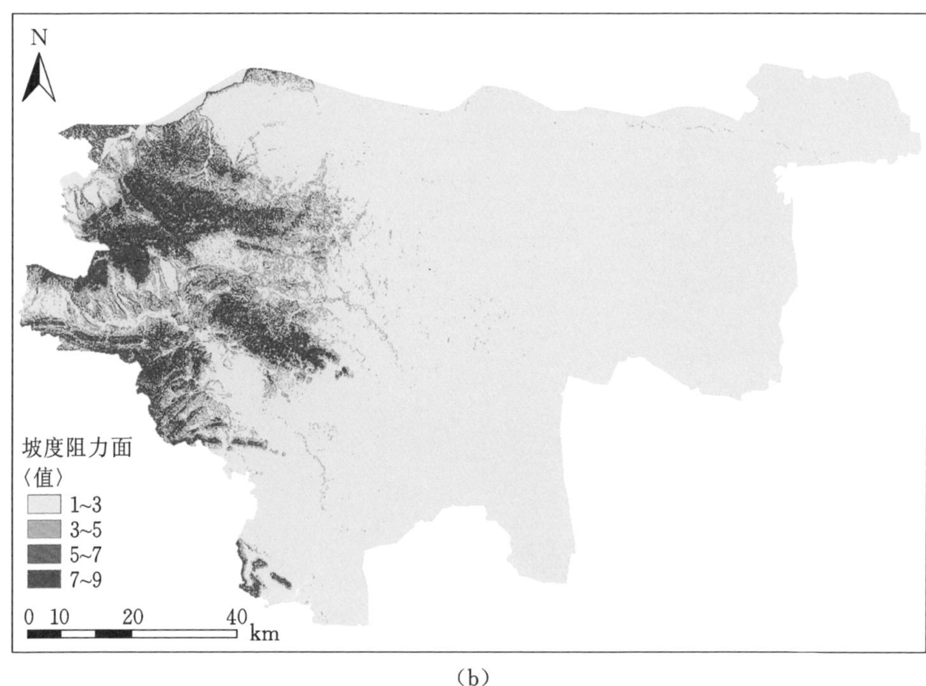

(b)

图 6-15　各阻力因子阻力面

(a) 高程阻力面；(b) 坡度阻力面；(c) 道路因子阻力面；
(d) 水体因子阻力面；(e) 居民点因子阻力面；(f) 土地利用类型因子阻力面

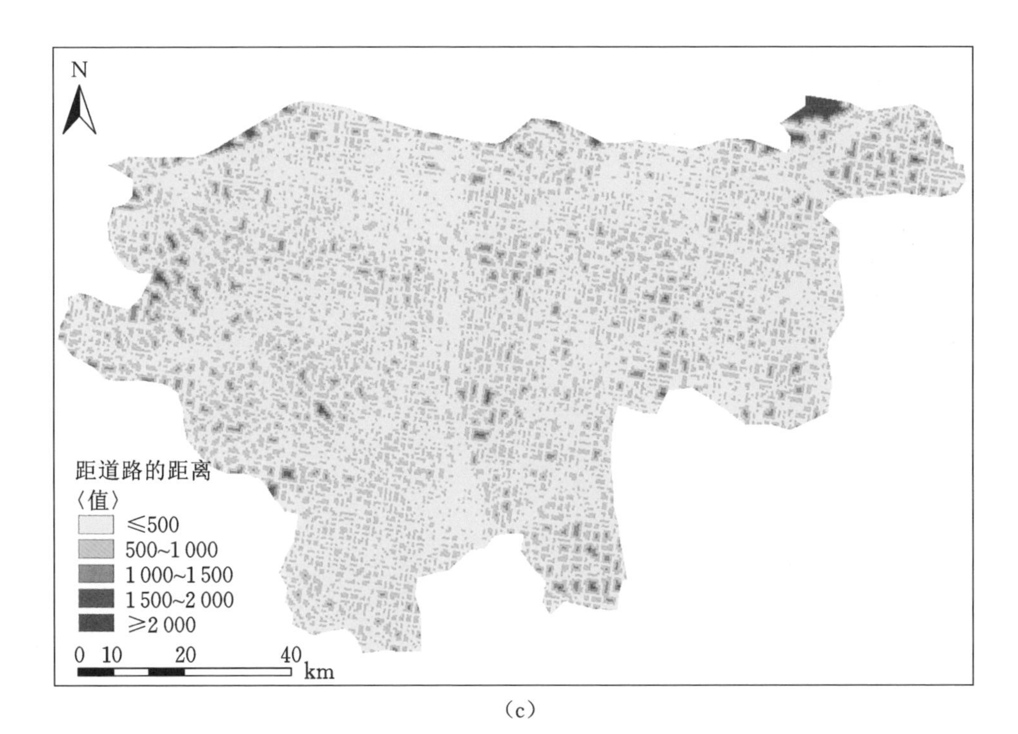
N
距道路的距离
〈值〉
≤500
500~1 000
1 000~1 500
1 500~2 000
≥2 000
0 10 20 40
km

（c）

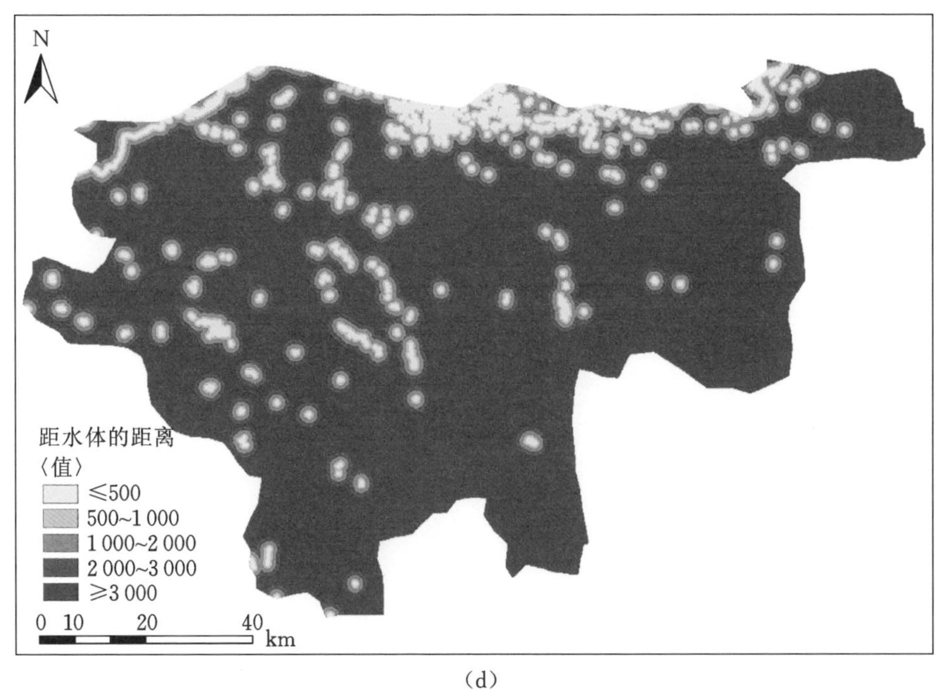
N
距水体的距离
〈值〉
≤500
500~1 000
1 000~2 000
2 000~3 000
≥3 000
0 10 20 40
km

（d）

续图 6-15

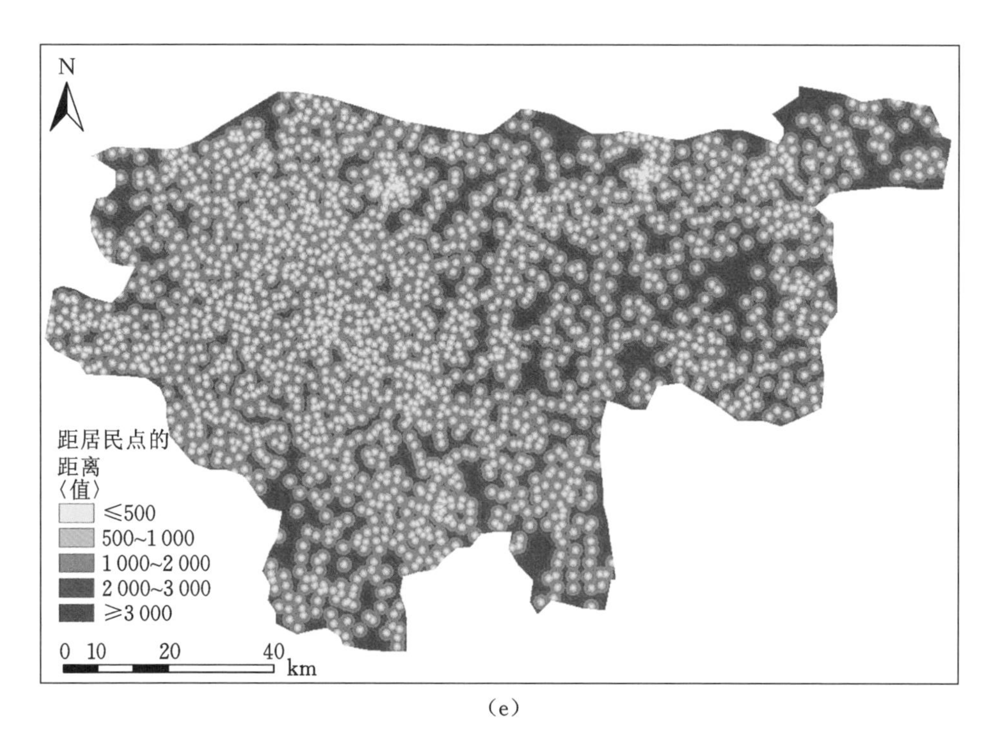
N
距居民点的
距离
〈值〉
≤500
500~1 000
1 000~2 000
2 000~3 000
≥3 000
0 10 20 40
km

（e）

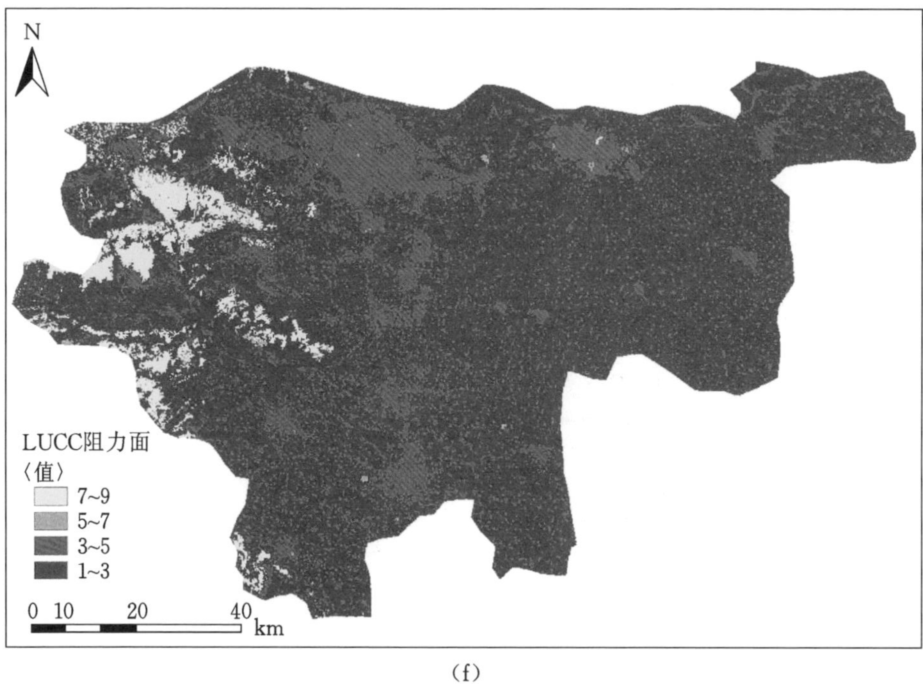
N
LUCC阻力面
〈值〉
7~9
5~7
3~5
1~3
0 10 20 40
km

（f）

续图 6-15

基于 ArcGIS 空间分析，计算得到了郑州都市圈核心区的生态综合阻力面（图 6-16）。研究区整体阻力呈现北高东低中部高的特征，最大阻力值达到 5.25，中部区域城市开发强度较大，北部与西部有一定的高程坡度，因此阻力值比较大，给物种迁移和能量流通造成了很大的影响。郑州都市圈核心区包括郑州市、开封市、许昌市，其中郑州市市域的生态阻力值较其他两市高，受到交通路网密度以及建设开发强度的影响，生态破碎化程度更大，不利于物种的生存及迁移。

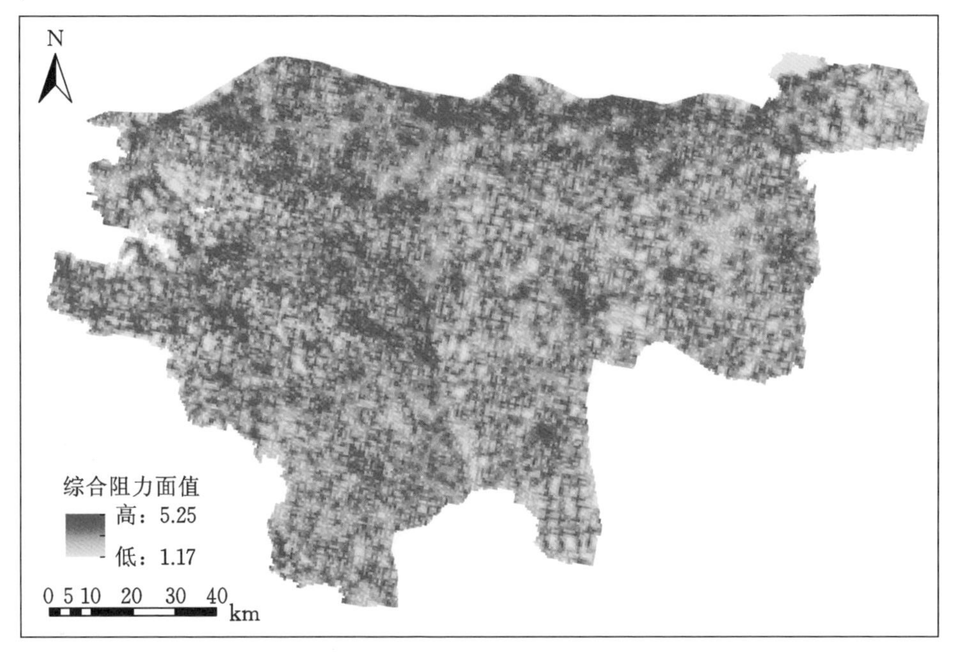

图 6-16　综合阻力面

6.6.2　基于 MCR 模型的生态廊道构建

MCR 模型建立的关键是源的选取和阻力面体系的构建，物种迁移和能量流动在跨越景观时会有一定的阻碍，景观阻力面表征了基底对物质、能量、信息流动的阻碍程度。综合研究区实际情况和数据资料的全面性、可获取性，筛选涵盖地质、地貌等自然要素因子以及涵盖人类活动的因子，包括土地利用类型、坡度、高程、距道路的距离、距居民点的距离、距水体的距离 6 个要素，作为研究区内物种迁移的约束因子。

以景观阻力面为基础，计算出一级源地间的廊道 45 条，长度为 735.97 km（图 6-17）；二级源地间的廊道 58 条，长度为 345.31 km（图 6-18）；三级源地间的廊道 1 706 条，长度为 14 779.36 km（图 6-19）。研究区廊道共计 1 809 条，总长度为 15 860.64 km，将重复且冗杂的廊道剔除，且对破碎的廊道进行合并后得到一级源地间的廊道 23 条，长度为 730.92 km；二级源地间的廊道 20 条，长度为 310.06 km；三级源地间的廊道 547 条，长度为 11 833.10 km。

以同样的方式，结合 MSPA 和景观连接度评价结果，将核心区和桥接区等生态网络中的结构性要素作为研究区的核心景观，并根据不同景观对物种迁移的阻力大小分别赋以不同的阻力值，构建研究区的消费面模型。景观阻力是指物种在不同景观单元之间进行迁移的难易程度，斑块生境适宜性越高，物种迁移的景观阻力就越小。然后，基于 GIS 软件平台，在 ArcGIS 的 Spatial Analyst 工具条下，使用 Distance 中的 Cost Weighted 工具，利用构建的消费面和生态源地生成每个源地斑块的累积成本面，再利用 Distance 中的 Shortest Path 工具，生成由源地斑块到目标斑块的最小路径。

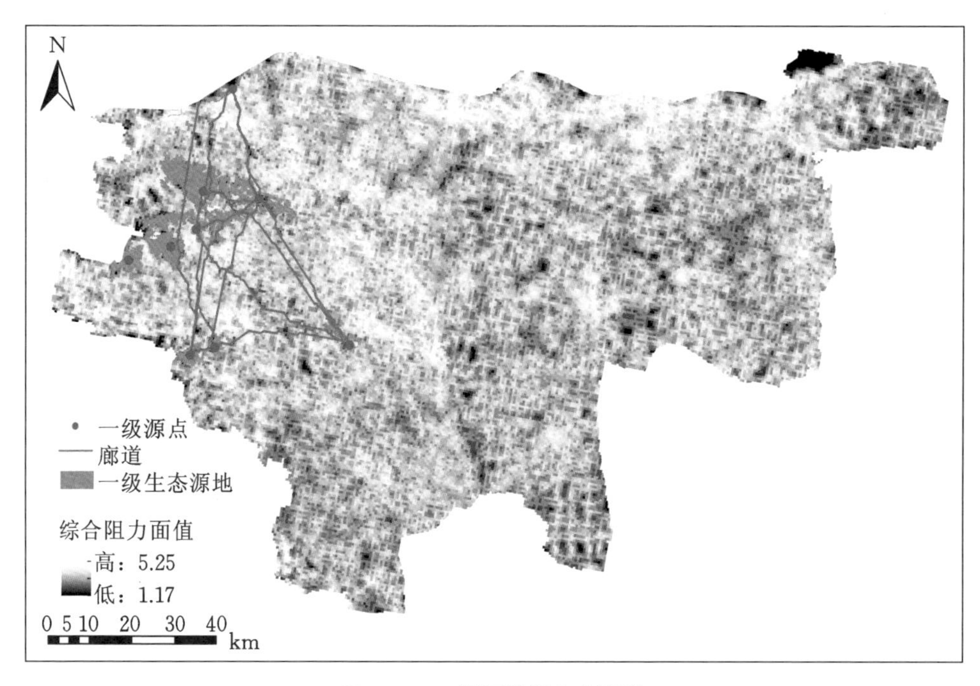

图 6-17　一级源地间生态廊道

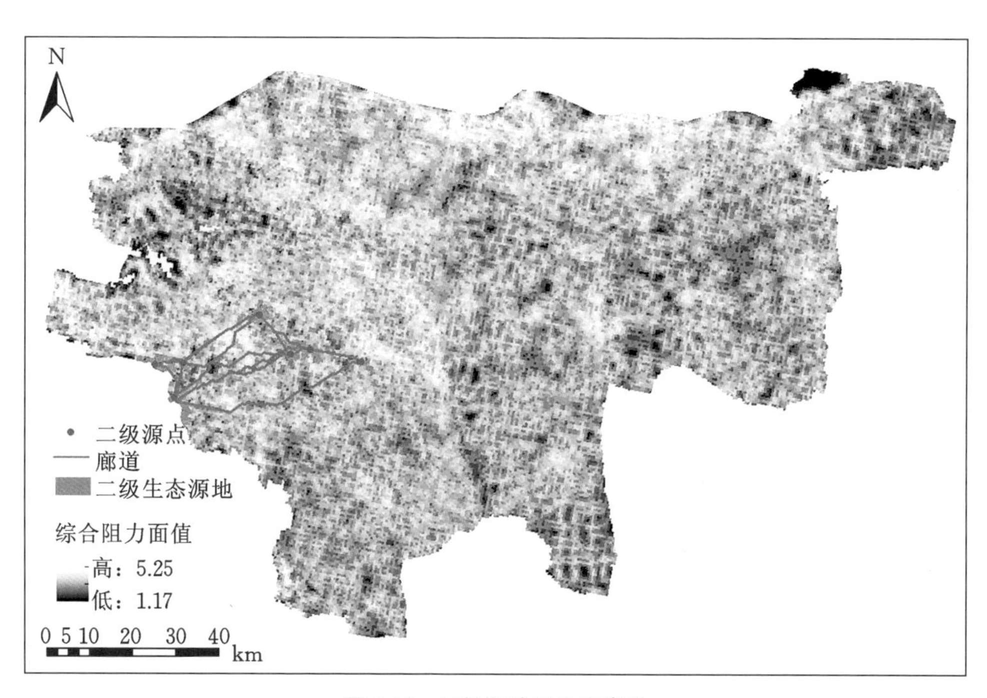

图 6-18　二级源地间生态廊道

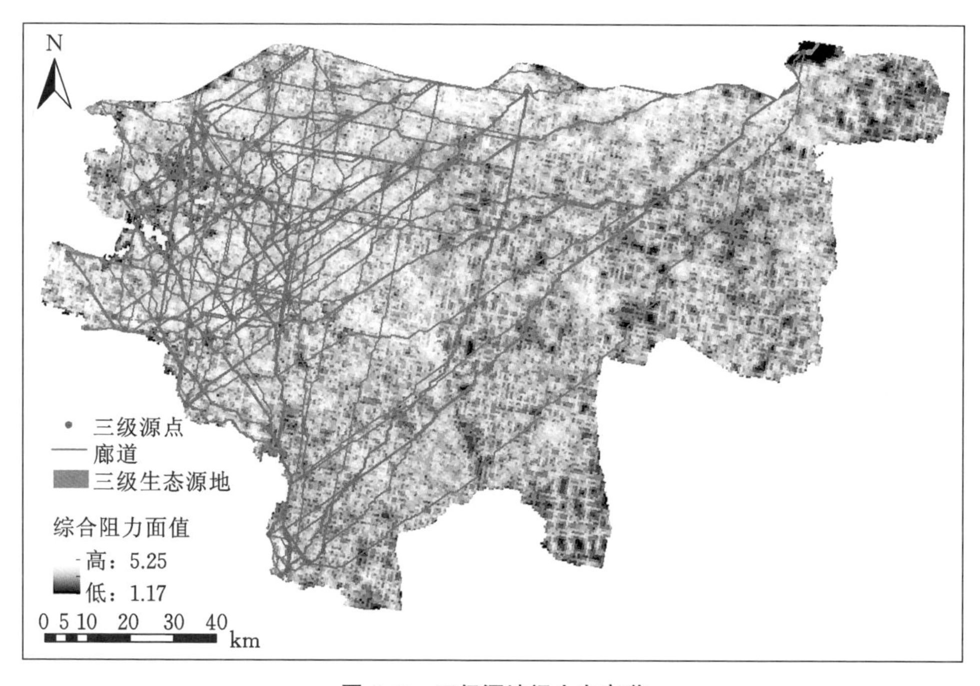

图 6-19　三级源地间生态廊道

计算生成郑州都市圈核心区各源地间的潜在生态廊道，剔除重复和冗杂的廊道后，生成潜在生态廊道共668条，长度为9 715.93 km（图6-20）。廊道是物种可利用的带状生态用地，生态源地和生态廊道共同构成了生态网络。由图6-20可以看出，郑州都市圈生态网络的分布是极其不均匀的，东部的生态源地数量较少，致使潜在廊道较为缺失。廊道主要集中在研究区的北部，依托太行山、嵩山生态区。

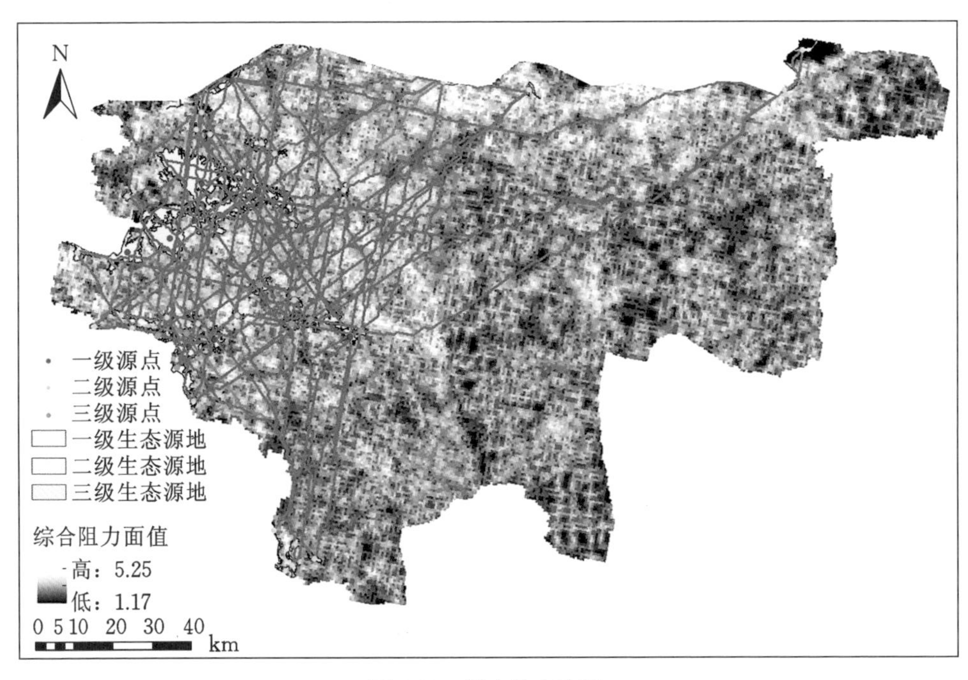

图6-20　潜在生态廊道

6.6.3　确定潜在生态廊道的等级

大型生境斑块是区域生物多样性的空间保障和重要源地，而生态廊道系统是保障生态源地之间物质与能量流通的路径，其对于生物多样性保护、生境质量优化和生态系统功能完整性保持具有重要意义。以重力模型为基础，量化MCR模型提取的生态源之间潜在生态廊道的重要性，构建相互作用的矩阵，定量地评估生态斑块之间的相互作用强度，识别出重要的潜在生态廊道，得到郑州都市圈核心区潜在生态廊道网络。对潜在生态廊道相对重要性程度的识别，为下一阶段生态网络的优化提供策略基础。

由于两个源地之间引力差异较大，根据重力模型结果以及保证源地之间互相贯通的原则，筛选出重要廊道和一般廊道。将所有生态源地通过栅格转点进行编号，利用重力模型计算后得到研究区内不同生态源地间的相互作用强度，生态源地之间的相互作用越强，物种迁移阻力值越小，则生态源地间廊道的建设意义就越大。将重力阈值设为100，相互作用强度大于100的生态廊道为重要廊道，其余的则为一般廊道，共筛选出63条重要廊道（图6-21）。

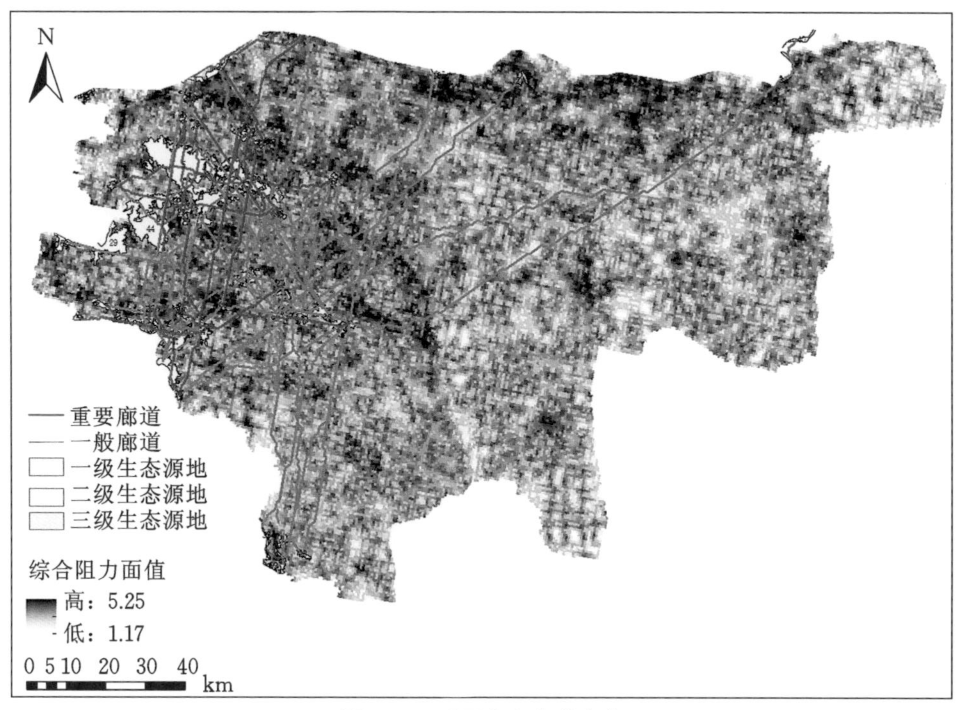

图6-21 重要生态廊道分布

根据重力模型计算得出63条潜在重要廊道相互作用强度表（表6-19）。根据表6-19可以看出，源地47和源地48之间的相互作用强度最大，为3 778.06，表征两源地间的生态引力较大，并且距离较近，景观阻力值较小。因此在构建研究区生态廊道时，应该将此类相互作用强度大的廊道列为重点规划廊道。源地47和源地20之间的相互作用强度为103.48，在重要廊道中为相互作用强度最小的廊道，源地47位于许昌市域范围内，源地20位于郑州市域范围内，该廊道分属两个行政范围内，廊道稳定性较差，因此建设此类廊道的成本较大。在63条潜在重要廊道中，重力阈值在500以上的仅有13条，剩下的50条廊道重力阈值在100～500，这说明源地间的廊道生态状况不均衡，存在两极分化的情况。因此在构建生态廊道时须发挥景观阻力值较小的廊道的生态价值，实现物质流在不同源地间的有效流通。

表 6-19　潜在重要廊道相互作用强度

起点	终点	相互作用强度	起点	终点	相互作用强度	起点	终点	相互作用强度
5	9	589.98	23	8	141.54	41	2	202.99
5	15	527.17	23	20	139.92	41	34	121.80
5	8	354.42	23	45	136.64	41	11	115.13
5	26	329.69	14	37	106.55	46	34	1 927.25
5	30	298.77	20	37	157.66	46	11	387.29
5	31	255.00	23	26	335.64	46	27	306.58
5	45	174.62	23	37	216.24	46	33	147.37
5	37	154.26	23	8	141.54	46	22	108.73
5	16	112.92	23	20	139.92	47	48	3 778.06
10	48	204.99	23	45	136.64	47	22	1 414.14
14	31	780.14	14	37	106.55	47	37	968.67
14	45	729.32	20	37	157.66	47	50	305.72
14	8	613.43	24	30	788.41	47	10	287.80
14	9	279.32	24	9	420.58	47	11	207.05
14	6	196.18	24	15	382.61	47	7	179.96
14	15	190.55	24	8	282.56	47	27	169.01
14	37	106.55	24	31	205.02	47	2	137.14
20	37	157.66	24	13	155.36	47	17	108.63
23	26	335.64	41	48	2 158.26	47	20	103.48
23	37	216.24	41	37	1 888.84	41	2	202.99
23	9	205.84	41	43	633.49	41	34	121.80

根据图 6-21 中的廊道分布情况来看，郑州都市圈核心区的重要廊道以线状、网状和环状相连，源地 8、源地 26 以及源地 45 间的重要廊道呈环状，源地 41、源地 47、源地 37、源地 48 之间的重要廊道呈环状，以上源地以及廊道分布在登封市域、新密市域范围内，位于嵩山、伏羲山、长寿山附近的区域，处于研究区的西北部，包含万山森林公园、环翠峪风景名胜区、盘龙山九龙峡风景区等，生态价值极高，因此在规划建设时要注重内部生态廊道的建设，加强研究区西北部的生态连通性。

源地 8、源地 14、源地 31、源地 43 间的重要廊道呈网状，大多数源地间呈线状相互连接。

6.6.4 关键生态节点的识别

生态节点是物种迁移的转折点，一般位于廊道生态功能较为薄弱的地方，本节的生态节点主要包括生态战略点、生态断裂点、生态踏脚石三种类型（图 6-22）。生态战略点是景观中影响和控制区域生态安全格局的重要空间节点，同时生态战略点也是物质流网络中最薄弱的区域。 本节提取潜在生态廊道的交点为生态战略点，

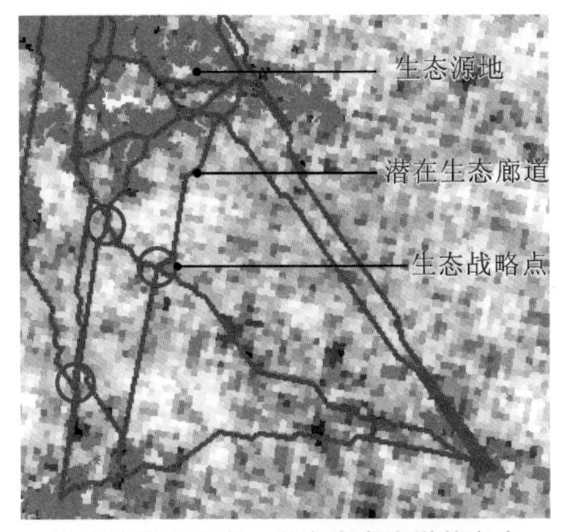

生态战略点示意：潜在生态廊道的交点

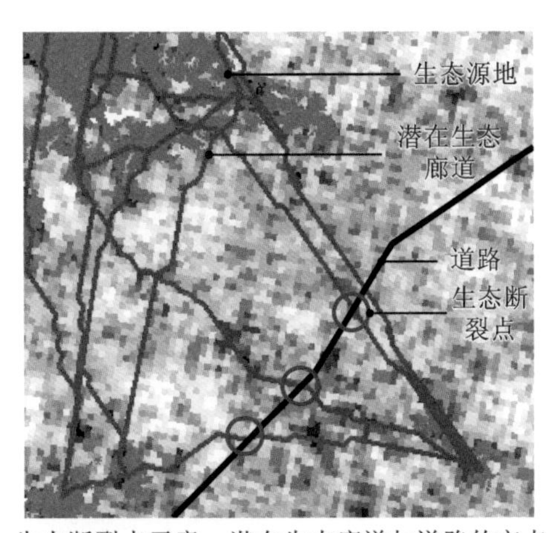

生态断裂点示意：潜在生态廊道与道路的交点

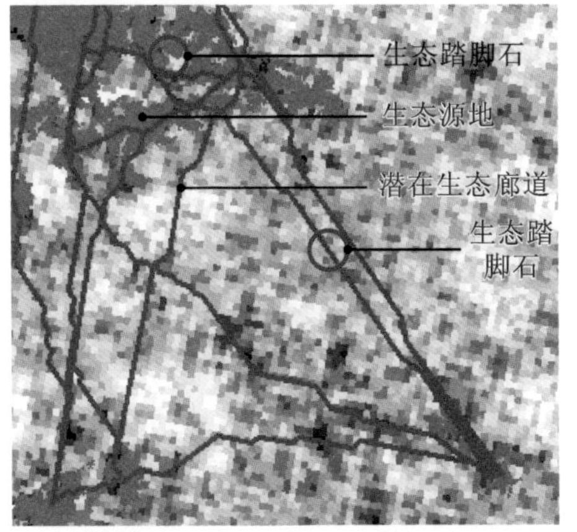

生态踏脚石示意：①较长的潜在廊道中部；
② 景观较为破碎的斑块内部

图 6-22　生态节点示意简图

此处物质流通量较大，适当增加生态战略点，可提升物种的存活率。此外，利用水文分析的相关方法，以累计耗费表面为基础，结合研究区的地形现状，提取研究区景观格局阻力面的“山脊线”（图6-23），将“山脊线”与生态廊道相交，提取所需的生态节点。生态断裂点是潜在生态廊道与道路的交叉点，本节结合区域主要的道路交通廊道分布图（图6-24）叠加生态廊道分布图，识别生态断裂点。生态踏脚石是为物种迁移提供暂歇的地段，在生态廊道网络中起到增加景观连接度的作用。本节的生态踏脚石分为两类：一类是在长度过长的廊道中部增加踏脚石，降低廊道断裂的风险指数；另一类是在景观较为破碎的斑块内部增加踏脚石。

基于GIS技术判定关键生态节点如图6-25、图6-26所示，其中生态战略点281处、生态断裂点15处、生态踏脚石15处，以此对生态网络进行巩固，为周围较为脆弱的地区形成较好的景观辐射影响。在生态战略点关键区域，要尽可能减少人为干扰，通过设置保护区等方式保证其完整性；对于生态断裂点区域，加强对此类关键区域的修复，以及对生物多样性的保护，统筹研究区的生态安全格局；在生态踏脚石范围内则不设置人工设施，强化其自然化与原生态，维护其生态功能的稳定发展。

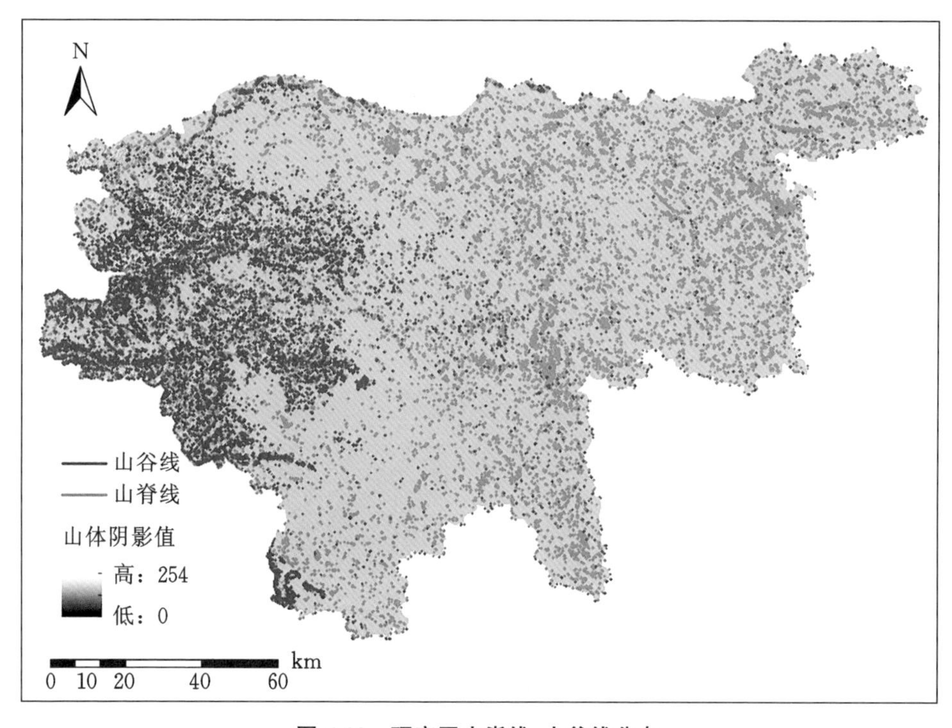

图6-23　研究区山脊线、山谷线分布

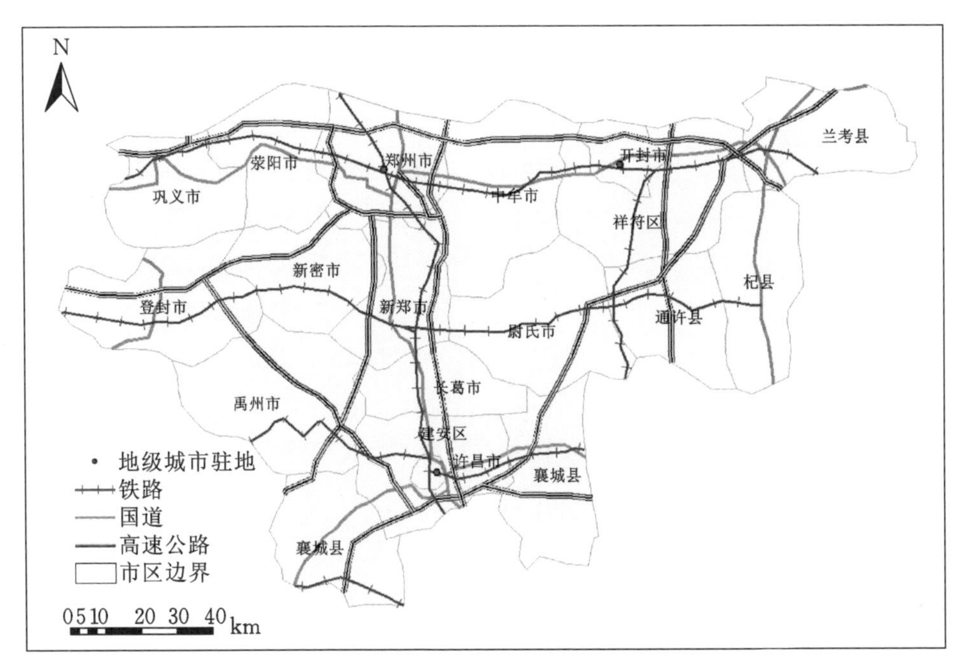

图 6-24　研究区道路交通廊道分布图

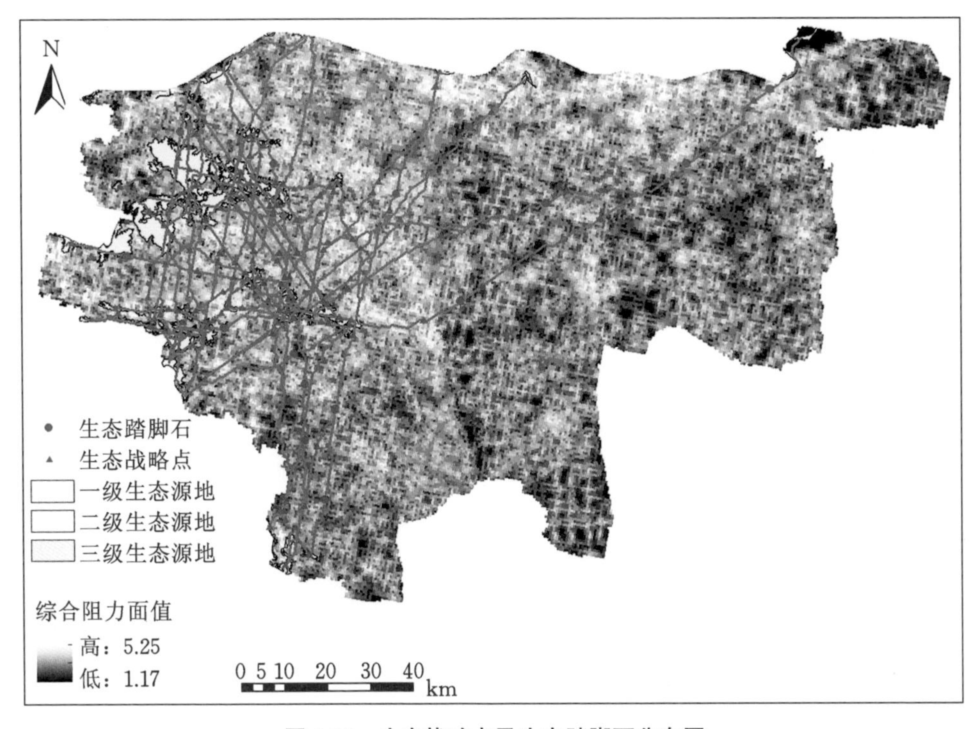

图 6-25　生态战略点及生态踏脚石分布图

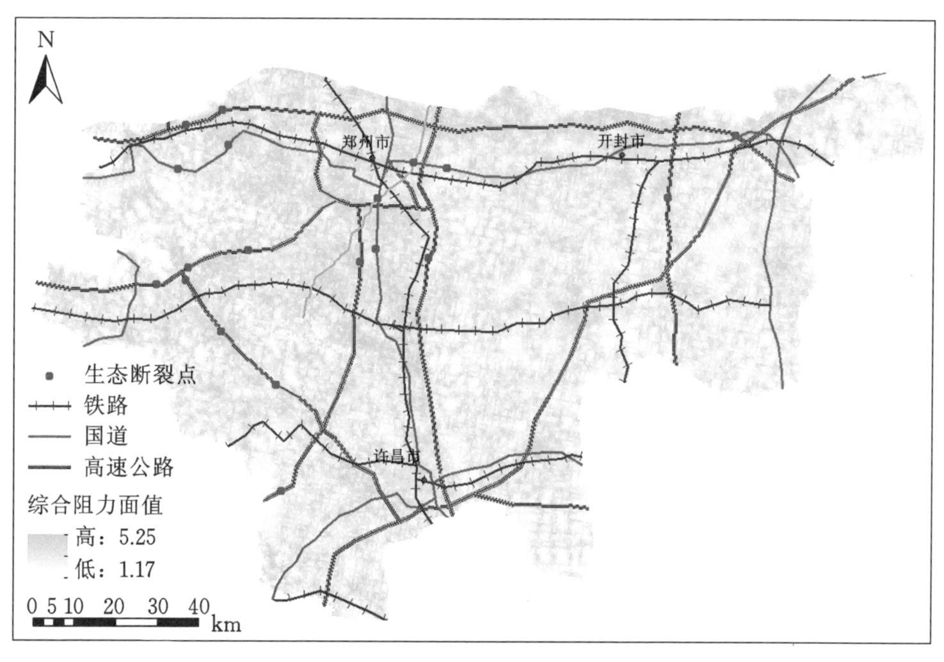

图 6-26　生态断裂点分布图

6.6.5　小结

依据研究区 2020 年卫星遥感影像解译结果，得到郑州都市圈土地利用规划图，以及郑州都市圈 DEM 图生成的坡度图、高程图，在参考相关文献且按照物种生境适宜性标准，参考前人研究单位面积生态系统服务价值当量表，同时考虑研究区实际情况和相关的理论数值，通过专家打分法对不同阻力因子进行打分，将相对阻力值设为 1～10，将土地利用类型、坡度、高程、距道路的距离、距居民点的距离、距水体的距离的权重值分别确定为 0.3、0.1、0.1、0.25、0.15、0.1。 利用 ArcGIS 10.2 软件，形成研究区各阻力因子阻力面，然后运用栅格计算器，将各阻力因子阻力面加权叠加形成综合阻力面，从而形成符合研究区生态特点的景观类型消费面。

从土地利用类型因子阻力面图可以看出：土地利用类型分别为未利用地、水域、建设用地、耕地、草地和林地，未利用地、水域、建设用地的生态阻力值较大，原因在于未利用地和建设用地受人为因素干扰较大；水域被视为陆地生物迁移的主要阻力因素；阻力值随着“源”向外扩展而越来越大，大阻力值主要分布在研究区的西北部以及西部区域，小阻力值主要分布在研究区的南部和东部；林地面积较大，生态环境较好，更有利于物种迁移及物质能量的交流。

同时，利用 GIS 技术进行相关生态分析，利用 MCR 模型对研究区进行生态网络模拟构建，共得到 668 条潜在生态廊道，主要分布在道路、河流的防护绿地等景观阻力值较小、生境质量高的区域。同时利用重力模型进行廊道分级，得到重要廊道及一般廊道。生态网络整体上呈网状、线状的分布，且分布极其不均匀，东部的生态网络极其匮乏，该区域将是后续的重点修复区域。同时在构建潜在生态廊道的基础上，提取生态战略点、生态断裂点、生态踏脚石这三类生态节点，对生态网络进行优化，提升生态网络的稳定性。

6.7 生态网络构建结果分析

6.7.1 优化前后生态网络结构分析

利用网络分析法进行优化前后的比对，可以使生态网络结构得到进一步的完善。采用生态网络闭合指数（α）、生态网络连接度指数（β）、生态网络连通度指数（γ）。对生态廊道进行评价分析，为研究区生态网络构建与优化提供借鉴。

通过计算，得到 α、β、γ 分别为 0.69、2.3、0.79。研究区 α 为 0.69，表明研究区生态网络内供生物流以及物质流流通的路径较多；研究区的 β 为 2.3，说明研究区内的廊道具有较高的连通性；研究区的 γ 为 0.79，表明研究区内生态节点的相互连接程度较高，但是重要生态廊道主要分布在研究区的西部与北部，东部以及南部连通性较强的生态斑块较为缺失，连通性较差，在后续阶段要进一步完善生态网络。

基于潜在廊道构建结果，利用水文分析法对研究区的潜在廊道进行方案优化，以连通性为指标进行生态廊道网络综合指数计算，得到优化后的 α、β、γ 分别为 0.7、2.4、0.8。对 α 进行优化，优化后从 0.69 提高至 0.7，说明郑州都市圈核心区整个生态网络结构更加通畅。对 β 进行优化，优化后从 2.3 提高至 2.4，表示研究区内廊道间的连通性得到了很大的提升。对 γ 进行优化，优化后从 0.79 提高至 0.8，表示研究区内生态网络中的生态节点相互连接程度提升。

6.7.2 生态网络现状分析

利用 GIS 软件中的路径工具构建研究区潜在生态廊道 668 条，包括重要廊道 63 条，共计 9 715.93 km，共同构建郑州都市圈核心区生态廊道网络体系。从生态建设的角度出发，可以将廊道分为道路型、河流型、绿带型三种。

1. 道路型廊道

道路型廊道指通过增加交通线路两侧防护绿带的宽度形成的廊道。道路型廊道可降低交通运输对生态过程的干扰，确保生物流在各个源地间顺利地进行运动。研究区内包含郑州、开封、许昌三市，选取沿黄快速路、G1516 盐洛高速公路、G0421 许广高速公路、G4 京港澳高速公路、S83 兰南高速公路、S85 郑少高速公路、S88 郑栾高速公路、G311 国道、G107 国道、G220 国道等重要的道路作为道路型廊道建设的重点（表 6-20）。研究区内所有交通线路均未穿越生态源地，斑块的完整性得到一定的保证，高速公路、国道、省道的车速较快，对于物种迁移的阻力较大，同时噪声会对物种产生较大的影响，可以通过修建涵洞等生物隧道，保障物种顺利迁移；在交通线路两侧的植物绿化要加强，最大限度地隔绝噪声以及沙尘，降低噪声等污染对生物的干扰。

表 6-20　道路型廊道一览

廊道分类	廊道名称	途径研究区市域范围
高速公路	G3001 郑州市绕城高速公路	郑州市
	G4 京港澳高速公路	郑州市、许昌市
	S85 郑少高速公路	郑州市
	S88 郑栾高速公路	郑州市、许昌市
	G1516 盐洛高速公路	郑州市、许昌市
	G0421 许广高速公路	许昌市
	S83 兰南高速公路	许昌市、开封市
	G45 大广高速公路	开封市
快速通道	沿黄快速路	郑州市、开封市
国道	G310 国道	郑州市
	郑开大道	郑州市、开封市
	G106 国道	开封市
	G207 国道	郑州市
	G311 国道	许昌市
铁路干线	陇海铁路	郑州市、开封市
	京广铁路	郑州市、许昌市
	禹亳铁路	许昌市

2. 河流型廊道

河流型廊道指河道岸线的蓝线区域，其有着良好的生态本底。对于此类廊道，应该加强两岸绿带的面积，优化河岸的绿地植被。研究区内河道水网较为丰富，应充分利用其生态服务价值，构建河流型廊道良好的现状基础。研究区内主要的河流型廊道（表 6-21）包括花园口以下干流区、伊洛河、小浪底至花园口区间干流等 5 个主要的河流水系。针对这些河流水系，应该加强对水环境的保护，巩固河道的修复建设，丰富沿岸的物种多样性，提升生态系统的自我调节能力以及生态修复能力。

表 6-21　河流型廊道一览

河流型廊道所属水系名称	所属研究区市域范围	河流总长/km	河流总面积/km^2
花园口以下干流区	郑州市、开封市	3.37×10^6	0.057×10^6
伊洛河	郑州市	2.09×10^6	0.080×10^6
小浪底至花园口区间干流	郑州市	2.22×10^6	0.104×10^6
王蚌区间北岸	郑州市、开封市、许昌市	8.64×10^6	1.528×10^6
湖西区	开封市	1.50×10^6	0.076×10^6

郑州市域的水系湿地网络较为多样，分为水源工程、河湖水系工程、生态修复工程（表 6-22）。郑州市的建设开发强度较大，应该统筹推进水生态环境的综合治理，提升水生态空间的生态服务价值。郑州市域水系湿地网络包括：黄河生态带以及南水北调干渠生态水系；双洎河、伊洛河、颍河、贾鲁河四条主干河流生态廊道；索须河、东风渠、七里河、熊耳河、金水河、潮河、枯河、黄水河、运粮河、坞罗河、后寺河等河流生态廊道；龙湖、尖岗水库、李湾水库、丁店水库等七个重要保护湖库。因此要充分保护现状水系网络，深化流域综合治理，确保流域的生态健康。

表 6-22　郑州市域水系分布一览

水系用途分类名称	所属研究区市域范围
饮用水水库	黄河水源保护带、南水北调干渠，以及尖岗水库、坞罗水库、纸坊水库、少林水库、李湾水库、马庄水库、券门水库、白沙水库、楚楼水库、丁店水库、云蒙山水库、老观寨水库、常庄水库
供水工程	牛口峪引黄工程、赵口灌区引水闸向港区供水工程、石佛沉砂池至郑州西区生态供水工程、石佛沉砂池向东风渠供水工程

续表

水系用途分类名称	所属研究区市域范围
引黄工程	邙山、花园口、东大坝、杨桥
区县河道治理工程	颍河、溱河、黄水河、堤里小清河、汜水河、梅河、丈八沟、龙渠、凤河、后寺河、东泗河、西泗河
城市湿地建设	贾鲁河、祥云湖、圃田泽、龙子湖、如意湖、魏河、杲村湖

3. 绿带型廊道

绿带型廊道指依托研究区各种类型的绿地，构成大型绿地周边的绿带廊道，以此来加强各个生态廊道的有机联系。根据研究区生态系统的特点，强化各个生态源地间的绿地建设。以风景名胜区、森林公园、湿地公园、郊野公园、地质公园为切入点，推动城市周边绿道网络建设，形成绿色生态空间和城市之间的绿色防护带（表 6-23）。

表 6-23　绿带型廊道一览

绿带型廊道所属名称	所属研究区市域范围	绿带范围
沿黄线	郑州市、开封市	黄河南岸生态空间
竹青线	巩义市、中牟县	竹林风景区、龙山、白沙
上新线	荥阳市、新密市	上街、伏羲山、新密、始祖山
贾索线	郑州市	贾鲁河、索河
机登线	新密市、登封市、新郑市	航空城、新密、登封
南水北调线	郑州市、许昌市	南水北调沿线绿色空间
双颍线	新密市、新郑市、长葛市	双洎河、颍河
东新线	郑州市、新郑市	郑东新区、新郑
洞嵩线	登封市、荥阳市	洞林湖、嵩山

在研究区北部注重提升沿黄绿带的保护，提升黄河沿线的景观建设；在西部的嵩山区域要注重向东整合相关生态资源，如尖岗水库、古枣园、张庄、八岗森林公园等绿色生态资源；在南部的大熊山—始祖山区域要注重山地型生态景观的规划统筹。对于城镇化程度较高的郑州市区范围，要注重建设以山林、湿地、观光农业、动植物保护等为主的多样化环城郊野公园体系。

郑州都市圈核心区生态网络构建是在上位规划的基础上进行定量的归类、整合，基于研究区现状得到生态源地 52 个（表 6-24），识别生态廊道 668 条，生态节点 311 个，其中生态战略点 281 处、生态踏脚石 15 处、生态断裂点 15 处。生态断裂点通常被定义为潜在生态网络与硬质人工表面的相交处，也是生态较为脆弱的区域，因此在生态网络的优化过程中，对生态断裂点的修复是极其重要的。通过获取并处理相关矢量路网数据后，在 ArcGIS 软件中将其与潜在廊道进行叠加，获取了 15 处生态断裂点，同时发现较多的生态断裂点分布在高速公路两侧的防护林带中。

表 6-24　研究区一级生态源地分布

源地名称	所在市域	占地面积/km^2
伏羲山片区	新密市	$175.511\ 7\times10^6$
神仙洞片区	新密市	$63.496\ 8\times10^6$
五指山片区	巩义市	$11.777\ 4\times10^6$
黄河塬片区	荥阳市	$26.472\ 6\times10^6$
三皇寨片区	登封市	$37.427\ 4\times10^6$
大鸿寨片区	禹州市	$22.313\ 7\times10^6$
嵩山片区	登封市	$91.224\ 9\times10^6$
始祖山片区	禹州市	$19.974\ 6\times10^6$
大熊山片区	登封市	$13.311\ 9\times10^6$

6.7.3　区域生态网络构建分析

《郑州都市圈生态保护与建设规划（2020—2035 年）》提出，郑州大都市区的生态系统结构为“一轴、一心、一带，双环、多廊、多点”的多层次、多功能、复合型、网络化区域生态格局。

“一轴”即打造黄河绿色发展轴。实施沿黄湿地保护与修复工程，完善提升郑州黄河国家湿地公园功能，在黄河北岸规划建设大型带状湿地生态功能区，构建堤内“绿网”。同时完善沿黄综合防护林体系，打造堤外“绿廊”，打造以自然生态要素为主体的都市圈东西向绿色发展轴。

“一心”指郑汴港生态绿心。依托雁鸣湖森林公园、中牟森林公园、运粮河郊野公园、贾鲁河、涡河、运粮河等生态资源，系统织补森林、湿地、沙区植被等生态空间，建设中华生物园，打造世界级品质的高附加值绿色消费空间和市民休闲游憩乐园。

“一带”即南水北调生态带。加强南水北调中线沿线防护林带建设，打造以人工生态要素为主体的都市圈南北向生态涵养与景观带。

“双环”指都市圈生态内环和都市圈生态外环。推进郑州西南绕城高速、京港澳高速、黄河沿线两岸生态保育林带和沿线郊野公园、湿地公园建设，打造以郑州环城高速绿廊为骨架、以郊野公园和生态农业为主体的都市圈生态内环。加强太行山、嵩山等山区植树造林，实施东南部平原地区植树造林工程，打造融生态源地、生态屏障、文化景观、休闲游憩等多种功能于一体的都市圈生态外环。

“多廊”即多层多维区域生态廊道系统。强化生态廊道“硬隔离”作用，防止城市“摊大饼”无序蔓延发展，有效支撑多中心、组团式、网络化空间格局。以增绿扩量、森林提质、生态修复为重点，形成纵横成网、连续完整、景观优美的都市圈生态廊道系统。

“多点”指均衡协同的生态节点。推进国家和省级自然保护区、风景名胜区、森林公园、地质公园、湖泊湿地以及城市内部大尺度公园绿地等重要生态节点建设（表 6-25），重点提升生态系统稳定性，提高可持续发展能力和生态服务功能。

表 6-25 研究区重要生态节点

类别	名称	级别	位置
自然保护区	郑州黄河湿地自然保护区	省级	郑州市
	开封柳园口湿地省级自然保护区	省级	开封市
风景名胜区	嵩山风景名胜区	国家级	登封市
	黄河风景名胜区	国家级	郑州市
	环翠峪风景名胜区	省级	荥阳市
	雪花洞风景名胜区	省级	巩义市
	黄帝宫风景区	省级	新郑市
森林公园	嵩山国家森林公园	国家级	登封市
	开封国家森林公园	国家级	开封市
	始祖山国家森林公园	国家级	新郑市
	郑州市森林公园	省级	郑州市
	郑州黄河大观省级森林公园	省级	郑州市
	郑州黄河省级森林公园	省级	郑州市
	桃花峪省级森林公园	省级	荥阳市
	神仙洞省级森林公园	省级	新密市
	中牟森林公园	省级	中牟县
	登封大熊山省级森林公园	省级	登封市
	登封香山省级森林公园	省级	登封市

续表

类别	名称	级别	位置
森林公园	新密省级森林公园	省级	新密市
	嵩北森林公园	省级	巩义市
	青龙山森林公园	省级	巩义市
	南河渡省级森林公园	省级	巩义市
	贾鲁河省级森林公园	省级	尉氏县
	长葛市森林公园	省级	长葛市
地质公园	嵩山世界地质公园	世界级	登封市
	郑州黄河国家地质公园	国家级	郑州市
湿地公园	郑州黄河国家湿地公园	国家级	郑州市
	长葛市双洎河国家湿地公园	国家级	长葛市

基于河南省生态环境自然格局和城乡发展状况，以山脉、丘陵、水系为骨干，以山、林、河、田为要素，组合、串联多元自然生态资源和绿色开敞空间，通过对大型自然生态源地的保护、抚育及恢复，形成多层次、多功能、立体化、复合型、网络化的区域生态支持体系，以协调城镇与自然的关系，维护区域生态系统的稳定与平衡。依托太行山、伏牛山、桐柏山—大别山建设三大山地生态屏障，建设南水北调中线工程、明清黄河故道、淮河、黄河等四条河流水系生态廊道，统筹推进流域生态安全。落实、完善郑州都市圈生态系统工程建设（表6-26），包括森林生态系统、湿地生态系统、流域生态系统等工程建设，强化生态安全屏障，实现区域的高质量发展。

表 6-26　郑州都市圈生态系统工程建设

生态系统	生态系统重大工程	工程内容
森林生态系统	西部山区森林公园	登封嵩山国家森林公园、新郑始祖山国家森林公园、新郑国家古枣林公园、焦作中站区龙翔省级森林公园、荥阳万山市级森林公园
	东部平原森林公园	郑州市森林公园、郑州凤山森林公园、开封国家森林公园
	沿黄河森林公园	郑州黄河大观省级森林公园、荥阳桃花峪省级森林公园、郑州邙山森林公园、新乡博浪沙省级森林公园

续表

生态系统	生态系统重大工程	工程内容
湿地生态系统	黄河湿地公园群	郑州黄河国家湿地公园、郑州花园口黄河湿地恢复保护工程、中牟雁鸣湖万亩湿地公园、中牟黄河湿地鸟类栖息地保护区、荥阳黄河湿地生态园、新乡黄河湿地鸟类国家级自然保护区、焦作嘉应观黄河湿地文化园、开封柳园口黄河湿地公园
	其他湿地公园	双洎河湿地公园、新郑龙湖城市湿地公园、西流湖湿地公园、祥云湖湿地公园、北龙湖湿地公园、贾鲁湖湿地公园、惠济河湿地公园、运粮河湿地公园、马家河湿地公园
流域生态系统	都市圈水资源保障工程	小浪底北灌区工程、西霞院水利枢纽输水及灌区工程、赵口引黄灌区二期工程、贯孟堤扩建工程、新乡市凤泉湖引黄调蓄工程一期、郑州市西水东引工程、郑汴一体化郑州东部区域南水北调中部供水工程、南水北调中线禹州沙陀湖调蓄工程、南水北调中线灵泉湖调蓄工程、南水北调中线马村调蓄工程、开封运粮湖引黄调蓄工程
城市生态系统	污水处理厂	郑州市陈三桥污水处理厂二期、新乡市东部污水处理厂
	郊野公园	郑州侯寨郊野公园、枯河郊野公园、雁鸣湖郊野公园，新乡凤鸣湖郊野公园、杜诗郊野公园，焦作南太行郊野公园，许昌清溪河郊野公园、双洎河郊野公园，开封西湖郊野公园、万岁山郊野公园
	绿色交通工程	郑济高铁、郑万高铁、郑阜高铁，机场至郑州南站城际铁路、郑州机场至许昌市域铁路、郑许城际铁路及郑开城际铁路延长线，郑州市轨道交通 3 号线一期和二期、4 号线、6 号线一期、7 号线一期、8 号线一期、10 号线一期、12 号线一期、14 号线一期等工程
	绿色能源工程	郑州豫中 LNG 应急储备中心、焦作豫北 LNG 应急储备中心、兰考中广核仪封风电场工程、新乡新天绿色能源东栓马风电场工程

注：内容改自《郑州都市圈生态保护与建设规划（2020—2035 年）》。

在森林生态系统建设方面，要加大推动嵩山生态区水土保持林的建设力度，深入推进太行山绿化工程的实施，加强国家储备林基地的建设发展，推进退耕还林政策，建设配置合理、结构稳定的森林生态系统；在湿地生态系统建设方面，需梳理整合流域资源，包括黄河流域、河流湖泊等湿地资源，保护沿黄湿地公园，促进湿地生态系统等良性循环，发挥水环境调节气候、净化水质等功能，提升湿地生态系统的自我修复能力及韧性能力；在流域生态系统建设方面，密切关注水环境质量，确保地表水质稳定，完善落实水生态修复工程，统筹推进流域水生态环境综合治理，努力改善主要河流环境；在城市生态系统建设方面，推进海绵城市、韧性城市建设，改善城市生态环境，加强城市绿地系统建设，促进城市“点—线—面”绿地系统的完善，使城市森林、绿地、水系、河湖、耕地形成完整的生态网络。开封市、新乡市、焦作市继续推进国家园林城市建设，县级市（县）力争达到省级园林城市标准。推进绿色生态城区建设，强化环境保护与治理，优化城乡人居环境，提高城市发展的可持续性、宜居性。

6.7.4 小结

本节主要是通过生态网络闭合指数（α）、生态网络连接度指数（β）、生态网络连通度指数（γ）对研究区内生态廊道网络进行评估，构建网络评价体系。通过增加生态战略点、生态踏脚石等方式使生态网络结构得到进一步的完善与优化，α、β、γ 都有一定程度的提高。对研究区景观的连通性和复杂性进行分析后，可以清晰地将计算结果进行比较，有利于研究区生态廊道网络的建设，为优化郑州都市圈核心区生态廊道的方向和方案提供理论支持，为后续相关策略的提出奠定研究基础。

结合研究区的实际现状，对研究区的生态资源进行整合，梳理研究区的生态廊道和生态节点，总结分析生态网络的总体方案，作为郑州都市圈空间发展的本底。研究区内重要的生态源地分布在西部，位于登封、新密等地，而东部的生态廊道较为欠缺。依托现状道路、河流、绿带形成三种类型的生态廊道，重要的生态廊道多分布在一级源地附近，例如伏羲山片区、嵩山片区、三皇寨片区等。

6.8 生态网络优化与建议

6.8.1 加强对重要生态片区的保护

在对生态网络进行优化时，要坚持“山水林田湖草是生命共同体”的理念，强化各个生态片区（图 6-27）间的有效联系，强化平原生态绿心建设，推动黄河生态带高质量发展，协调郑州都市圈核心区绿环建设，促进西部生态屏障的生态辐射作用，尊重自然生态原真性，保护原本的生态基底，延续区域河网水系生态格局，严格落实永久基本农田、生态保护红线、自然保护区、风景名胜区等区域范围（图 6-28），构建完整、系统的生态网络。

图 6-27 研究区生态片区分布图

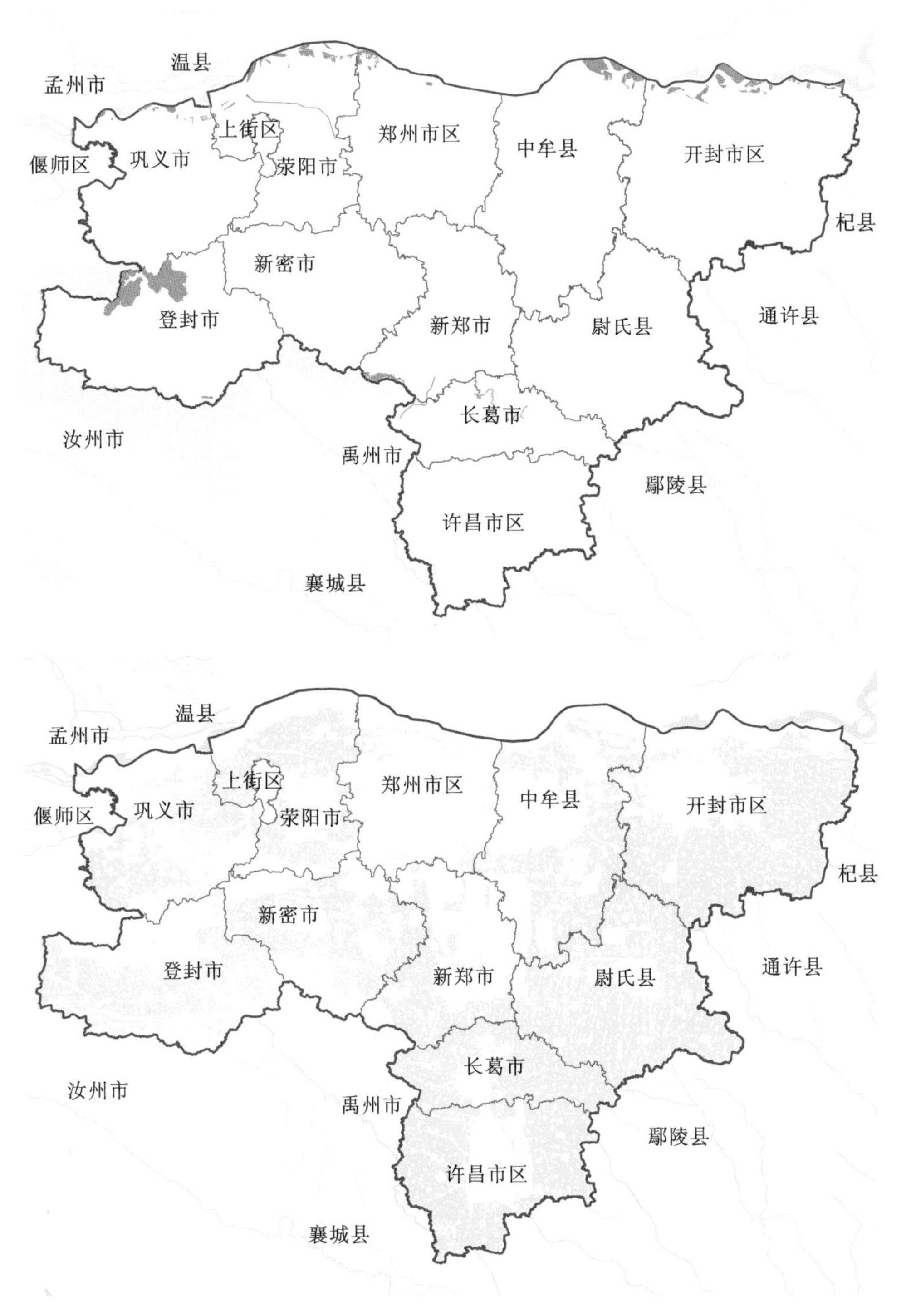

图 6-28　研究区三线区划图

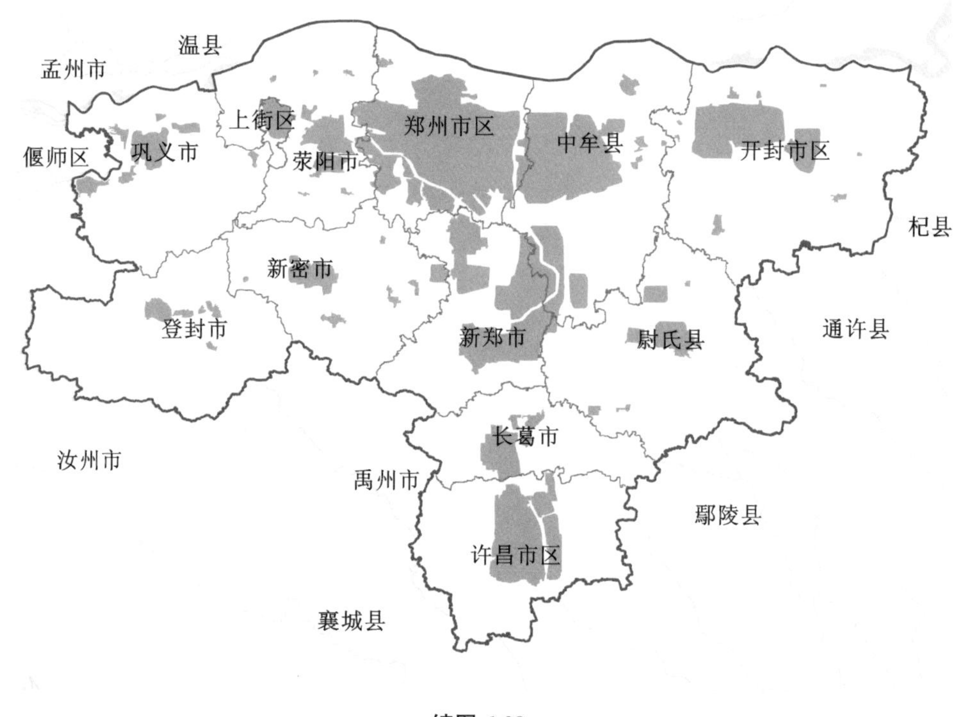

续图 6-28

1. 郑汴港生态绿心

充分发挥雁鸣湖、中牟森林公园、贾鲁河等生态资源优势，系统织补森林、湿地等生态空间。规划建设中华生物园，强化“雁鸣湖镇—官渡镇—杏花营镇—朱仙镇”等城镇节点作用，打造生态品质较好的市民休闲游憩乐园。

2. 南水北调生态保护带

南水北调中线工程，途经郑州的新郑市、航空港经济综合实验区、经济技术开发区、管城回族区、二七区、中原区、高新技术产业开发区、荥阳市，绿色发展是南水北调绿化带建设的基本要求，是推进南水北调后续工程高质量发展的必然要求。生态建设和水源保护责任重大，需要强化水源区和工程沿线水资源保护，同时认真组织开展后续工程环境影响评价，处理好发展和保护、利用和修复的关系。在进行规划时要注重南水北调中线工程两侧各 100 m 宽绿带建设，把干线周边范围定为核心保护区，实施植树造林等相关的生态修复措施。要严格保护生态保护红线一级管控区域，禁止一切形式的开发与建设活动，加强对沿线流域水生态的有效修复。因此要深入分析南水北调中线工程面临的新形势、新任务，完整、准确、全面贯彻新发展理念，按照高质量发展要求，统筹发展和安全，坚持节水优先、空间均衡、系统治理、两手发力的治水思路，立足流域整体和水资源空间均衡配置，科学推进工程规划建设，提高沿线生态环境质量。

3. 黄河生态带

黄河生态带建设是河南省践行绿色发展理念的重要切入点，通过生态带建设全面管控人类活动对黄河生态环境的干扰，加强生态修复和保护，持续提高黄河流域资源环境承载能力，恢复和重建原有生态系统，促进生态系统正向演替。要充分发挥湿地对于城市资源环境承载力的提升作用，规划建设“一网多点”的黄河湿地公园群。“一网”即黄河步道网，建设拥有30条步道的网络；“多点”即黄河湿地公园群，在黄河沿线建设36个湿地公园。

4. 郑州城市绿环

郑州城市绿环建设是为了连接《郑州市森林城市建设总体规划（2011—2020）》（草案）中“一核、两轴、三环、四带、五园、六城、十组团、多点、多线”的森林城市布局，促进城乡协调发展，因此要对郑州城市范围内的“两环三十一放射”生态廊道、10条快速路和绿博大道、四港联动大道等主要路段，以及10条水系河道、10个道路节点实施绿化改良，其中绿化总面积126.7 km^2，建设林中绿道100 km、绿化生态廊道1 400 km。修建的生态廊道不仅有健康步道，还建设有方便市民锻炼身体、休憩娱乐的场地空间。“两环三十一放射”生态廊道两侧的绿化控制线均为50 m，这些绿化廊道为郑州市居民通往大自然和郊野绿地提供了良好的绿色通道，也为郑州市域游憩绿道网络体系的构建奠定了良好的基础。

5. 嵩山生态区

在郑州的巩义市、登封市、荥阳市、新郑市、新密市和许昌的禹州市部分区域内，大力营造水源涵养林和水土保持林，打造郑州都市圈西部重要的生态源地。

6.8.2 保护重要生态源地及廊道

核心源地是物种生存与迁移的重要节点，其生境质量对生物多样性保护意义重大。同时生态源地是具有重要功能的节点，在研究区内，一级生态源地包含较多的自然保护区等生境质量良好、景观连通性较强的区域。重要生态源地是构建生态网络的基础，是区域重要的物种集聚地，对于保持生物多样性有很大的意义。研究区中心城区的建设用地开发程度较大，林地资源分布不均匀，受人为活动及开发建设等干扰，生态林地的面积在减少，影响了研究区内的物种迁移，生境内的物种多样性遭到破坏。研究区生态源地包含自然保护区、森林公园、湿地、林地等，要保护这些生境斑块的完整性，促进斑块间的联系，进而丰富物种多样性。研究区的风景名胜区（表 6-27）也是重要的生态源地，对于此类源地的保护需要重视，可采用分级保护的方法对风景名胜区进行保护区划分。根据保护培育对象的级别、特点，将风景名胜区划分为特级保护区、一级保护区、二级保护区和三级保护区，并制定相应的保护措施。对于此类生态区，相关保护举措可以从森林保护、水土保持、山地开发等方面开展。规划内容包括：划分出禁止开垦区，保护相关林区；合理利用水资源，重视生态恢复；片区生态敏感地区划分为禁建区，在山地区域严格控制采石、采矿等行为。

表 6-27　研究区风景名胜区概述

片区卫星图	优化策略
 环翠峪风景名胜区	该片区地处伏羲山的中部，是嵩山的北部余脉，片区内有大量的森林公园、旅游区等生态环境质量较好的生态源地，对于该片区需要严格保护原有生态本底，重视山脉肌理，维护原有的生态环境。在对自然资源进行开发建设时要适度，平衡人与自然的关系。对风景名胜区自然生态空间进行科学划定并制定相应管理规则，对改善生态环境、保护自然生态空间资源、促进旅游业可持续发展具有重要的意义
 雪花洞风景名胜区	该片区位于郑州市西南 40 km 的巩义市新中镇境内，地貌类型主要为石英岩、喀斯特、黄土丘陵，自然资源丰富。其中游览面积达 125 km^2，人为干预在一定程度上造成了自然资源的消耗和生态环境的破坏，因此，想要促进该片区的生态可持续发展，需要进行生态修复和景观提升，使得风景区项目工程建设与环境保护二者协调兼顾，保证风景区具备长期吸引游客的潜在能力，实现旅游业发展和生态环境保护协调发展

续表

片区卫星图	优化策略
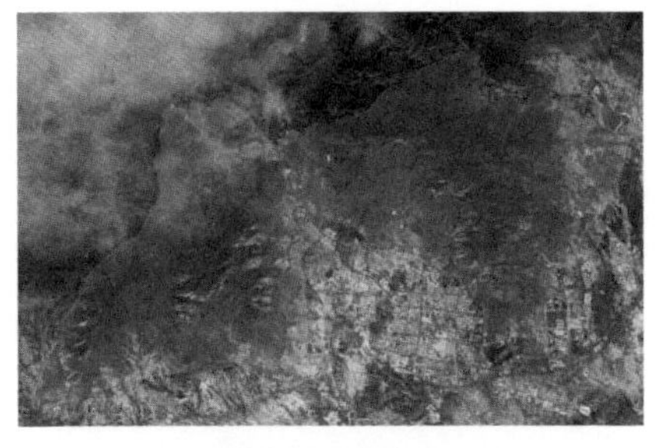 嵩山风景名胜区	该片区位于河南省中部，属伏牛山系，总面积约为450 km^2。要注重优化风景名胜区用地布局，合理配置各项基础设施，引导风景名胜区健康、持续发展，要明确自然保护区划，确保范围内生境质量的稳定
 三皇寨片区	该片区是嵩山片区的重要组成部分，距登封市区15 km，北与少林寺景区接连交壁，总面积约35 km^2。片区山体较为陡滑，生境质量虽好，但受到高程和坡度的影响，物种迁移的生态阻力较大。需注重该片区对于整个市域的生态辐射作用
 伏羲山片区	原名浮戏山，位于河南省郑州市西南古城新密市境内，最高海拔1 100余米。横跨新密、登封、巩义、荥阳4个市县，总面积60 km^2。需要处理好人与自然的关系，维护西部生态屏障的稳定
 大熊山片区	该片区距登封30 km，距郑州98 km，距洛阳100 km，总面积约36 km^2，是一个集旅游观光、戏水漂流、户外拓展、休闲娱乐、红色旅游于一体的综合性旅游景区。在开发时应坚持适度原则，合理配置各项基础设施

续表

片区卫星图	优化策略
 大鸿寨片区	该片区位于禹州市西北边陲鸠山镇境内，主峰大鸿寨高 1 156 m，总面积 36 km^2，以涌泉河为界，自然分成南北两大区域，与中岳嵩山遥相呼应。禹州颍河的主要支流涌泉河发源于此，开发时应注重其水源涵养功能

重要廊道一般位于重点保护地之间，对于距离相对较远的二、三级生态源地，应该重点规划保护地之间的生态廊道，保证生态网络的整体连通性。郑州都市圈核心区的重要廊道以线状、网状及环状相连。基于研究区的现状，廊道又可分为绿带型廊道、河流型廊道及道路型廊道，河流、绿带是天然的生态廊道，更加应该加强对其的保护。对于河流型廊道，可以加强保护两岸绿带的方式进行保护；对于绿带型廊道，可以划分保护区的方式进行保护。通过重力模型识别的生态廊道，往往累积阻力值最小，连通性较强，对于此类廊道要重点进行建设。

研究区的水系较为丰富，规划建设有南水北调中线工程、黄河、淮河3 条水系生态廊道，进而统筹推进流域的综合建设（表 6-28），加强流域沿线的防护林带建设、自然保护区规划等。在城区层面，建设、提升城区交通干线两侧的绿化带及城镇绿化防护带，构建“区域—城市—社区”三级绿道体系。以保障水质安全为重点，加强南水北调中线干线周边库区与干渠综合生态防治，以及防护林、高标准农田林网、中线工程水源区生态区建设，建设集景观效益、经济效益、生态效益和社会效益于一体的生态保护区。

表 6-28　现状廊道优化策略

廊道名称	规划策略
南水北调中线工程的沿河生态防护带	①保障流域的水质安全，巩固生态本底； ②缓解河滩生态压力，保护湿地生物多样性，维护水位稳定性； ③禁止一切破坏生态环境的项目工程，对于污水排放等行为进行阻止
黄河流域的生态涵养带	
淮河流域的生态走廊	

对于黄河生态滩区来说，区域内土地利用开发及湿地保护的矛盾较为冲突，水利工程建设致使水系下游的水量减少、水土流失、土地沙化问题严重，因此需要规范生态用地的保护与利用，注重湿地的恢复、动植物种群的保护，恢复生态系统的涵养。郑州黄河国家湿地公园（图 6-29），是国家批准的 20 个湿地公园试点之一，也是河南首个国家湿地公园，位于郑州市惠济区的黄河河道南侧，总面积 1 359 hm^2，郑州市区的用水点就在公园内，因此保护水质、保障水安全是极其重要的。

图 6-29　郑州黄河国家湿地公园

生态湿地建设有较高的综合价值，湿地内生物资源较为丰富（图 6-30），可以很好地改善滩区小气候，净化空气，进而对于保护生物多样性、维护区域生态平衡具有重要意义。郑州黄河国家湿地公园具有生态效益、经济效益、社会效益，要平衡好三者的关系，需要以保护湿地生态环境为第一要义，以适度开发为原则。黄河自西向东从郑州北部流过，同时黄河湿地是具有代表性的湿地，郑州市域湿地面积占郑州整个国土面积的 10%，是极其重要的生态文化资源。

图 6-30　郑州黄河国家湿地公园花园口滩区生态湿地环境

2004 年黄河湿地国家级自然保护区成立，2012 年河南省第一个湿地公园建立，但是由于对湿地生态功能的忽视及管理不善，采砂、餐饮、旅游等经营活动集中（图 6-31），造成了保护力度不够、环境污染严重（图 6-32）、过度开发等问题。根据《郑州市湿地保护条例》的要求，对涉及征（占）用湿地的所有建设项目依法从严审批，对非法占用湿地、在湿地内采砂、乱捕滥猎野生动物等破坏湿地的行为开展联合执法、严厉打击，对在湿地内从事的生态种养、生态旅游等活动严格监管，确保湿地面积不减少，湿地资源不退化。

图 6-31　餐饮等休闲项目开发现状

图 6-32　湿地附近的环境污染现象

黄河郑州段包含鸟类栖息湿地、水产保护区、重要水源地（图 6-33）等较为重要的生态保护修复工程，因此需要划定湿地生态保护红线，编制全域湿地保护规划，进而建立自然湿地保护体系，为郑州建设生态文明城市提供良好的生态保障。

图 6-33　黄河郑州段相关生态保护区

6.8.3　加强核心斑块与生态网络的联系

核心斑块是重要的生物栖息地，是生态网络构建过程中极其重要的功能性节点，对于物种迁移和生存极其重要。巩义市及新密市市域范围内的小关镇、伏羲镇，涵盖环翠峪风景名胜区、杨树沟风景区、伏羲山大峡谷景区、伏羲山三泉湖景区、雪花洞风景名胜区，面积较大，生态价值较高，在进行生态网络规划时要加强保护力度，应重点加以保护（表 6-29）。同时此类生态价值较高的斑块具有重要的连接作用，应该加强其与周边小型斑块的联系，以此来扩大生态斑块的面积，进一步提升景观连通性，促进研究区物种的迁移和交流。

表 6-29　研究区核心斑块概述

片区卫星图	片区现状情况
中牟森林公园	面积 5 458.30 hm^2，水面 400 hm^2，达到省级森林公园和国家 AA 级景区的建设标准。园区生境质量较好，有野兔、灰鼠等野生动物和白鹭、天鹅、灰鹤等 78 种国家重点保护鸟类，是集旅游、观光、休闲、度假、餐饮、娱乐于一体的圣地

续表

片区卫星图	片区现状情况
 长葛市森林公园	位于河南省许昌市长葛市南部，黄杰路西侧、杜村寺湿地南侧，跨清溴河两岸。公园绿化率 70%，两岸绿化面积共 9.3 hm^2，植物资源丰富多样
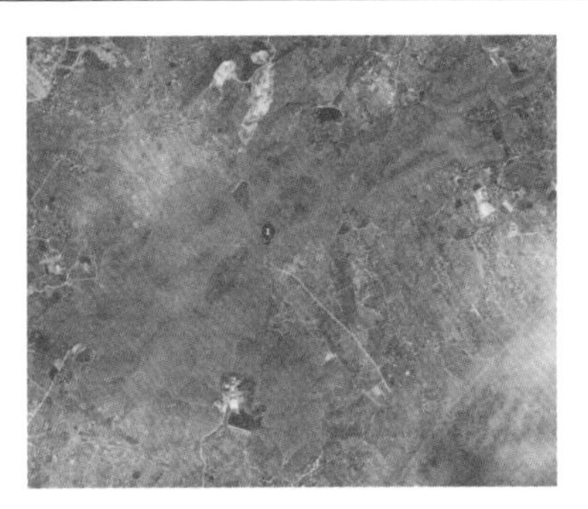 嵩山国家森林公园	位于河南省登封市西北，属秦岭山系东延的余脉，东西长近 100 km，南北宽约 60 km，总面积约 1 200 km^2，以低山丘陵为主，河流众多，河网密度为 0.32 km/km^2，动植物资源丰富多样
 黄河风景名胜区	位于河南省郑州市西北 20 km 处的黄河之滨，已开放面积超过 20 km^2，湿地条件优越，已经建成对外开放的五龙峰、岳山寺、骆驼岭、炎黄二帝、星海湖五大景区，成了融观光旅游、休闲度假、科普教育、寻根祭祖、弘扬华夏文明为一体的大型风景名胜区

研究区核心斑块多为豫西北、豫西、豫南的山地、丘陵及森林生态系统，是较为重要的生态屏障，主要位于河南省域西北部的南太行山、西部的伏牛山，以及西南部和南部的桐柏山、大别山这些区域。在加强核心斑块与生态网络的联系的过程中，应注重开发与保护相结合，发展生态旅游，建设生态示范区，严格控制开发建

设活动，保护森林资源，严禁滥占林地，大力营造水源涵养林、生态公益林、水土保持林，鼓励发展生态农业，维护生态系统的自然演替，保护留存状况良好的野生物种生境和野生动物栖息地。

研究区核心斑块包含较多的森林系统（图6-34、图6-35），因此加快林业生态建设，开展大规模的国土绿化规划，推进平原农林生态系统建设，具体规划落实在林业保护、还林等方面，着力推进森林养护及转型，完善林业生态文明体系，增加森林面积和蓄积量，持续改善林业生态承载能力。重点对太行山、伏牛山、桐柏山、大别山实施山地绿化项目，构建多样、复杂、强大的山地森林植被。同时，促进平原农业区的拓展，构建带状—片状—网状组合的多层次平原农林复合生态系统，构建高产稳产生态屏障。森林是自然与人工复合影响的系统，人类活动或多或少会对森林系统有影响，因此需要系统地评估其功能，科学地开发和经营森林，实现森林系统对区域的生态涵养功能。

图6-34　郑州黄河国家湿地公园与沙窝森林公园

图6-35　桃花峪森林公园

6.8.4 对生态廊道进行分类保护，优化网络连接

根据生态廊道的重要性评价结果，研究区的生态廊道分为重要廊道和一般廊道。重要廊道的累积阻力值较小，且大多位于生境质量较好的自然保护地和森林公园等区域，对于重要廊道，要在巩固生态本底的基础上，加强生态建设。一般廊道的数量较大，且分布相对较为分散，对于一般廊道，要加大生态缓冲区的建设，限制人为因素对其带来的干扰，采取划分生态功能分区等方式，更好地发挥其服务功能。通过对郑州都市圈核心区山水格局和以各级交通运输线路为依托的生态廊道进行连通，依据现有用地条件，分级分类确定郑州大都市区生态廊道缓冲宽度（表6-30），正确处理生态廊道内土地资源利用、开发保护和生态建设三者之间的关系。研究区东西横向隔离带有连霍高速公路郑州段生态隔离廊道、郑洛高速公路南线生态隔离廊道、S323国道生态隔离廊道、上新高速公路生态隔离廊道等，在城市集中发展区域内有郑州市绕城高速公路绿色防护廊道、京广铁路—贾鲁河绿色防护廊道、京港澳高速公路北段绿色防护廊道等（图6-36、图6-37）。

表6-30 廊道缓冲宽度设置

廊道类型	廊道名称	缓冲宽度/m
道路型廊道	G3001郑州市绕城高速公路生态廊道	100
	G4京港澳高速公路生态廊道	200
	S85郑少高速公路生态廊道	100
	S88郑栾高速公路生态廊道	100
	G1516盐洛高速公路生态廊道	100
	G0421许广高速公路生态廊道	100
	S83兰南高速公路生态廊道	100
	G45大广高速公路生态廊道	200
	沿黄快速路生态廊道	200
	G310国道生态廊道	50
	郑开大道生态廊道	50
	G106国道生态廊道	50
	G207国道生态廊道	50
	G311国道生态廊道	50
	陇海铁路生态廊道	300
	京广铁路生态廊道	300

续表

廊道类型	廊道名称	缓冲宽度/m
道路型廊道	禹亳铁路生态廊道	300
河流型廊道	花园口干流生态廊道	200
	颍河生态廊道	100
	伊洛河生态廊道	100
	双洎河生态廊道	100
	贾鲁河生态廊道	100
	卫河生态廊道	100
	惠济河生态廊道	50
	大沙河生态廊道	100

图 6-36　黄河大桥生态隔离带

图 6-37　天河路道路型生态隔离廊道

河流型廊道包括河流两侧的绿带，由水系、植被等要素构成（图 6-38）。对于河流型廊道来说，最重要的就是保障水安全，改善流域生态系统的稳定性，提高两岸生物群落的物种丰富度。研究区内流域河道众多，需要加强对水质的净化与保护，提升两岸绿带的品质，实现河流廊道的生态作用。

图 6-38 河流型廊道

生态步道的概念是在生态廊道的基础上发展来的，生态步道是兼具生态、休闲、娱乐等功能的城市游憩绿道。此类生态廊道不仅可以维护全区域生态安全，而且是对资源的整合利用，有助于提升区域的活力。黄河大堤生态步道（图 6-39）的建设是一个很好的范例，其整合了沿黄流域国土文化价值，构建了沿黄绿色屏障，同时为人们提供了游憩空间。

图 6-39 黄河大堤生态步道

市郊的郊野公园步道与市内的城市公园步道（图 6-40）作为市民徒步、远足的自然路径，同时兼具休憩的作用。郊野公园的选址一般临近新城区等，自然环境优越，同时郊野公园系统对于都市圈生态空间的营造具有积极意义。郑州市域的郊野公园系统面积达到 670 km^2，优化了城市空间布局，制约了城市无序的向外扩展。城市公园步道系统的建设和完善可以实现人与自然的密切联系，既打造城市生态绿道，又可以改善生态环境，实现城市与公园环境的结合，使公园步道成为城市街道的一部分，真正做到“步道融合”。

图 6-40　郊野公园步道与城市公园步道

在郑州西南绕城高速公路、黄河、京港澳高速公路沿线，因地制宜开展规模造林、道路绿化，结合都市农业圈建设郑州中心城区生态隔离带。对于河流型廊道而言，要注重流域生态系统的维护，以改善水环境质量为第一要义，重点提升海河流域的卫河、共产主义渠、大沙河（图 6-41），黄河流域的沁河（图 6-42）、伊洛河等主要支流，以及淮河流域的贾鲁河、涡河、双洎河、惠济河、清溭河（图 6-43）、颍河等主要支流的水环境质量，实施水生态修复工程，统筹推进流域水生态环境综合治理。水生态环境问题致使河湖水域以及两岸的缓冲绿化植被遭到破坏，因此提升水环境治理体系和治理能力现代化水平极其重要。

图 6-41　大沙河流域滩地建设

图 6-42　沁河流域滩地建设

图 6-43　清溴河水系及两岸绿化现状

河流开发与流域生态安全是综合生态安全格局中重要的课题，包含生态指标体系、流域规划等方面，流域生态水系建设不仅仅在城区，还涉及乡镇等区域。建设项目包括生态缓冲带、亲水平台、生态步道、滩地等的建设，在进行流域生态安全格局优化时，要注重保护流域周边的湿地、草地等生态源地，在开发时要严格控制人类活动，避免人为活动对核心区的干扰。同时需要加强管理，恢复被破坏的湿地、流域的生态功能。

6.8.5　加强生态踏脚石的构建

城市化和工业化的快速发展，致使城市建设空间无序扩张，生态斑块破碎化程度加剧，生态踏脚石由于面积小、质量一般、重要性程度不明显，其重要的生态价值常常被忽略，因此生态踏脚石常常被其他用地类型所侵占。生态踏脚石对于迁移距离较远的生物来说是一个短暂停留的地方，对物种远距离迁移的成功率具有重要意义。同时，增加生物踏脚石的数量和减小踏脚石之间的距离对改善生态服务价值也具有重要的意义。根据生态廊道上绿地斑块的空间分布和重要廊道的交汇处分布，结合核心区和桥接区的空间分布特征，通过中介中心度计算得到生态踏脚石分布情况。根据研究区的生态网络构建情况，规划了 15 个生态脚踏石，它们可以提升生态斑块间的连通性，促进生态网络间的物质流循环，使得生态系统结构更加稳定，充分发挥其功能。

在优化区域生态安全格局的基础上，建设并完善生态节点，目的在于增强生态系统之间的联系，充分发挥生态系统的功能。城市公园（图 6-44、图 6-45）在市域范围中是重要的生态节点，此类生态节点既有城市公园的特色，又具有较强的生态价值。郑州都市圈各个市域内有较多的城市公园，需要立足于区域统筹，统筹生产、生活、生态三者的关系，在彰显城市特色的同时，体现生态价值，注重蓝绿空间与建设空间的融合，打造现代城市发展与自然保护相互促进的绿色城镇化发展新模式。

图 6-44　许昌市北海公园生态现状

图 6-45　许昌市中央公园生态现状

城市公园以生态价值为基准，通过构建生物多样性保护系统，提升生态系统的服务功能，进一步促进人与自然的和谐发展；城市公园系统可以实现对区域小气候的调节，同时城市公园系统中的绿地和开敞空间可以提高区域的绿色空间质量。城市公园是海绵城市建设的重点区域，通过城市公园的“海绵体”作用，利用主干河流廊道连通等方式，扩展城市海绵体，可进一步提升城市的生态安全。

城市往往忽略对生态基础设施的建设，没有充分发挥其生态服务功能，表现在缺少精细化的管理，致使园区荒废（图 6-46）。城市用地一般较为紧缺，有一定面积、规模且生态基础较好的城市公园十分难得，应该充分发挥此类节点的生态作用，从各地优秀、成熟的实践中积累经验，逐步形成完善的城市公园规划与建设体系。

图 6-46　许昌市域废弃破败的生态公园

6.8.6　修复生态断裂点

道路等交通运输线对生态网络存在一定程度的割裂，容易造成景观破碎化。在进行生态廊道规划时，不可忽视道路网对于生物廊道的阻隔作用。郑州都市圈道路交通系统较为复杂，大致呈“米”字形。生态断裂点正是潜在廊道与交通线路交叉得到的，通过叠加研究区的潜在廊道网络图和道路交通分布图，识别出生态断裂点 15 处，这些生态断裂点给物种迁移造成阻碍，削弱或阻隔了物种间的交流。因此进行生态断裂点修复是极其重要的，在进行优化时，可以采用修建地下涵洞、天桥等方式（图 6-47）帮助物种迁移，恢复不同景观类型之间的连通性。

图 6-47　水系廊道上方的路桥

6.8.7 生态廊道疏通保护，保障网络连接的可行性

在研究区内，虽然某些斑块之间存在潜在生态廊道，但这些潜在生态廊道经过的地区生境质量较差，景观阻力较大，导致斑块之间的有效连接性也大大降低了，因此需要通过生态建设来增强这些潜在生态廊道之间的有效连接性。按廊道之间的相互作用力大小和研究区实际情况、空间位置，并综合考虑重要陆生物种迁移因素，选取一般廊道加以重点改造和进行生态建设。郑州都市圈范围内的生态廊道建设缓慢，都市圈核心区范围内道路网较为发达，而交通运输线两侧的防护廊道建设较为缓慢。同时，城市一些区域性沿河流域地段尚未形成有效的生态廊道，城市水系间的廊道连通性较差，制约了郑州都市圈生态网络的有效性。因此在加强生态网络的稳定性时，包括增补关键生态踏脚石、修复生态断裂点、提升廊道间的连通性，要遵循此类节点的生态现状。

6.8.8 小结

本节在郑州都市圈核心区生态网络构建基础上，因地制宜地提出有针对性的、与城乡空间生态保护建设相关的优化策略，包括源地建设、廊道等级、节点优化等方面。具体措施为对生态网络与重要生态源地之间的连接进行优化，以此来加强生态网络的稳定性，包括增补关键生态踏脚石、修复生态断裂点、提升廊道间的连通性，同时遵循可持续发展等原则，对研究区潜在生态廊道网络结构进行分析与优化。研究区重要廊道主要分布于西部伏羲山区域，而东部的生态廊道存在连通水平不均的问题，因此东部生态廊道应为生态保护建设的关键区域，生态断裂点以生态廊道与京港澳高速公路、盐洛高速公路、大广高速公路的交点为主，因此可以通过地下通道、绿道天桥等立体结构进行连通，以实现物种之间的交流。

6.9 都市圈生态网络构建的意义

生态网络建设对于保护快速城市化地区的生态环境、维护生态系统的稳定、保护生物多样性具有重要的现实意义。本书以郑州都市圈核心区为对象，在 GIS 等软件的辅助下，在生态网络构建阶段，首先，以景观要素的连通性作为构建生态网络的原则和基础，采用 MSPA 法对研究区现状景观进行分析，强调研究区内的结构连

通性，并识别出研究区重要生态区域，提取出 52 个最大的核心生态源地，采用定量评价法评价研究区核心生态源地的重要性，改变生态源地的选择方法；其次，在 MCR 模型的基础上，综合考虑高程、坡度和土地类型等因素，构建生态保护带；最后，利用重力模型对生态网络结构进行定量分析，提出研究区生态网络建设的具体可行方案。在生态网络优化阶段，利用生态网络指数分析现状生态网络，并设置生态节点对生态网络进行优化。通过对郑州都市圈核心区进行研究有以下几个方面的发现。

1. 研究区生态本底

研究区的土地利用类型丰富，包括林地、草地、灌木丛、水域、湿地等，构成郑州都市圈核心区“山水林田湖草”的基本景观格局。区别于传统的根据面积选取生态源地的方法，通过引入 MSPA 法分析研究区内景观类型，提取出更适合物种休憩、迁移的核心斑块。核心区景观面积占总面积的 84%，但桥接区面积占总面积不到 1%。结果表明，陆地生物栖息地面积较大，但作为能量交换和物质流动的迁移通道面积较小，分布较为集中且很不均匀，东南部缺少生态斑块，不利于物种迁移。

2. 生态源地提取

提取 dPC 值最大的 52 块核心区作为生态源地，其中 dPC 指数最大的为斑块 14 和斑块 5，其斑块指数分别为 79.67、33.24，面积分别为 63.50 km^2、175.51 km^2，位于巩义市及新密市市域范围内，主要是在小关镇、伏羲镇，涵盖环翠峪风景名胜区、杨树沟风景区、伏羲山大峡谷景区、伏羲山三泉湖景区、雪花洞风景名胜区，在进行生态网络规划时要加强保护力度；斑块 44、斑块 23 的 dPC 指数分别为 32.36、28.72，面积分别为 91.22 km^2、11.777 4 km^2，主要位于登封市，涵盖三皇寨、嵩山风景名胜区，这类源地在兼具生态功能的同时，具有一定的旅游功能，因此在进行规划建设时要处理好发展与保护的关系。其余的生态源点则散乱地分布在研究区内，其中开封市域所占的生态源地过少，仅有 2 处，分别为斑块 3 和斑块 25，其 dPC 指数分别为 0.057、0.054，面积分别为 7.599 6 km^2、7.401 6 km^2，面积较小，景观连接指数相对较低，在后期规划建设实践中要加强其他生态源地对此类源地的生态辐射作用，增强其生态系统的服务功能。

3. 阻力面构建

阻力面构建是生态廊道构建的基础，结合研究区的现状构建符合研究区特征的阻力因子体系，选取土地利用类型、坡度、高程、距水体的距离、距道路的距离、距居民点的距离为阻力因子，结合前人研究，利用专家打分法确定权重与占比，最终生成研究区的综合阻力面。整体阻力呈现北部和中部高、东部低的特征，最大阻力值达到 5.25，整体上的阻力分布较为均匀。

4. 生态廊道分布

基于 MCR 模型构建研究区的生态廊道网络，生成研究区 668 条潜在生态廊道。利用重力模型对潜在生态廊道进行分级，量化各个源地间的相互作用强度，在一定程度上为研究区生态网络的优先保护提供了科学的参考价值。在潜在廊道体系中，重要廊道 63 条，一般廊道 605 条。研究区生态网络结构较为复杂交错，重要廊道主要分布在研究区的北部与西北部，南部与东部的重要廊道严重缺失。

5. 生态网络构建

结合研究区生态斑块的分布特点以及研究区的实际情况，对生态网络进行优化，优化后的生态网络新增 6 条重要廊道、281 处生态战略点、15 处生态脚踏石，主要位于研究区的东部。优化前的 α、β、γ 分别为 0.69、2.3、0.79，优化后分别为 0.7、2.4、0.8，表征研究区的生态斑块连接水平有了明显的提高，供物种迁移的路径更加多样。

同时落实上位规划对郑州都市圈的生态定位和生态保护要求，将承担重要生态服务功能的生态源地、生态节点、生态廊道组合，构建郑州都市圈的生态网络系统，作为郑州都市圈空间发展格局的本底。以南太行山、伏牛山为主要生态屏障，以沿黄生态涵养带、沿淮生态走廊和南水北调中线生态走廊为骨架，保护嵩山—伏羲山、箕山等重要山地生态功能区、水源涵养区与区域性河流生态廊道，构建区域生态网络，保障区域生态安全。

参考文献

[1] 薛俊菲，顾朝林，孙加凤.都市圈空间成长的过程及其动力因素[J].城市规划，2006，30（3）：53-56.

[2] 陶希东.中国建设现代化都市圈面临的问题及创新策略[J].城市问题，2020（1）：98-102.

[3] 尹稚，袁昕，卢庆强，等.中国都市圈发展报告 2018[M].北京：清华大学出版社，2019.

[4] 崔功豪.中国城市规划观念六大变革——30 年中国城市规划的回顾[J].上海城市规划，2008（6）：5-7.

[5] 刘艳军，刘静，何翠，等.中国区域开发强度与资源环境水平的耦合关系演化[J].地理研究，2013，32（3）：507-517.

[6] 张百平，姚永慧，朱运海，等.区域生态安全研究的科学基础与初步框架[J].地理科学进展，2005，24（6）：1-7.

[7] 武廷海，唐燕，张城国.世界城市的规划目标体系与战略路径[J].北京规划建设，2012（4）：85-89.

[8] 余慧，张娅兰，李志琴.伦敦生态城市建设经验及对我国的启示[J].科技创新导报，2010（9）：139-140.

[9] HAN B L，LIU H X，WANG R S.Urban ecological security assessment for cities in the Beijing-Tianjin-Hebei metropolitan region based on fuzzy and entropy methods[J]. Ecological Modelling，2015（318）：217-225.

[10] MUNIZ I，GALINDOA.Urban form and the ecological footprint of commuting：the case of Barcelona[J].Ecological Economics，2004，55（4）：499-514.

[11] 孙小明.战后日本都市圈建设研究[D].长春：吉林大学，2017.

[12] 张祥建，郭岚.我国现代都市圈的发展模式、路径选择及政策建议[C]//上海社会科学界联合会.改革开放制度·发展·管理：上海市社会科学界第六届学术年会文集（2008 年度）.上海：上海人民出版社，2008：489-493.

[13] 鞠昌华，裴文明，张慧.生态安全：基于多尺度的考察[J].生态与农村环境学报，2020，36（5）：626-634.

[14] 张宇硕，赵林，吴殿廷，等.京津冀都市圈建设用地格局与变化特征研究[J].世

界地理研究，2018，27（1）：60-71.
[15] 李志华，于洋，陈利，等.长株潭城市群生态空间优化研究[J].中南林业科技大学学报（社会科学版），2019，13（5）：33-39+72.
[16] 王智勇.快速成长期城市密集区生态空间框架及其保护策略研究——以武鄂黄黄城市密集区为例[D].武汉：华中科技大学，2013.
[17] KUANG W H，CHI W F，LU D S，et al. A comparative analysis of megacity expansions in China and the U.S.：patterns，rates and driving forces[J].Landscape and Urban Planning，2014，132：121-135.
[18] REYNOLDS R，LIANG L，LI X C，et al. Monitoring annual urban changes in a rapidly growing portion of northwest Arkansas with a 20-year landsat record[J]. Remote Sensing，2017，9（1）：71.
[19] 陈利顶，孙然好，刘海莲.城市景观格局演变的生态环境效应研究进展[J].生态学报，2013，33（4）：1042-1050.
[20] JUANITA A D，IGNACIO P，JORGELINA G A，et al. Assessing the effects of past and future land cover changes in ecosystem services，disservices and biodiversity：a case study in Barranquilla Metropolitan Area（BMA），Colombia[J]. Ecosystem Services，2019，37：12.
[21] WANG G P，LIU Y，HU Z Y，et al. Flood risk assessment based on fuzzy synthetic evaluation method in the Beijing-Tianjin-Hebei metropolitan area，China[J]. Sustainability，2020，12（4）：1-30.
[22] 秦晓川，付碧宏.青岛都市圈生态系统服务—经济发展时空协调性分析及优化利用[J].生态学报，2020，40（22）：8251-8264.
[23] 梁秀娟，王旭红，牛林芝，等.大西安都市圈城市热岛效应时空分布特征及AOD对热岛强度的影响研究[J].生态环境学报，2020，29（8）：1566-1580.
[24] 王振波，梁龙武，王旭静.中国城市群地区 $PM_{2.5}$ 时空演变格局及其影响因素[J].地理学报，2019，74（12）：2614-2630.
[25] 马向明，陈洋，陈昌勇，等.“都市区”“都市圈”“城市群”概念辨识与转变[J].规划师，2020，36（3）：5-11.
[26] 周海波，郭行方.国土空间规划体系下的绿地系统规划创新趋势[J].中国园林，2020，36（2）：17-22.
[27] 吴健生，张理卿，彭建，等.深圳市景观生态安全格局源地综合识别[J].生态学报，2013，33（13）：4125-4133.
[28] 周福君，乔颖，乔晶.从生态学角度谈城市绿地系统的规划[J].国土与自然资源

研究，2001（2）：58-59.

［29］杨帆，段宁，许莹，等."精明规划"与"跨域联动"：区域绿地资源保护的困境与规划应对［J］.规划师，2019，35（21）：52-58.

［30］张从果，杨永春.都市圈概念辨析［J］.城市规划，2007，31（4）：31-36+47.

［31］宋准，孙久文，夏添.城市群战略下都市圈的尺度、机制与制度［J］.学术研究，2020（9）：92-99.

［32］肖金成，马燕坤，张雪领.都市圈科学界定与现代化都市圈规划研究［J］.经济纵横，2019（11）：32-39.

［33］邹军.都市圈与都市圈规划的初步探讨——以江苏都市圈规划实践为例［J］.现代城市研究，2003，18（4）：29-35.

［34］易承志.大都市与大都市区概念辨析［J］.城市问题，2014（3）：90-95.

［35］马燕坤，肖金成.都市区、都市圈与城市群的概念界定及其比较分析［J］.经济与管理，2020，34（1）：18-26.

［36］姚士谋，陈振光，朱英明，等.中国城市群［M］.合肥：中国科学技术大学出版社，2006.

［37］JONGMAN R H G，KULVIK M，KRISTIANSEN I.European ecological networks and greenways［J］.Landscape and Urban Planning，2004，68（2）：305-319.

［38］曲艺，陆明.生态网络规划研究进展与发展趋势［J］.城市发展研究，2016，23（8）：29-36.

［39］孟伟庆，李洪远，鞠美庭，等.欧洲受损生态系统恢复与重建研究进展［J］.水土保持通报，2008，28（5）：201-208.

［40］高原.生态网络影响下的生态湿地体系构建——欧洲生态网络体系案例研究及启示［J］.城市建筑，2015，（23）：293-294.

［41］JONGMAN R H G.Nature conservation planning in Europe：developing ecological networks［J］.Landscape and Urban Planning，1995，32（3）：169-183.

［42］COLLINGE S K.Ecological consequences of habitat fragmentation：implications for landscape architecture and planning［J］.Landscape and Urban Planning，1996，36（1）：59-77.

［43］BOITANI L，FALCUCCI A，MAIORANO L，et al.Ecological networks as conceptual frameworks or operational tools in conservation［J］.Conservation Biology，2007，21（6）：1414-1422.

［44］CONINE A，XIANG W N，YOUNG J，et al.Planning for multi-purpose greenways in Concord，North Carolina［J］.Landscape and Urban Planning，2004，68（2）：

271-287.
[45] 刘世梁，侯笑云，尹艺洁，等.景观生态网络研究进展[J].生态学报，2017，37（12）：3947-3956.
[46] 赵珂，李享，袁南华.从美国“绿道”到欧洲绿道：城乡空间生态网络构建——以广州市增城区为例[J].中国园林，2017，33（8）：82-87.
[47] 刘海龙.连接与合作：生态网络规划的欧洲及荷兰经验[J].中国园林，2009，25（9）：31-35.
[48] 魏培东.构建可持续发展的城市生态网络[J].中国人口·资源与环境，2003，13（4）：78-81.
[49] 张浪.基于基本生态网络构建的上海市绿地系统布局结构进化研究[J].中国园林，2012，28（12）：65-68.
[50] 李雱，费友克.城市开放空间网络构建——苏黎世从“灰色城市”到“宜居城市”的规划实践启示[J].中国园林，2014，30（12）：67-70.
[51] JONGMAN R H G. Ecological networks and greenways in Europe：reasoning and concepts[J].Journal of Environmental Sciences，2003，15（2）：173-181.
[52] 邬建国.景观生态学——概念与理论[J].生态学杂志，2000，19（1）：42-52.
[53] 朱强，俞孔坚，李迪华.景观规划中的生态廊道宽度[J].生态学报，2005，25（9）：2406-2412.
[54] 韦宝婧，胡希军，朱满乐，等.基于 CiteSpace 的我国绿色生态网络研究热点与趋势[J].经济地理：2021，41（9）：174-183.
[55] KONG F H，YIN H W，NAKAGOSHI N，et al. Urban green space network development for biodiversity conservation：identification based on graph theory and gravity modeling[J]. Landscape and Urban Planning，2009，95（1）：16-27.
[56] BENEDICT M A，MCMAHON E T. Green infrastructure：smart conservation for the 21st century[J].Renewable Resources Journal，2002，20（3）：12-17.
[57] 吴伟，付喜娥.绿色基础设施概念及其研究进展综述[J].国际城市规划，2009，24（5）：67-71.
[58] 张炜.城市绿色基础设施的生态系统服务评估和规划设计应用研究[D].北京：北京林业大学，2017.
[59] 俞孔坚.生物保护的景观生态安全格局[J].生态学报，1999，19（1）：8-15.
[60] 马克明，傅伯杰，黎晓亚，等.区域生态安全格局：概念与理论基础[J].生态学报，2004，24（4）：761-768.
[61] 欧定华，夏建国，张莉，等.区域生态安全格局规划研究进展及规划技术流程探

讨[J].生态环境学报，2015，24（1）：163-173.
[62] 彭建，赵会娟，刘焱序，等.区域生态安全格局构建研究进展与展望[J].地理研究，2017，36（03）：407-419.
[63] 任西锋，任素华.城市生态安全格局规划的原则与方法[J].中国园林，2009，25（7）：73-77.
[64] 傅伯杰，王仰林.国际景观生态学研究的发展动态与趋势[J].地球科学进展，1991，6（3）：56-61.
[65] 肖笃宁，苏文贵，贺红士.景观生态学的发展和应用[J].生态学杂志，1988（6）：43-48.
[66] TUNER M G.Landscape ecology in North America：past，present，and future[J].Ecology，2005，86（8）：1967-1974.
[67] WU J G.Landscape ecology，cross-disciplinarity，and sustainability science[J].Landscape Ecology，2006，21（1）：1-4.
[68] 肖笃宁，李秀珍.当代景观生态学的进展和展望[J].地理科学，1997，17（4）：69-77.
[69] 傅伯杰，陈利顶，马克明，等.景观生态学原理及应用[M].2 版.北京：科学出版社，2011.
[70] HULSHOFF R M.Landscape indices describing a Dutch landscape[J].Landscape Ecology，1995，10（2）：101-111.
[71] KRUMMEL J R，GARDNER R H，SUGIHARA G，et al.Landscape patterns in a disturbed environment[J].Oikos，1987，48（3）：321-324.
[72] 邬建国.景观生态学：格局、过程、尺度与等级[M].2 版.北京：高等教育出版社，2007.
[73] BARRETT G W，BARRETT T L，WU J G.History of landscape ecology in the United States[M].New York：Springer，2015.
[74] FORMAN R T T，GODRON M.Landscape ecology[M].New York：Wiley，1986.
[75] 楚新正.景观生态学基本理论及在绿洲研究中的应用[J].新疆师范大学学报（自然科学版），2000（4）：56-62+71.
[76] 齐丽.景观格局研究综述进展及分析[J].绿色科技，2019（5）：39-40+45.
[77] 于守超，辛燕，刘娟.城市景观格局研究进展[J].农业科技与信息（现代园林），2011（11）：7-9.
[78] 卜耀军，温仲明，焦峰，等.3S 技术在现代景观格局中的应用[J].水土保持研究，2005，12（1）：34-38.

[79] 陈文波，肖笃宁，李秀珍.景观指数分类、应用及构建研究[J].应用生态学报，2002，13（1）：121-125.

[80] 陈利顶，傅伯杰，赵文武."源""汇"景观理论及其生态学意义[J].生态学报，2006，26（5）：1444-1449.

[81] 田仁伟，赵翠薇，贺中华，等."源—汇"景观理论的研究综述[J].贵州科学，2019，37（3）：24-29.

[82] GOODWIN B J.Is landscape connectivity a dependent or independent variable? [J]. Landscape Ecology，2003，18（7）：687-699.

[83] KINDLMANN P，BUREL F. Connectivity measures：a review [J]. Landscape Ecology，2008，23（8）：879-890.

[84] TAYLOR P D，FAHRIG L，HENEIN K，et al. Connectivity is a vital element of landscape structure[J].Oikos，1993，68（3）：571-573.

[85] URBAN D，KEITT T H. Landscape connectivity：a graph-theoretic perspective[J]. Ecology，2001，82（5）：1205-1218.

[86] 富伟，刘世梁，崔保山，等.景观生态学中生态连接度研究进展[J].生态学报，2009，29（11）：6174-6182.

[87] 于亚平，尹海伟，孔繁花，等.南京市绿色基础设施网络格局与连通性分析的尺度效应[J].应用生态学报，2016，27（7）：2119-2127.

[88] SAURA S，TORNE J. Conefor sensinode 2.2：a software package for quantifying the importance of habitat patches for landscape connectivity[J].Environmental Modelling and Software，2008，24（1）：135-139.

[89] 陈利顶，李秀珍，傅伯杰，等.中国景观生态学发展历程与未来研究重点[J].生态学报，2014，34（12）：3129-3141.

[90] 史培军，李宁，叶谦，等.全球环境变化与综合灾害风险防范研究[J].地球科学进展，2009，24（4）：428-435.

[91] 尤南山，蒙吉军，李枫，等.1980—2017 年中国土地资源学发展研究[J].中国土地科学，2017，31（11）：4-15.

[92] 谢英挺，王伟.从"多规合一"到空间规划体系重构[J].城市规划学刊，2015（3）：15-21.

[93] 党安荣，田颖，甄茂成，等.中国国土空间规划的理论框架与技术体系[J].科技导报，2020，38（13）：47-56.

[94] 金云峰，陶楠.国土空间规划体系下风景园林规划研究[J].风景园林，2020，27（1）：19-24.

[95] 王亚飞，樊杰，周侃.基于“双评价”集成的国土空间地域功能优化分区[J].地理研究，2019，38（10）：2415-2429.
[96] 岳文泽，王田雨.资源环境承载力评价与国土空间规划的逻辑问题[J].中国土地科学，2019，33（3）：1-8.
[97] MARULLI J，MALLARACH J M. A GIS methodology for assessing ecological connectivity：application to the Barcelona Metropolitan Area[J]. Landscape and Urban Planning，2004，71（2）：243-262.
[98] JONGMAN R H G，BOUWMA I M，GRIFFIOEN A，et al. The pan European ecological network：PEEN[J].Landscape Ecology，2011，26（3）：311-326.
[99] JONGMAN R H G，PUNGETTI G. Ecological networks and greenways：concept，design，implementation[M].Cambridge：Cambridge University Press，2004.
[100] 申佳可，王云才.景观生态网络规划：由空间结构优先转向生态系统服务提升的生态空间体系构建[J].风景园林，2020，27（10）：37-42.
[101] 王越，林箐.基于MSPA的城市绿地生态网络规划思路的转变与规划方法探究[J].中国园林，2017，33（5）：68-73.
[102] 张浪，李晓策，刘杰，等.基于国土空间规划的城市生态网络体系构建研究[J].现代城市研究，2021（5）：97-100+105.
[103] 张浪.构建城市市域生态网络系统[J].园林，2019（6）：1.
[104] 张妍，郑宏媚，陆韩静.城市生态网络分析研究进展[J].生态学报，2017，37（12）：4258-4267.
[105] 郭家新，胡振琪，李海霞，等.基于MCR模型的市域生态空间网络构建[J].农业机械学报，2021，52（3）：275-284.
[106] 刘晓阳，魏铭，曾坚，等.闽三角城市群生态网络分析与构建[J].资源科学，2021，43（2）：357-367.
[107] 胡炳旭，汪东川，王志恒，等.京津冀城市群生态网络构建与优化[J].生态学报，2018，38（12）：4383-4392.
[108] 王玉莹，沈春竹，金晓斌，等.基于MSPA和MCR模型的江苏省生态网络构建与优化[J].生态科学，2019，38（2）：138-145.
[109] 尹海伟，孔繁花，祈毅，等.湖南省城市群生态网络构建与优化[J].生态学报，2011，31（10）：2863-2874.
[110] 胡其玉，陈松林.基于生态系统服务供需的厦漳泉地区生态网络空间优化[J].自然资源学报，2021，36（2）：342-355.
[111] 余凤生，戴菲，孙姝，等.武汉市绿地生态网络的分析与构建[J].园林，2019

（6）：2-7.
［112］杨志广，蒋志云，郭程轩，等.基于形态空间格局分析和最小累积阻力模型的广州市生态网络构建[J].应用生态学报，2018，29（10）：3367-3376.
［113］刘晓阳，曾坚，曾鹏.厦门市绿地生态网络构建及优化策略[J].中国园林，2020，36（7）：76-81.
［114］闫水玉，杨会会，王昕皓.重庆市域生态网络构建研究[J].中国园林，2018，34（5）：57-63.
［115］阎凯，王宝强，沈清基.上海市生态网络体系评价方法研究[J].上海城市规划，2017（2）：82-89.
［116］吴榛，王浩.扬州市绿地生态网络构建与优化[J].生态学杂志，2015，34（7）：1976-1985.
［117］许峰，尹海伟，孔繁花，等.基于MSPA与最小路径方法的巴中西部新城生态网络构建[J].生态学报，2015，35（19）：6425-6434.
［118］BRAND U，VADROT A B M.Epistemic selectivities and the valorisation of nature：the cases of the Nagoya protocol and the intergovernmental science-policy platform for biodiversity and ecosystem services（IPBES）［J］.Law，Environment and Development Journal，2013，9（2）：202-220.
［119］朱灵茜，李卫正，乌日汗.城市生态网络中生态源的界定[J].园林，2017（9）：20-23.
［120］单卓然.1990年以来发达国家大城市都市区空间发展特征、趋势与对策研究[D].武汉：华中科技大学，2014.
［121］闫维，李洪远，孟伟庆.欧美生态网络规划对中国的启示[J].环境保护，2010（18）：64-66.
［122］LITTLE C E.Greenways for America[M].Baltimore：The Johns Hopkins University Press，1995.
［123］刘东云，周波.景观规划的杰作——从“翡翠项圈”到新英格兰地区的绿色通道规划[J].中国园林，2001，17（3）：59-61.
［124］FABOS J G，MILDE G T，WEINMAYR V M.Frederick founder of landscape architecture in America[M].Amherst：University of Massachusetts Press，1968.
［125］NEWTON N T.Design on the land：the development of landscape architecture[M].Cambridge：Belknap Press，1971.
［126］法伯斯 J G.美国绿道规划：起源与当代案例[J].景观设计学，2009（4）：16-27.

[127] LEWIS P H JR.Quality corridors for Wisconsin[J].Landscape Architecture, 1964, 54（2）: 100-107.

[128] AHERN J.Greenways in the USA: theory, trends and prospects[M] //JONGMAN R H G. Ecological networks and greenways: concept, design, implementation. Cambridge: Cambridge University Press, 2004: 34-55.

[129] 刘滨谊，余畅.美国绿道网络规划的发展与启示[J].中国园林，2001，17（6）：77-81.

[130] 梁雪，魏来.区域性绿道网络规划与实施研究——以美国佛罗里达州际绿道为例[C] //中国城市规划学会.城乡治理与规划改革——2014 中国城市规划年会论文集.北京：中国建筑工业出版社，2014：287-295.

[131] 马克·林德胡尔.论美国绿道规划经验：成功与失败，战略与创新[J].王南希，译.风景园林，2012（3）：34-41.

[132] LINEHAN J, GROSS M, FINN J. Greenway planning: developing a landscape ecological network approach [J]. Landscape and urban planning, 1995（33）: 179-193.

[133] 刘滨谊，王鹏.绿地生态网络规划的发展历程与中国研究前沿[J].中国园林，2010，26（3）：1-5.

[134] WEBER T, Anne SLOAN A, WOLF J.Maryland's Green Infrastructure Assessment: development of a comprehensive approach to land conservation[J]. Landscape and Urban Planning, 2005, 77（1）: 94-110.

[135] 李博.绿色基础设施与城市蔓延控制[J].城市问题，2009（1）：86-90.

[136] WALMSLEY A. Greenways: multiplying and diversifying in the 21st century[J]. Landscape and Urban Planning, 2004, 76（1）: 252-290.

[137] 黄玮.中心·走廊·绿色空间——大芝加哥都市区 2040 区域框架规划[J].国外城市规划，2006，21（4）：46-52.

[138] 张云彬，吴人韦.欧洲绿道建设的理论与实践[J].中国园林，2007，23（8）：33-38.

[139] ERICKSON D L. The relationship of historic city form and contemporary greenway implementation: a comparison of Milwaukee, Wisconsin（USA） and Ottawa, Ontario（Canada）[J]. Landscape and Urban Planning, 2004, 68（2）: 199-221.

[140] 张阁，张晋石.渥太华绿色空间体系形成与发展研究[J].风景园林，2018，25（7）：84-89.

[141] Faculty of Environmental Design of the University of Calgary. Ottawa's Greenbelt

Master Plan 1995—2015[EB/OL].[2017-09-15].http：//www.ucalgary.ca/ev/designresearch/projects/2001/CEDRO/cedro/cip_acupp_css/ottawa.html.

[142] FATH B D，SCHARLER U M，ULANOWICZ R E，et al.Ecological network analysis：network construction[J].Ecological Modelling，2007，208（1）：49-55.

[143] 张风春，朱留财，彭宁.欧盟Natura2000：自然保护区的典范[J].环境保护，2011（6）：73-74.

[144] 刘冬，林乃峰，邹长新，等.国外生态保护地体系对我国生态保护红线划定与管理的启示[J].生物多样性，2015，23（6）：708-715.

[145] BIONDI E，CASAVECCHIA S，PESARESI S，et al.Natura 2000 and the Pan-European Ecological Network：a new methodology for data integration[J].Biodiversity and Conservation，2012，21（7）：1741-1754.

[146] 葛晓云，周伟，范黎.荷兰生态网络建设经验[J].中国土地，2018（4）：35-37.

[147] 郑宇，李玲玲，陈玉洁，等."公园城市"视角下伦敦城市绿地建设实践[J].国际城市规划，2021，36（6）：136-140.

[148] 张媛明，罗海明，黎智辉.英国绿带政策最新进展及其借鉴研究[J].现代城市研究，2013（10）：50-53.

[149] THOMAS D，JOURNAL T，MAR N.London's green belt：the evolution of an idea[J].The Geographical Journal，1963，129（1）：14-24.

[150] TURNER T.Greenway planning in Britain：recent work and future plans[J].Landscape and Urban Planning，2004，76（1）：240-251.

[151] 史文正.英国城市绿色空间发展与管理政策变化梳理与启示[C]//中国城市规划学会.共享与品质——2018中国城市规划年会论文集.北京：中国建筑工业出版社，2018：1093-1104.

[152] Greater London Authority.East London Green Grid Framework，London Plan[EB/OL].[2008-02-08].http：//www.naturalengland.org.uk/ourwork/greeninfrastructure.

[153] 刘家琳，李雄.东伦敦绿网引导下的开放空间的保护与再生[J].风景园林，2013（3）：90-96.

[154] 胡剑双，范风华，戴菲.快速城市化发展背景下城市绿道网络与空间拓展的关系研究——以日本城市绿道网络建设历程为例[C]//中国城市规划学会.城市时代 协同规划：2013中国城市规划年会论文集.青岛：青岛出版社，2013.

[155] 戴菲，胡剑双.绿道研究与规划设计[M].北京：中国建筑工业出版社，2013.

[156] 陈福妹.日本绿道规划建设及其借鉴意义[J].城市发展研究，2014，21（增2）：1-5.

[157] 雷芸.新世纪以来日本城市绿地规划发展与借鉴——以东京都为例[J].中国城市林业，2019，17（2）：48-53.
[158] 庄荣，陈冬娜.他山之石——国外先进绿道规划研究对珠江三角洲区域绿道网规划的启示[J].中国园林，2012，28（6）：25-28.
[159] TAN K W.A greenway network for Singapore[J].Landscape and Urban Planning，2004，76（1）：45-66.
[160] 姚盈旭，李倞.紧凑型城市视角下的亚洲城市绿道分析研究——以中国广州、中国香港、新加坡及日本的名古屋市为例[C]//中国风景园林学会.中国风景园林学会2019年会论文集.北京：中国建筑工业出版社，2019.
[161] 肖洁舒.麦理浩径对我国绿道建设的启发[J].中国园林，2012，28（6）：16-20.
[162] 王俊森.台中市“绿园道”建设经验及启示[J].智能城市，2019，5（13）：121-122.
[163] 刘小兰，陈维斌.都市发展过程之研究——以台中市为例[J].都市与计划，1996，23（1）：55-74.
[164] 李天颖，张延龙，牛立新.台湾台中市绿道规划设计及其功能的调查分析[J].城市发展研究，2013，20（4）：137-141.
[165] 彭镇华，江泽慧.中国森林生态网络系统工程[J].应用生态学报，1999，10（1）：99-103.
[166] 董志良，孙传余，刘贵阳，等.扬州市森林生态网络体系建设研究[J].江苏林业科技，2002，29（3）：11-14.
[167] 陆为.全国绿色通道建设成效显著[N].人民政协报，2000-10-10（6）.
[168] 李维敏.广州城市廊道变化对城市景观生态的影响[J].地理学与国土研究，1999（4）：76-80.
[169] 许大为，张俊玲，李雷鹏.哈尔滨市马家沟绿地现状分析及生态廊道的构建[J].东北林业大学学报，2002，30（2）：90-93.
[170] 付劲英.城市绿色景观廊道的生态化建设——以成都为例[D].成都：西南交通大学，2002.
[171] 潘海平，张弓.杭州将建十八条生态廊道[N].华东旅游报，2002-08-20（1）.
[172] 关英敏.城市生态廊道建设研究——以广州市天河区为例[D].长春：东北师范大学，2003.
[173] 王浩，徐雁南.南京市绿地系统结构浅见[J].中国园林，2003，19（10）：53-55.

[174] 王海珍，张利权.基于GIS、景观格局和网络分析法的厦门本岛生态网络规划[J].植物生态学报，2005，29（1）：144-152.
[175] 闫水玉，赵柯，邢忠.美国、欧洲、中国都市区生态廊道规划方法比较研究[J].国际城市规划，2010，25（2）：91-96.
[176] 马向明，程红宁.广东绿道体系的构建：构思与创新[J].城市规划，2013，37（2）：38-44.
[177] 郭建民.中美都市区生态网络规划的比较研究[J].中国市场，2012（50）：74-79.
[178] 关伟锋，高宁.绿道及其在城市建设中的作用[J].西北林学院学报，2012，27（3）：238-242.
[179] 周亚琦，盛鸣.深圳市绿道网专项规划解析[J].风景园林，2010（5）：42-47.
[180] 卢曼.珠江三角洲自然生态空间规划研究[D].广州：广州大学，2018.
[181] 陈德权，兰泽英，李玮麒.基于最小累积阻力模型的广东省陆域生态安全格局构建[J].生态与农村环境学报，2019，35（7）：826-835.
[182] 古璠，黄义雄，陈传明，等.福建省自然保护区生态网络的构建与优化[J].应用生态学报，2017，28（3）：1013-1020.
[183] 史娜娜，韩煜，王琦，等.青海省保护地生态网络构建与优化[J].生态学杂志，2018，37（6）：1910-1916.
[184] 郑群明，扈嘉辉，申明智.基于MSPA和MCR模型的湖南省生态网络构建[J].湖南师范大学自然科学学报，2021，44（5）：1-10.
[185] 卫长乐.构建生态网络 建设宜居城市——太原市城市生态建设思路[J].林业经济，2008（4）：58-60.
[186] 叶梦，费一鸣.杭州市城市生态网络初探[J].山西建筑，2008，34（9）：56-58.
[187] 孔繁花，尹海伟.济南城市绿地生态网络构建[J].生态学报，2008，28（4）：1711-1719.
[188] 许文雯，孙翔，朱晓东，等.基于生态网络分析的南京主城区重要生态斑块识别[J].生态学报，2012，32（4）：1264-1272.
[189] 鲁敏，杨东兴，刘佳，等.济南绿地生态网络体系的规划布局与构建[J].中国生态农业学报，2010，18（3）：600-605.
[190] 郭淳彬，徐闻闻.上海市基本生态网络规划及实施研究[J].上海城市规划，2012（6）：55-59.
[191] 徐杰，王京海，姜克芳.扬州市绿地生态网络分析与构建[C]//中国城市规划学会.城乡治理与规划改革——2014中国城市规划年会论文集.北京：中国建筑

工业出版社，2014.
[192] 蒋思敏，张青年，陶华超.广州市绿地生态网络的构建与评价[J].中山大学学报（自然科学版），2016，55（4）：162-170.
[193] 贾振毅.城市生态网络构建与优化研究——以重庆市中心城区为例[D].重庆：西南大学，2017.
[194] 杨超，戴菲，陈明，等.基于 MSPA 和电路理论的武汉市生态网络优化研究[C]//中国风景园林学会.中国风景园林学会 2020 年会论文集.北京：中国建筑工业出版社，2021.
[195] 梁艳艳，赵银娣.基于景观分析的西安市生态网络构建与优化[J].应用生态学报，2020，31（11）：3767-3776.
[196] 刘海龙.作为空间规划工具的生态网络导则[J].中国勘察设计，2007（12）：42-43.
[197] 姚永玲，朱甜.都市圈多维界定及其空间匹配关系研究——以京津冀地区为例[J].城市发展研究，2020，27（7）：113-120.
[198] 王芳.中国古代政区划分原则初探[J].剑南文学（经典教苑），2012（6）：82-83.
[199] 赵彪.1954 年以来中国县级行政区划特征演变[J].经济地理，2018，38（2）：10-17.
[200] 贾卫宾.城市边界：类型、意义、演化与控制——基于边界管理的规划方法优化[C]//城市时代 协同规划——2013 中国城市规划年会论文集.北京：中国建筑工业出版社，2013：63-76.
[201] 吴挺可，王智勇，黄亚平，等.武汉城市圈的圈层聚散特征与引导策略研究[J].规划师，2020，36（4）：21-28.
[202] 叶昌东，周春山.中国特大城市空间形态演变研究[J].地理与地理信息科学，2013，29（3）：70-75.
[203] DADASHPOOR H，AZIZI P，MOGHADASI M. Land use change，urbanization，and change in landscape pattern in a metropolitan area[J]. Science of the Total Environment，2019，655：707-719.
[204] 李伟峰，欧阳志云，王如松，等.城市生态系统景观格局特征及形成机制[J].生态学杂志，2005，24（4）：428-432.
[205] 范晨璟，田莉，申世广，等.1990—2015 年间苏锡常都市圈城镇与绿色生态空间景观格局演变分析[J].现代城市研究，2018（11）：13-19.
[206] 许浩，金婷，刘伟.苏锡常都市圈蓝绿空间规模与格局演变特征[J].南京林业

大学学报（自然科学版），2022，46（1）：219-226.
[207] 吕凤涛，麦建开，王园园，等.粤港澳大湾区城市群时空演化的多尺度分析[J].热带地貌，2020，41（2）：27-37.
[208] 德力格尔，袁家冬，李媛媛.基于景观生态学的长春都市圈功能空间演化[J].资源开发与市场，2016，32（1）：3-8+封2.
[209] 付刚，肖能文，乔梦萍，等.北京市近二十年景观破碎化格局的时空变化[J].生态学报，2017，37（8）：2551-2562.
[210] 仇江啸，王效科，逯非，等.城市景观破碎化格局与城市化及社会经济发展水平的关系——以北京城区为例[J].生态学报，2012，32（9）：2659-2669.
[211] 阳文锐.北京城市景观格局时空变化及驱动力[J].生态学报，2015，35（13）：4357-4366.
[212] 刘佳妮，李伟强，包志毅.道路网络理论在景观破碎化效应研究中的运用——以浙江省公路网络为例[J].生态学报，2008，28（9）：4352-4362.
[213] 李俊生，张晓岚，吴晓莆，等.道路交通的生态影响研究综述[J].生态环境学报，2009，18（3）：1169-1175.
[214] 刘孜仪.我国都市圈中小城市功能提升模式与机制探讨[D].石家庄：河北经贸大学，2017.
[215] 李燕，王芳. 北京的人口、交通和土地利用发展战略：基于东京都市圈的比较分析[J].经济地理，2017，37（4）：5-14.
[216] 汪光焘，叶青，李芬，等.培育现代化都市圈的若干思考[J].城市规划学刊，2019（5）：14-23.
[217] 王智勇，杨体星，刘合林，等.城市密集区空间协同发展策略研究——以武汉城市圈为例[J].规划师，2018，34（4）：20-26.
[218] 宋冰洁，周忠学.西安都市圈道路网络化对景观格局的影响[J].吉林大学学报（地球科学版），2017，47（5）：1521-1532.
[219] 徐海贤，孙中亚，侯冰婕，等.规划逻辑转变下的都市圈空间规划方法探讨[J].自然资源学报，2019，34（10）：2123-2133.
[220] 俞孔坚.生态安全格局与国土空间开发格局优化[J].萨拉·雅各布斯，张健，译.景观设计学（英文版），2016，4（5）：6-9.
[221] 韩宗伟，焦胜，胡亮，等.廊道与源地协调的国土空间生态安全格局构建[J].自然资源学报，2019，34（10）：2244-2256.
[222] 傅强，顾朝林.基于生态网络的生态安全格局评价[J].应用生态学报，2017，28（3）：1021-1029.

[223] 吴敏，吴晓勤.基于“生态融城”理念的城市生态网络规划探索——兼论空间规划中生态功能的分割与再联系[J].城市规划，2018，42（7）：9-17.
[224] 詹龙圣，陈可欣，李倩倩，等.国土空间规划中生态保护与修复研究——以山东威海市为例[J].智能城市，2021，7（11）：107-112.
[225] 杨凯，曹银贵，冯喆，等.基于最小累积阻力模型的生态安全格局构建研究进展[J].生态与农村环境学报，2021，37(05)：555-565.
[226] 彭建，汪安，刘焱序，等. 城市生态用地需求测算研究进展与展望[J].地理学报，2015，70（2）：333-346.
[227] 王国爱，李同升. “新城市主义”与“精明增长”理论进展与评述[J].规划师，2009，25（4）：67-71.
[228] 雷伟铭，梁峻，蒋文伟.城镇规划中生态网络功能性探讨[J].现代园艺，2021，44（20）：166-167.
[229] 杨邦杰，高吉喜，邹长新.划定生态保护红线的战略意义[J].中国发展，2014，14（1）：1-4.
[230] 苏同向，王浩.生态红线概念辨析及其划定策略研究[J].中国园林，2015，31（5）：75-79.
[231] 郑华，欧阳志云.生态红线的实践与思考[J].中国科学院院刊，2014，29（4）：457-461+448.
[232] 王成新，万军，于雷，等.基于生态网络格局的城市生态保护红线优化研究——以青岛市为例[J].中国人口·资源与环境，2017，27（5）：9-14.
[233] 袁鹏奇，许忠秋，朱振威.基于生态安全格局的县域生态红线划定研究[C] //中国城市规划学会.面向高质量发展的空间治理——2020 中国城市规划年会论文集.北京：中国建筑工业出版社，2020：441-452.
[234] 王云才，吕东，彭震伟，等.基于生态网络规划的生态红线划定研究——以安徽省宣城市南漪湖地区为例[J].城市规划学刊，2015（3）：28-35.
[235] 吴未，廉文慧.生态系统服务功能视角下建设用地扩张对生境网络的影响——以苏锡常地区白鹭栖息地为例[J].长江流域资源与环境，2018，27（5）：1043-1050.
[236] COOK E A.Landscape structure indices for assessing urban ecological networks[J].Landscape and Urban Planning，2002，58（2）：269-280.
[237] 武正军，李义明.生境破碎化对动物种群存活的影响[J].生态学报，2003，23（11）：2424-2435.
[238] 费凡，吴婕，李晓晖，等.国土空间规划视野下基于指示物种“栖息—迁徙”

过程的城市生物多样性网络构建与修复——以广州市为例[C]//中国城市规划学会.面向高质量发展的空间治理——2020中国城市规划年会论文集.北京：中国建筑工业出版社，2020：490-499.

[239] 干靓，吴志强.城市生物多样性规划研究进展评述与对策[J].规划师，2018，34（1）：87-91.

[240] 史芳宁，刘世梁，安毅，等.基于生态网络的山水林田湖草生物多样性保护研究——以广西左右江为例[J].生态学报，2019，39（23）：8930-8938.

[241] 汉瑞英，赵志平，肖能文.生物多样性保护优先区生态网络构建与优化——以太行山片区为例[J].西北林学院学报，2021，36（2）：61-67.

[242] 刘文平，宋子亮，李岩，等.基于自然的解决方案的流域生态修复路径——以长江经济带为例[J].风景园林，2021，28（12）：23-28.

[243] 曹宇，王嘉怡，李国煜.国土空间生态修复：概念思辨与理论认知[J].中国土地科学，2019，33（7）：1-10.

[244] 彭建，吕丹娜，董建权，等.过程耦合与空间集成：国土空间生态修复的景观生态学认知[J].自然资源学报，2020，35（1）：3-13.

[245] 吴健生，罗可雨，马洪坤，等.基于生态系统服务与引力模型的珠三角生态安全与修复格局研究[J].生态学报，2020，40（23）：8417-8429.

[246] 张远景，俞滨洋.城市生态网络空间评价及其格局优化[J].生态学报，2016，36（21）：6969-6984.

[247] 关军洪，郝培尧，董丽，等.矿山废弃地生态修复研究进展[J].生态科学，2017，36（2）：193-200.

[248] 易行，白彩全，梁龙武，等.国土生态修复研究的演进脉络与前沿进展[J].自然资源学报，2020，35（1）：37-52.

[249] 焦胜，刘奕村，韩宗伟，等.基于生态网络—人类干扰的国土空间生态修复优先区诊断——以长株潭城市群为例[J].自然资源学报，2021，36（9）：2294-2307.

[250] LI Y F，LI Y，ZHOU Y，et al. Investigation of a coupling model of coordination between urbanization and the environment [J]. Journal of Environmental Management，2012，98：127-133.

[251] 栾博，柴民伟，王鑫.绿色基础设施研究进展[J].生态学报，2017，37（15）：5246-5261.

[252] 邱瑶，常青，王静.基于MSPA的城市绿色基础设施网络规划——以深圳市为例[J].中国园林，2013，29（5）：104-108.

[253] 周艳妮，尹海伟.国外绿色基础设施规划的理论与实践[J].城市发展研究，2010，17（8）：87-93.
[254] BENEDICT M，MCMAHON E T. Green infrastructure：linking landscapes and communities[M].Washington · Covelo · London：Island Press，2006.
[255] 贾行飞，戴菲.我国绿色基础设施研究进展综述[J].风景园林，2015（8）：118-124.
[256] 卜晓丹，王耀武，吴昌广.基于 GIA 的城市绿地生态网络构建研究——以深圳市为例[C] //中国城市规划学会.城乡治理与规划改革——2014 中国城市规划年会论文集.北京：中国建筑工业出版社，2014：735-748.
[257] 高宇，木皓可，张云路，等.基于 MSPA 分析方法的市域尺度绿色网络体系构建路径优化研究——以招远市为例[J].生态学报，2019，39（20）：7547-7556.
[258] 黄河，余坤勇，高雅玲，等.基于 MSPA 的福州绿色基础设施网络构建[J].中国园林，2019，35（11）：70-75.
[259] 刘颂，何蓓.基于 MSPA 的区域绿色基础设施构建——以苏锡常地区为例[J].风景园林，2017（8）：98-104.
[260] 王贝，刘纯青.基于 Citespace 与 VOSviewer 的国内生态网络研究[J].环境科学与管理，2021，46（4）：53-58.
[261] 周秦.基于"生态网络"理念的盐城生态空间体系构建[C] //中国城市规划学会.转型与重构——2011 中国城市规划年会论文集.南京：东南大学出版社，2011：3590-3601.
[262] 龚杰.基于生态网络格局的城乡绿地系统规划[D].合肥：安徽农业大学，2016.
[263] FORMAN R T T. Sone general principles of landscape and regional ecology[J]. Landscape Ecology，1996，10（3）：133-142.
[264] 潘竟虎，刘晓.基于空间主成分和最小累积阻力模型的内陆河景观生态安全评价与格局优化——以张掖市甘州区为例[J].应用生态学报，2015，26(10)：3126-3136.
[265] YU K J. Security patterns and surface model in landscape ecological planning [J]. Landscape and Urban Planning，1996，36（1）：1-17.
[266] FORMAN R T T. Corridors in a landscape：their ecological structure and function [J].Ecology（CSSR），1986，2（4）：375-387.
[267] 车生泉.城市绿色廊道研究[J].城市规划，2001，25（11）：44-48.
[268] 宗跃光.城市景观生态规划中的廊道效应研究——以北京市区为例[J].生态学报，1999，19（2）：145-150.

[269] 李静，张浪，李敬.城市生态廊道及其分类[J].中国城市林业，2006，4（5）：46-47.
[270] 郑好，高吉喜，谢高地，等.生态廊道[J].生态与农村环境学报，2019，35（2）：137-144.
[271] 张桂红.基于廊道的结构特征论河流生态廊道设计[J].生态经济，2011（8）：184-186+189.
[272] 诸葛海锦，林丹琪，李晓文. 青藏高原高寒荒漠区藏羚生态廊道识别及其保护状况评估[J].应用生态学报，2015，26（8）：2504-2510.
[273] FORMAN R T T. Landscape Mosaics：the ecology of landscape and regions[M]. Cambridge：Cambridge University Press，1995.
[274] 潘竟虎，刘晓.疏勒河流域景观生态风险评价与生态安全格局优化构建[J].生态学杂志，2016，35（3）：791-799.
[275] AHERN J. Greenways as a Planning Strategy[J].Landscape and Urban Planning，1995，33（1）：131-155.
[276] 穆少杰，周可新，方颖，等.构建大尺度绿色廊道，保护区域生物多样性[J].生物多样性，2014，22（2）：242-249.
[277] 周圆，张青年.道路网络对物种迁移及景观连通性的影响[J].生态学杂志，2014，33（2）：440-446.
[278] 刘照程，吴斌，韦志飞.广州白云区景观生态安全格局优化[J].中南林业调查规划，2017，36（2）：33-40.
[279] 李延顺，廖超明，段炼，等.滨海地区生态网络构建及其评估——以广西北海市为例[J].南宁师范大学学报（自然科学版），2020，37（3）：90-98.
[280] 陈小平，陈文波.鄱阳湖生态经济区生态网络构建与评价[J].应用生态学报，2016，27（5）：1611-1618.
[281] VITOUSEK P M.Beyond global warming：ecology and global change[J].Ecology，1994，75（7）：1861-1876.
[282] 张秋菊，傅伯杰，陈利顶. 关于景观格局演变研究的几个问题[J].地理科学，2003，23（3）：264-270.
[283] 吴昌广，周志翔，王鹏程，等.景观连接度的概念、度量及其应用[J].生态学报，2010，30（7）：1903-1910.
[284] 吴波，慈龙骏. 毛乌素沙地景观格局变化研究[J].生态学报，2001，21（2）：191-196.
[285] 李俊生，高吉喜，张晓岚，等. 城市化对生物多样性的影响研究综述[J].生态

学杂志，2005，24（8）：953-957.

[286] FILGUEIRAS B K C，TABARELLI M，LEAL I R，et al. Dung beetle persistence in human-modified landscapes：combining indicator species with anthropogenic land use and fragmentation-related effects[J].Ecological Indicators，2015，55：65-73.

[287] LANGEVELDE F V. Modelling the negative effects of landscape fragmentation on habitat selection[J].Ecological Informatics，2015，30：271-276.

[288] MITCHELL M G E，SUAREZ-CASTRO A F，MARTINEZ-HARMS M，et al. Reframing landscape fragmentation's effects on ecosystem services[J].Trends in Ecology and Evolution，2015，30（4）：190-198.

[289] 于强，张启斌，牛腾，等.绿色生态空间网络研究进展[J].农业机械学报，2021，52（12）：1-15.

[290] BALVANERA P，PFISTERER A B，BUCHMANN N，et al. Quantifying the evidence for biodiversity effects on ecosystem functioning and services[J].Ecology Letters，2006，9（10），1146-1156.

[291] 李富笙，周长威，陈飞宇.贵阳市生态网络分析[J].贵州科学，2018，36（6）：55-60.

[292] 沈钦炜，林美玲，莫惠萍，等.佛山市生态网络构建及优化[J].应用生态学报，2021，32（9）：3288-3298.

[293] 周小丹，胡秀艳，王君櫹，等.江苏省土地生态网络规划中源地的选取研究[J].长江流域资源与环境，2020，29（8）：1746-1756.

[294] 李晟，李涛，彭重华，等.基于综合评价法的洞庭湖区绿地生态网络构建[J].应用生态学报，2020，31（8）：2687-2698.

[295] 汤姚楠，王佳，周伟奇.区域景观格局视角的绿地生态网络优化研究——以徐州为例[J].中国农业资源与区划，2020，41（1）：259-268.

[296] 齐松，罗志军，陈瑶瑶，等.基于MSPA与最小路径方法的袁州区生态网络构建与优化[J].农业现代化研究，2020，41（2）：351-360.

[297] 梁艳艳，赵银娣.基于景观分析的西安市生态网络构建与优化[J].应用生态学报，2020，31(11)：3767-3776.

[298] 张瑾青，罗涛，徐敏，等.闽三角地区城镇空间扩张对区域生态安全格局的影响[J].生态学报，2020，40(15)：5113-5123.

[299] 邓倩，梁茵茵，李悦，等.长三角城市群景观格局变化分析——以上海市、苏州市、杭州市为例[J].长江技术经济，2019（5）：1-3.

[300] 李博，张韵成，甘恬静.长株潭城市群景观格局时空变化分析[J].中外建筑，

2018（11）：57-61.
[301] 梁保平，雷艳，覃业努.快速城市化背景下广西典型城市景观空间格局动态比较研究[J].生态学报，2018，38(12)：4526-4536.
[302] 刘骏杰，陈璟如，来燕妮，等.基于景观格局和连接度评价的生态网络方法优化与应用[J].应用生态学报，2019，30（9）：3108-3118.
[303] KNAAPEN J P，SCHEFFER M，HARMS B. Estimating habitat isolation in landscape planning [J] . Landscape and Urban Planning，1992，23：1-16.
[304] 陈春娣，COLIN M D，MARIA I E，等.城市生态网络功能性连接辨识方法[J].生态学报，2015，35（19）：6414-6424.
[305] 汪金梅，雷军成，王莎，等.东江源区陆域生态网络构建与评价[J].生态学杂志，2020，39（9）：3092-3098.
[306] 侯宏冰，郭红琼，于强，等.鄂尔多斯景观格局演变与景观生态网络优化研究[J].农业机械学报，2020，51（10）：205-212+242.
[307] 吴未，路平山.土地生态系统位置型关键地段识别——以无锡市为例[J].水土保持通报，2012，32（3）：165-169.
[308] 曹珍秀，孙月，谢跟踪，等.海口市海岸带生态网络演变趋势[J].生态学报，2020，40（3）：1044-1054.
[309] 黄隆杨，刘胜华，方莹，等.基于“质量—风险—需求”框架的武汉市生态安全格局构建[J].应用生态学报，2019，30（2）：615-626.
[310] 陈德超，施祝凯，王祖静，等.苏州环太湖地区生态网络构建与空间冲突识别[J].生态与农村环境学报，2020，36（6）：778-787.
[311] 宁琦，朱梓铭，覃盟琳，等.基于MSPA和电路理论的南宁市国土空间生态网络优化研究[·J].广西大学学报（自然科学版），2021，46（2）：306-318.
[312] 单楠，周可新，潘扬，等. 生物多样性保护廊道构建方法研究进展[J].生态学报，2019，39（2）：411-420.
[313] LECHNER A M，HARRIS R M B，DOERR V，et al. From static connectivity modelling to scenario-based planning at local and regional scales [J]. Journal for Nature Conservation，2015，28：78-88.
[314] GROOTR S D，ALKEMADE R，BRAAT L，et al. Challenges in integrating the concept of ecosystem services and values inlandscape planning，management and decision making[J].Ecological Complexity，2010，7（3）：260-272.
[315] 王雪然，万荣荣，潘佩佩.太湖流域生态安全格局构建与调控——基于空间形态学-最小累积阻力模型[J].生态学报，2022，42（5）：1968-1980.

[316] 肖华斌，张慧莹，刘莹.自然资源整合视角下泰山区域生态网络构建研究[J].上海城市规划，2020（1）：42-47.
[317] 姜虹，张子墨，徐子涵.整合多重生态保护目标的广东省生态安全格局构建[J].生态学报，2022，42（5）：1981-1992.
[318] 李欣鹏，李锦生，侯伟.区域生态网络精细化空间模拟及廊道优化研究——以汾河流域为例[J].地理与地理信息科学，2020，36（5）：14-20+55.
[319] 哈力木拉提·阿布来提，阿里木江·卡斯木，祖拜旦·阿克木.基于形态学空间格局分析法和MCR模型的乌鲁木齐市生态网络构建[J].中国水土保持科学（中英文），2021，19（5）：106-114.
[320] 宋利利，秦明周.整合电路理论的生态廊道及其重要性识别.应用生态学报，2016，27（10）：3344-3352.
[321] AN Y，LIU S L，SUN Y X，et al.Construction and optimization of an ecological network based on morphological spatial pattern analysis and circuit theory [J]. Landscape Ecology，2021，36（5）：2059-2076.
[322] 刘祥平，张贞，李玲玉，等.多维视角下天津市生态网络结构演变特征综合评价[J].应用生态学报，2021，32（5）：1554-1562.
[323] APELDOORN R C V，KNAAPEN J P，SCHIPPERS P，et al.Applying ecological knowledge in landscape planning：a simulation model as a tool to evaluate scenarios for the badger in the Netherlands[J].Landscape and Urban Planning，1998，41（1）：57-69.
[324] 李山，王铮，钟章奇.旅游空间相互作用的引力模型及其应用[J].地理学报，2012，67（4）：526-544.
[325] 李慧，李丽，吴巩胜，等.基于电路理论的滇金丝猴生境景观连通性分析[J].生态学报，2018，38（6）：2221-2228.
[326] 韩博平.关于生态网络分析理论的哲学思考[J].自然辩证法研究，1995（7）：42-45.
[327] 冀鹏飞.城市生态网络的功能与构建方法[J].园艺与种苗，2019，39（6）：89-90+94.
[328] VOLKOVA V V，LANZAS C，LU Z，et al. Mathematical model of plasmid-mediated resistance to ceftiofur in commensalenteric escherichia coli of cattle[J]. PLOS ONE，2012，7（5）：1-15.
[329] KUMAR M，DAHIYA S，SHARMA P，et al. Structure based in silico analysis of quinolone resistance in clinical isolates of salmonella typhi from India[J].PLOS

ONE, 2015, 10（5）: 1-23.
[330] 陈南南，康帅直，赵永华，等.基于 MSPA 和 MCR 模型的秦岭（陕西段）山地生态网络构建[J].应用生态学报，2021，32（5）：1545-1553.
[331] 王云才.上海市城市景观生态网络连接度评价[J].地理研究，2009，28（2）：284-292.
[332] 岳德鹏，于强，张启斌，等.区域生态安全格局优化研究进展[J].农业机械学报，2017，48（2）：1-10.
[333] 张启舜，李飞雪，王帝文，等.基于生态网络的江苏省生态空间连通性变化研究[J].生态学报，2021，41（8）：3007-3020.
[334] 李红波，黄悦，高艳丽.武汉城市圈生态网络时空演变及管控分析[J].生态学报，2021，41（22）：9008-9019.
[335] 孔阳，林思元.基于 MSPA 模型的北京市延庆区城乡生态网络构建[J].北京林业大学学报，2020，42（7）：113-121.
[336] 黄木易，岳文泽，冯少茹，等.基于 MCR 模型的大别山核心区生态安全格局异质性及优化[J].自然资源学报，2019，34（4）：771-784.
[337] 叶林.城市规划区绿色空间规划研究[D].重庆：重庆大学，2016.
[338] 龙瀛，何永，刘欣，等.北京市限建区规划：制订城市扩展的边界[J].城市规划，2006，30（12）：20-26.
[339] 邬志龙，杨济瑜，谢花林.南方丘陵山区生态安全格局构建与优化修复——以瑞金市为例[J].生态学报，2022，42（10）：3998-4010.
[340] 于婧，汤昇，陈艳红，等.山水资源型城市景观生态风险评价及生态安全格局构建——以张家界市为例[J].生态学报，2022，42（4）：1290-1299.
[341] 李思旗，陆汝成，吴彬.基于生态安全格局的喀斯特地区自然资源空间精准分区与管制方法研究——以广西壮族自治区柳州市为例[J].水土保持通报，2021，41（3）：200-209.
[342] 吕彦莹，王晓婷，于新洋，等.山东省自然生态空间系统化识别与差异化管控研究[J].生态学报，2022，42（7）：3010-3019.
[343] 杜腾飞，齐伟，朱西存，等.基于生态安全格局的山地丘陵区自然资源空间精准识别与管制方法[J].自然资源学报，2020，35（5）：1190-1200.
[344] 鄢吴景.武穴市生态红线效应评价及优化策略研究[D].武汉：华中科技大学，2018.
[345] 鄢吴景，任绍斌，单卓然.城市生态保护红线效应评价与优化策略[J].规划师，2019，35（19）：32-38.

[346] 程帆，顾康康，杨倩倩，等.基于要素识别的多层级绿色基础设施网络构建——以合肥市为例[J].安徽建筑大学学报，2018，26（5）：52-58.
[347] 汤峰，王力，张蓬涛，等.基于生态保护红线和生态网络的县域生态安全格局构建[J].农业工程学报，2020，36（9）：263-272.
[348] 于强，杨斓，岳德鹏，等.基于复杂网络分析法的空间生态网络结构研究[J].农业机械学报，2018，49（3）：214-224.
[349] YU Q，YUE D P，WANG Y H，et al.Optimization of ecological node layout and stability analysis of ecological network in desert oasis：a typical case study of ecological fragile zone located at Dengkou County（Inner Mongolia）[J].Ecological Indicators，2018，84（1）：304-318.
[350] 苏凯，岳德鹏，YANG Di，等.基于改进力导向模型的生态节点布局优化[J].农业机械学报，2017，48（11）：215-221.
[351] 张晓琳，金晓斌，韩博，等.长江下游平原区生态网络识别与优化——以常州市金坛区为例[J].生态学报，2021，41（9）：3449-3461.
[352] 朱凤，杨宝丹，杨永均，等.华东传统矿业城市生态网络重构研究[J].生态与农村环境学报，2020，36（1）：26-33.
[353] 陈竹安，马彬彬，危小建，等.基于MSPA和MCR模型的南昌市生态网络构建与优化[J].水土保持通报，2021，41（6）：139-147.
[354] 谢婧.哈尔滨市区域生态网络构建与优化研究[D].哈尔滨：东北林业大学，2021.
[355] 梁鑫斌，郭娜娜，连洪燕，等.城市生态网络构建与优化——以徐州市为例[J].重庆建筑，2021，20（6）：5-8.
[356] 杨惠楠，张青璞，谭敏.梧州：生态网络格局的构建与优化[J].中国土地，2021（3）：55-56.
[357] 朱依蕊，余学丹，李唯唯，等.河南省郑州市景观格局与生态承载力相关关系研究[J].西北林学院学报，2019，34（6）：232-239.
[358] 吴茂全，胡蒙蒙，汪涛，等.基于生态安全格局与多尺度景观连通性的城市生态源地识别[J].生态学报，2019，39（13）：4720-4731.
[359] 梁国付，许立民，丁圣彦.道路对林地景观连接度的影响——以巩义市为例[J].生态学报，2014，34（16）：4775-4784.
[360] 刘常富，周彬，何兴元，等.沈阳城市森林景观连接度距离阈值选择[J].应用生态学报，2010，21（10）：2508-2516.
[361] 刘一丁，何政伟，陈俊华，等.基于MSPA与MCR模型的生态网络构建方法研

究——以南充市为例[J].西南农业学报，2021，34（2）：354-363.
[362] 史瑶.基于 MSPA 和 MCR 模型的资兴市生态网络构建研究[D].长沙：中南林业科技大学，2019.
[363] 刘骏杰.最小累积阻力生态网络方法的优化与应用[D].桂林：桂林理工大学，2019.
[364] 韦宝婧，苏杰，胡希军，等.基于“HY-LM”的生态廊道与生态节点综合识别研究[J].生态学报，2022，42（7）：2995-3009.
[365] 郝丽君，肖哲涛，邓荣鑫，等.城市空间耦合下的郑州市中心城区绿道生态网络构建研究[J].生态经济，2019，35（10）：224-229.
[366] 滕明君.快速城市化地区生态安全格局构建研究——以武汉市为例[D].武汉：华中农业大学，2011.
[367] 郭诗怡.基于生态网络构建的海淀区绿地景观格局优化[D].北京：北京林业大学，2016.
[368] 何欣昱.城市化地区生态安全格局构建优化及实证研究——以上海市奉贤区为例[D].上海：华东师范大学，2020.
[369] 梁发超，刘浩然，刘诗苑，等.闽南沿海景观生态安全网络空间重构策略——以厦门市集美区为例[J].经济地理，2018，38（9）：231-239.
[370] 于强.基于复杂网络理论的荒漠绿洲区生态网络研究[D].北京：北京林业大学，2018.
[371] 郝丽君.城市绿道空间构建与规划策略研究——以郑州为例[D].郑州：河南农业大学，2016.
[372] 李海霞.利用城市绿道构建郑州城市生态网络研究[J].价值工程，2016，35（4）：252-254.
[373] 穆博.郑州市域游憩绿道网络体系构建方法和途径[D].郑州：河南农业大学，2012.
[374] 熊建新.滨湖地区城市生态网络构建的完整性与优化对策——以西洞庭湖区常德市为例[J].经济地理，2008（5）：752-755+770.